"十二五"普通高等教育本科国家级规划教材

北京高等教育精品教材
BEIJING GAODENG JIAOYU JINGPIN JIAOCAI

全国优秀畅销书
全国高校出版社优秀畅销书

21世纪软件工程专业规划教材

软件工程导论（第6版）

张海藩　牟永敏　编著

清华大学出版社

北京

内 容 简 介

本书的前 5 个版本累计销售达 130 万册,已成为软件工程领域的经典教材,先后荣获全国普通高等学校工科电子类专业优秀教材二等奖、一等奖,并被评为全国优秀畅销书(前 10 名)、全国高校出版社优秀畅销书、北京高等教育精品教材和"十二五"普通高等教育本科国家级规划教材。为了反映最近 4 年来软件工程的发展状况,作者对第 5 版作了精心修改,编写了第 6 版。

本书全面系统地讲述了软件工程的概念、原理和典型的方法学,并介绍了软件项目的管理技术。本书正文共 13 章,第 1 章是概述,第 2~8 章顺序讲述软件生命周期各阶段的任务、过程、结构化方法和工具,第 9~12 章分别讲述面向对象方法学引论、面向对象分析、面向对象设计和面向对象实现,第 13 章介绍软件项目管理。附录讲述了用面向对象方法开发软件的过程,对读者深入理解软件工程学很有帮助,也是上机实习的好材料。

本书可作为高等院校"软件工程"课程的教材或教学参考书,也可供有一定实际经验的软件工作人员和需要开发应用软件的广大计算机用户阅读参考。

图书在版编目(CIP)数据

软件工程导论 / 张海藩,牟永敏编著. --6 版. --北京:清华大学出版社,2013(2013.10 重印)
21 世纪软件工程专业规划教材
ISBN 978-7-302-33098-1

Ⅰ. ①软…　Ⅱ. ①张…②牟…　Ⅲ. ①软件工程—高等学校—教材　Ⅳ. ①TP311

中国版本图书馆 CIP 数据核字(2013)第 150343 号

责任编辑:袁勤勇
封面设计:常雪影
责任校对:白　蕾
责任印制:何　芊

出版发行:清华大学出版社
　　　　网　　　址:http://www.tup.com.cn,http://www.wqbook.com
　　　　地　　　址:北京清华大学学研大厦 A 座　　　　邮　　编:100084
　　　　社 总 机:010-62770175　　　　　　　　　　　邮　　购:010-62786544
　　　　投稿与读者服务:010-62776969,c-service@tup.tsinghua.edu.cn
　　　　质 量 反 馈:010-62772015,zhiliang@tup.tsinghua.edu.cn
　　　　课 件 下 载:http://www.tup.com.cn,010-62795954
印 刷 者:清华大学印刷厂
装 订 者:三河市新茂装订有限公司
经　销:全国新华书店
开　本:185mm×260mm　　　印　张:23　　　字　数:514 千字
版　次:1996 年 7 月第 1 版　2013 年 8 月第 6 版　印　次:2013 年 10 月第 2 次印刷
印　数:5001~35000
定　价:39.50 元

产品编号:050164-01

第6版前言

《软件工程导论》已经出版了5个版本，累计发行量达到130万册，颇受读者欢迎，先后被评为全国优秀畅销书（前10名）、全国高校出版社优秀畅销书和北京高等教育精品教材、"十二五"普通高等教育本科国家级规划教材。经过4年多的时间，这一学科有了不少新的发展，为了跟踪学科的发展方向，更好地为广大读者服务，作者根据几年来的教学实践和软件开发经验对第5版进行了认真系统的修订，编写出了第6版。

鉴于先进、适用的软件过程对提高软件生产率和确保软件产品质量有相当大的作用，第6版在保持原书结构及篇幅基本不变的前提下，主要考虑知识的更新换代，由牟永敏负责对书中面向过程部分的内容进行了适量删减，同时，为了加强软件工程的实践教学，增加了面向对象设计部分的内容，此外还对书中的一些具体内容作了适当修改。全书由张海藩统一定稿。

丁媛、刘梦婷、刘昂、李慧丽、张亚楠等同学对第6版增加的内容进行了测试，并提出了有益的建议，谨在此表示感谢。

编者

2013年5月

第5版前言

本书第4版出版后，受到广大读者的热烈欢迎，先后被评为全国优秀畅销书（前10名）、全国高校出版社优秀畅销书和北京高等教育精品教材。 为了反映最近4年来软件工程的发展状况，作者对原书内容作了认真修改，写出了第5版。

鉴于先进适用的软件过程对提高软件生产率和确保软件产品质量有相当大的作用，第5版在保持原书结构和篇幅基本不变的前提下，主要增加了目前比较流行的 Rational 统一过程、以极限编程为杰出代表的敏捷过程以及微软过程的介绍，此外还对书中的一些具体内容作了适当的增删或修改。

倪宁对第5版应增加的内容提出了有益的建议，谨在此向他表示感谢。

编者

2008年1月

第4版前言

光阴荏苒，本书第 3 版已经出版 5 年多了。 在此期间软件工程又有了很大发展，为了跟踪学科发展方向，更好地为广大读者服务，编者对原书内容作了认真修改，写出了第 4 版。

在保持原书的结构和篇幅基本不变的前提下，第四版主要对原书内容作了下述修改：

（1） 删掉了一些较陈旧的或较次要的内容。 删掉的内容主要有：Warnier 程序设计方法，程序设计语言概述，程序设计途径，日立预测法，自动测试工具，COCOMO 模型，估算成本的标准值法，软件管理工具。

（2）增加了一些较新颖的或较重要的内容。 增加的内容主要有：软件过程，与用户沟通获取需求的方法，形式化说明技术，逐步求精，人机界面设计，回归测试，控制结构测试，预防性维护与软件再工程，面向对象测试策略及设计测试用例的方法，COCOMO2 模型，能力成熟度模型（CMM）。

（3） 用统一建模语言（UML）的概念与符号重新改写了讲述面向对象方法学的第 9、10、11、12 章和附录 A。

此外，还对书中许多具体内容作了修改或更新，对文字叙述作了进一步的加工和润色。

与第 4 版配套出版的还有《软件工程导论学习辅导》，该书共分 10 章，涵盖了教材的主要内容。 每章均由三部分组成： 第一部分系统扼要地复习本知识单元的重点内容；第二部分给出了与本单元内容密切配合的习题；第三部分是习题解答，对典型题目还详细分析了解题思路。 附录给出了三套模拟试题以及参考答案，可供读者在课程学习之后检验学习效果。

为便于教学，本书制作了电子教案。 采用本书作为教材的教师，可以从清华大学出版社免费获取电子教案。 联系方法请参阅本书后面的

"读者意见反馈卡"。

　　我的学生张劲松和张展新参与了附录 A 所述的 C++ 类库管理系统的设计和实现工作，张雯和张杰为本书出版做了许多具体工作。谨在此向他们表示感谢！

编者

2003 年 8 月

目　录

第 *1* 章 软件工程学概述

迄今为止,计算机系统已经经历了 4 个不同的发展阶段,但是,人们仍然没有彻底摆脱"软件危机"的困扰,软件已经成为限制计算机系统发展的瓶颈。

为了更有效地开发与维护软件,软件工作者在 20 世纪 60 年代后期开始认真研究消除软件危机的途径,从而逐渐形成了一门新兴的工程学科——计算机软件工程学(通常简称为"软件工程")。

1.1 软 件 危 机

在计算机系统发展的早期时代(20 世纪 60 年代中期以前),通用硬件相当普遍,软件却是为每个具体应用而专门编写的。这时的软件通常是规模较小的程序,编写者和使用者往往是同一个(或同一组)人。这种个体化的软件环境,使得软件设计通常是在人们头脑中进行的一个隐含的过程,除了程序清单之外,没有其他文档资料保存下来。

从 20 世纪 60 年代中期到 70 年代中期是计算机系统发展的第二个时期,这个时期的一个重要特征是出现了"软件作坊",广泛使用产品软件。但是,软件作坊基本上仍然沿用早期形成的个体化软件开发方法。随着计算机应用的日益普及,软件数量急剧膨胀。在程序运行时发现的错误必须设法改正;用户有了新的需求时必须相应地修改程序;硬件或操作系统更新时,通常需要修改程序以适应新的环境。上述种种软件维护工作,以令人吃惊的比例耗费资源。更严重的是,许多程序的个体化特性使得它们最终成为不可维护的。"软件危机"就这样开始出现了! 1968 年北大西洋公约组织的计算机科学家在西德召开国际会议,讨论软件危机问题,在这次会议上正式提出并使用了"软件工程"这个名词,一门新兴的工程学科就此诞生了。

1.1.1 软件危机的介绍

软件危机是指在计算机软件的开发和维护过程中所遇到的一系列严重问题。这些问题绝不仅仅是不能正常运行的软件才具有的,实际上,几乎所有软件都不同程度地存在这些问题。

概括地说，软件危机包含下述两方面的问题：如何开发软件，以满足对软件日益增长的需求；如何维护数量不断膨胀的已有软件。鉴于软件危机的长期性和症状不明显的特征，近年来有人建议把软件危机更名为"软件萧条（depression）"或"软件困扰（affliction）"。不过"软件危机"这个词强调了问题的严重性，而且也已为绝大多数软件工作者所熟悉，所以本书仍将沿用它。

具体地说，软件危机主要有以下一些典型表现：

（1）对软件开发成本和进度的估计常常很不准确。实际成本比估计成本有可能高出一个数量级，实际进度比预期进度拖延几个月甚至几年的现象并不罕见。这种现象降低了软件开发组织的信誉。而为了赶进度和节约成本所采取的一些权宜之计又往往损害了软件产品的质量，从而不可避免地会引起用户的不满。

（2）用户对"已完成的"软件系统不满意的现象经常发生。软件开发人员常常在对用户要求只有模糊的了解，甚至对所要解决的问题还没有确切认识的情况下，就匆忙着手编写程序。软件开发人员和用户之间的信息交流往往很不充分，"闭门造车"必然导致最终的产品不符合用户的实际需要。

（3）软件产品的质量往往靠不住。软件可靠性和质量保证的确切的定量概念刚刚出现不久，软件质量保证技术（审查、复审、程序正确性证明和测试）还没有坚持不懈地应用到软件开发的全过程中，这些都导致软件产品发生质量问题。

（4）软件常常是不可维护的。很多程序中的错误是非常难改正的，实际上不可能使这些程序适应新的硬件环境，也不能根据用户的需要在原有程序中增加一些新的功能。"可重用的软件"还是一个没有完全做到的、正在努力追求的目标，人们仍然在重复开发类似的或基本类似的软件。

（5）软件通常没有适当的文档资料。计算机软件不仅仅是程序，还应该有一整套文档资料。这些文档资料应该是在软件开发过程中产生出来的，而且应该是"最新式的"（即和程序代码完全一致的）。软件开发组织的管理人员可以使用这些文档资料作为"里程碑"，来管理和评价软件开发工程的进展状况；软件开发人员可以利用它们作为通信工具，在软件开发过程中准确地交流信息；对于软件维护人员而言，这些文档资料更是必不可少的。缺乏必要的文档资料或者文档资料不合格，必然给软件开发和维护带来许多严重的困难和问题。

（6）软件成本在计算机系统总成本中所占的比例逐年上升。由于微电子学技术的进步和生产自动化程度的不断提高，硬件成本逐年下降，然而软件开发需要大量人力，软件成本随着通货膨胀以及软件规模和数量的不断扩大而持续上升。美国在1985年软件成本大约已占计算机系统总成本的90%。

（7）软件开发生产率提高的速度，远远跟不上计算机应用迅速普及深入的趋势。软件产品"供不应求"的现象使人类不能充分利用现代计算机硬件提供的巨大潜力。

以上列举的仅仅是软件危机的一些明显的表现，与软件开发和维护有关的问题远远不止这些。

1.1.2　产生软件危机的原因

在软件开发和维护的过程中存在这么多严重问题,一方面与软件本身的特点有关,另一方面也和软件开发与维护的方法不正确有关。

软件不同于硬件,它是计算机系统中的逻辑部件而不是物理部件。由于软件缺乏"可见性",在写出程序代码并在计算机上试运行之前,软件开发过程的进展情况较难衡量,软件的质量也较难评价,因此,管理和控制软件开发过程相当困难。此外,软件在运行过程中不会因为使用时间过长而被"用坏",如果运行中发现了错误,很可能是遇到了一个在开发时期引入的在测试阶段没能检测出来的错误。因此,软件维护通常意味着改正或修改原来的设计,这就在客观上使得软件较难维护。

软件不同于一般程序,它的一个显著特点是规模庞大,而且程序复杂性将随着程序规模的增加而呈指数上升。为了在预定时间内开发出规模庞大的软件,必须由许多人分工合作,然而,如何保证每个人完成的工作合在一起确实能构成一个高质量的大型软件系统,更是一个极端复杂困难的问题,这不仅涉及许多技术问题,诸如分析方法、设计方法、形式说明方法、版本控制等,更重要的是必须有严格而科学的管理。

软件本身独有的特点确实给开发和维护带来一些客观困难,但是人们在开发和使用计算机系统的长期实践中,也确实积累和总结出了许多成功的经验。如果坚持不懈地使用经过实践考验证明是正确的方法,许多困难是完全可以克服的,过去也确实有一些成功的范例。但是,目前相当多的软件专业人员对软件开发和维护还有不少糊涂观念,在实践过程中或多或少地采用了错误的方法和技术,这可能是使软件问题发展成软件危机的主要原因。

与软件开发和维护有关的许多错误认识和做法的形成,可以归因于在计算机系统发展的早期阶段软件开发的个体化特点。错误的认识和做法主要表现为忽视软件需求分析的重要性,认为软件开发就是写程序并设法使之运行,轻视软件维护等。

事实上,对用户要求没有完整准确的认识就匆忙着手编写程序是许多软件开发工程失败的主要原因之一。只有用户才真正了解他们自己的需要,但是许多用户在开始时并不能准确具体地叙述他们的需要,软件开发人员需要做大量深入细致的调查研究工作,反复多次地和用户交流信息,才能真正全面、准确、具体地了解用户的要求。对问题和目标的正确认识是解决任何问题的前提和出发点,软件开发同样也不例外。急于求成,仓促上阵,对用户要求没有正确认识就匆忙着手编写程序,这就如同不打好地基就盖高楼一样,最终必然垮台。事实上,越早开始写程序,完成它所需要用的时间往往越长。

一个软件从定义、开发、使用和维护,直到最终被废弃,要经历一个漫长的时期,这就如同一个人要经过婴儿、儿童、青年、中年和老年,直到最终死亡的漫长时期一样。通常把软件经历的这个漫长的时期称为生命周期。软件开发最初的工作应是问题定义,也就是确定要求解决的问题是什么;然后要进行可行性研究,决定该问题是否存在一个可行的解决办法;接下来应该进行需求分析,也就是深入具体地了解用户的要求,在所要开发的系统(不妨称之为目标系统)必须做什么这个问题上和用户取得完全一致的看法。经过上述软件定义时期的准备工作才能进入开发时期,而在开发时期,首先需要对软件进行设计

（通常又分为概要设计和详细设计两个阶段），然后才能进入编写程序的阶段，程序编写完之后还必须经过大量的测试工作（需要的工作量通常占软件开发全部工作量的 40%～50%）才能最终交付使用。所以，编写程序只是软件开发过程中的一个阶段，而且在典型的软件开发工程中，编写程序所需的工作量只占软件开发全部工作量的 10%～20%。

另一方面还必须认识到程序只是完整的软件产品的一个组成部分，在上述软件生命周期的每个阶段都要得出最终产品的一个或几个组成部分（这些组成部分通常以文档资料的形式存在）。也就是说，一个软件产品必须由一个完整的配置组成，软件配置主要包括程序、文档和数据等成分。必须清除只重视程序而忽视软件配置其余成分的糊涂观念。

做好软件定义时期的工作，是降低软件成本提高软件质量的关键。如果软件开发人员在定义时期没有正确全面地理解用户需求，直到测试阶段或软件交付使用后才发现"已完成的"软件不完全符合用户的需要，这时再修改就为时已晚了。

严重的问题是，在软件开发的不同阶段进行修改需要付出的代价是很不相同的，在早期引入变动，涉及的面较少，因而代价也比较低；而在开发的中期，软件配置的许多成分已经完成，引入一个变动要对所有已完成的配置成分都做相应的修改，不仅工作量大，而且逻辑上也更复杂，因此付出的代价剧增；在软件"已经完成"时再引入变动，当然需要付出更高的代价。根据美国一些软件公司的统计资料，在后期引入一个变动比在早期引入相同变动所需付出的代价高 2～3 个数量级。图 1.1 定性地描绘了在不同时期引入一个变动需要付出的代价的变化趋势。

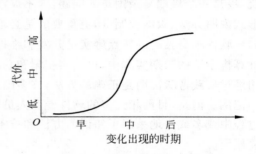

图 1.1　引入同一变动付出的代
价随时间变化的趋势

通过上面的论述不难认识到，轻视维护是一个最大的错误。许多软件产品的使用寿命长达 10 年甚至 20 年，在这样漫长的时期中不仅必须改正使用过程中发现的每一个潜伏的错误，而且当环境变化时（例如硬件或系统软件更新换代）还必须相应地修改软件以适应新的环境，特别是必须经常改进或扩充原来的软件以满足用户不断变化的需要。所有这些改动都属于维护工作，而且是在软件已经完成之后进行的，因此维护是极端艰巨复杂的工作，需要花费很大代价。统计数据表明，实际上用于软件维护的费用占软件总费用的 55%～70%。软件工程学的一个重要目标就是提高软件的可维护性，减少软件维护的代价。

了解产生软件危机的原因，澄清错误认识，建立起关于软件开发和维护的正确概念，还仅仅是消除软件危机的开始，全面消除软件危机需要一系列综合措施。

1.1.3　消除软件危机的途径

为了消除软件危机，首先应该对计算机软件有一个正确的认识。正如 1.1.2 节中讲过的，应该彻底消除在计算机系统早期发展阶段形成的"软件就是程序"的错误观念。一个软件必须由一个完整的配置组成，事实上，软件是程序、数据及相关文档的完整集合。

其中,程序是能够完成预定功能和性能的可执行的指令序列;数据是使程序能够适当地处理信息的数据结构;文档是开发、使用和维护程序所需要的图文资料。1983 年 IEEE 为软件下的定义是:计算机程序、方法、规则、相关的文档资料以及在计算机上运行程序时所必需的数据。虽然表面上看来在这个定义中列出了软件的 5 个配置成分,但是,方法和规则通常是在文档中说明并在程序中实现的。

更重要的是,必须充分认识到软件开发不是某种个体劳动的神秘技巧,而应该是一种组织良好、管理严密、各类人员协同配合、共同完成的工程项目。必须充分吸取和借鉴人类长期以来从事各种工程项目所积累的行之有效的原理、概念、技术和方法,特别要吸取几十年来人类从事计算机硬件研究和开发的经验教训。

应该推广使用在实践中总结出来的开发软件的成功的技术和方法,并且研究探索更好更有效的技术和方法,尽快消除在计算机系统早期发展阶段形成的一些错误概念和做法。

应该开发和使用更好的软件工具。正如机械工具可以“放大”人类的体力一样,软件工具可以“放大”人类的智力。在软件开发的每个阶段都有许多繁琐重复的工作需要做,在适当的软件工具辅助下,开发人员可以把这类工作做得既快又好。如果把各个阶段使用的软件工具有机地集合成一个整体,支持软件开发的全过程,则称为软件工程支撑环境。

总之,为了解决软件危机,既要有技术措施(方法和工具),又要有必要的组织管理措施。软件工程正是从管理和技术两方面研究如何更好地开发和维护计算机软件的一门新兴学科。

1.2　软 件 工 程

1.2.1　软件工程的介绍

概括地说,软件工程是指导计算机软件开发和维护的一门工程学科。采用工程的概念、原理、技术和方法来开发与维护软件,把经过时间考验而证明正确的管理技术和当前能够得到的最好的技术方法结合起来,以经济地开发出高质量的软件并有效地维护它,这就是软件工程。

人们曾经给软件工程下过许多定义,下面给出两个典型的定义。

1968 年在第一届 NATO 会议上曾经给出了软件工程的一个早期定义:“软件工程就是为了经济地获得可靠的且能在实际机器上有效地运行的软件,而建立和使用完善的工程原理。”这个定义不仅指出了软件工程的目标是经济地开发出高质量的软件,而且强调了软件工程是一门工程学科,它应该建立并使用完善的工程原理。

1993 年 IEEE 进一步给出了一个更全面更具体的定义:“软件工程是:①把系统的、规范的、可度量的途径应用于软件开发、运行和维护过程,也就是把工程应用于软件;②研究①中提到的途径。”

虽然软件工程的不同定义使用了不同词句,强调的重点也有差异,但是,人们普遍认为软件工程具有下述的本质特性。

1．软件工程关注于大型程序的构造

"大"与"小"的分界线并不十分清晰。通常把一个人在较短时间内写出的程序称为小型程序，而把多人合作用时半年以上才写出的程序称为大型程序。传统的程序设计技术和工具是支持小型程序设计的，不能简单地把这些技术和工具用于开发大型程序。

事实上，在此处使用术语"程序"并不十分恰当，现在的软件开发项目通常构造出包含若干个相关程序的"系统"。

2．软件工程的中心课题是控制复杂性

通常，软件所解决的问题十分复杂，以致不能把问题作为一个整体通盘考虑。人们不得不把问题分解，使得分解出的每个部分是可理解的，而且各部分之间保持简单的通信关系。用这种方法并不能降低问题的整体复杂性，但是却可使它变成可以管理的。注意，许多软件的复杂性主要不是由问题的内在复杂性造成的，而是由必须处理的大量细节造成的。

3．软件经常变化

绝大多数软件都模拟了现实世界的某一部分，例如，处理读者对图书馆提出的需求或跟踪银行内钱的流通过程。现实世界在不断变化，软件为了不被很快淘汰，必须随着所模拟的现实世界一起变化。因此，在软件系统交付使用后仍然需要耗费成本，而且在开发过程中必须考虑软件将来可能发生的变化。

4．开发软件的效率非常重要

目前，社会对新应用系统的需求超过了人力资源所能提供的限度，软件供不应求的现象日益严重。因此，软件工程的一个重要课题就是，寻求开发与维护软件的更好更有效的方法和工具。

5．和谐地合作是开发软件的关键

软件处理的问题十分庞大，必须多人协同工作才能解决这类问题。为了有效地合作，必须明确地规定每个人的责任和相互通信的方法。事实上仅有上述规定还不够，每个人还必须严格地按规定行事。为了迫使大家遵守规定，应该运用标准和规程。通常，可以用工具来支持这些标准和规程。总之，纪律是成功地完成软件开发项目的一个关键。

6．软件必须有效地支持它的用户

开发软件的目的是支持用户的工作。软件提供的功能应该能有效地协助用户完成他们的工作。如果用户对软件系统不满意，可以弃用该系统，或者立即提出新的需求。因此，仅仅用正确的方法构造系统还不够，还必须构造出正确的系统。

有效地支持用户意味着必须仔细地研究用户，以确定适当的功能需求、可用性要求及其他质量要求（例如，可靠性、响应时间等）。有效地支持用户还意味着，软件开发不仅应该提交软件产品，而且应该写出用户手册和培训材料，此外，还必须注意建立使用新系统的环境。例如，一个新的图书馆自动化系统将影响图书馆的工作流程，因此应该适当地培训用户，使他们习惯于新的工作流程。

7. 在软件工程领域中通常由具有一种文化背景的人替具有另一种文化背景的人创造产品

这个特性与前两个特性紧密相关。软件工程师是诸如 Java 程序设计、软件体系结构、测试或统一建模语言（UML）等方面的专家，他们通常并不是图书馆管理、航空控制或银行事务等领域的专家，但是他们却不得不为这些领域开发应用系统。缺乏应用领域的相关知识，是软件开发项目出现问题的常见原因。

软件工程师不仅缺乏应用领域的实际知识，他们还缺乏该领域的文化知识。例如，软件开发者通过访谈、阅读书面文件等方法了解到用户组织的"正式"工作流程，然后用软件实现这个工作流程。但是，决定软件系统成功与否的关键问题是，用户组织是否真正遵守这个工作流程。对于局外人来说，这个问题更难回答。

1.2.2 软件工程的基本原理

自从 1968 年在西德召开的国际会议上正式提出并使用了"软件工程"这个术语以来，研究软件工程的专家学者们陆续提出了 100 多条关于软件工程的准则或"信条"。著名的软件工程专家 B. W. Boehm 综合这些学者们的意见并总结了 TRW 公司多年开发软件的经验，于 1983 年在一篇论文中提出了软件工程的 7 条基本原理。他认为这 7 条原理是确保软件产品质量和开发效率的原理的最小集合。这 7 条原理是互相独立的，其中任意 6 条原理的组合都不能代替另一条原理，因此，它们是缺一不可的最小集合，然而这 7 条原理又是相当完备的，人们虽然不能用数学方法严格证明它们是一个完备的集合，但是，可以证明在此之前已经提出的 100 多条软件工程原理都可以由这 7 条原理的任意组合蕴含或派生。

下面简要介绍软件工程的 7 条基本原理。

1. 用分阶段的生命周期计划严格管理

有人经统计发现，在不成功的软件项目中有一半左右是由于计划不周造成的，可见把建立完善的计划作为第一条基本原理是吸取了前人的教训而提出来的。

在软件开发与维护的漫长的生命周期中，需要完成许多性质各异的工作。这条基本原理意味着，应该把软件生命周期划分成若干个阶段，并相应地制定出切实可行的计划，然后严格按照计划对软件的开发与维护工作进行管理。

不同层次的管理人员都必须严格按照计划各尽其职地管理软件开发与维护工作，绝不能受客户或上级人员的影响而擅自背离预定计划。

2. 坚持进行阶段评审

当时已经认识到，软件的质量保证工作不能等到编码阶段结束之后再进行。这样说至少有两个理由：第一，大部分错误是在编码之前造成的，例如，根据 Boehm 等人的统计，设计错误占软件错误的 63%，编码错误仅占 37%；第二，错误发现与改正得越晚，所需付出的代价也越高（参见图 1.1）。因此，在每个阶段都进行严格的评审，以便尽早发现在软件开发过程中所犯的错误，是一条必须遵循的重要原则。

3. 实行严格的产品控制

在软件开发过程中不应随意改变需求，因为改变一项需求往往需要付出较高的代价。但是，在软件开发过程中改变需求又是难免的，只能依靠科学的产品控制技术来顺应这种要求。也就是说，当改变需求时，为了保持软件各个配置成分的一致性，必须实行严格的产品控制，其中主要是实行基准配置管理。所谓基准配置又称为基线配置，它们是经过阶段评审后的软件配置成分（各个阶段产生的文档或程序代码）。基准配置管理也称为变动控制：一切有关修改软件的建议，特别是涉及对基准配置的修改建议，都必须按照严格的规程进行评审，获得批准以后才能实施修改。绝对不能谁想修改软件（包括尚在开发过程中的软件），就随意进行修改。

4. 采用现代程序设计技术

从提出软件工程的概念开始，人们一直把主要精力用于研究各种新的程序设计技术，并进一步研究各种先进的软件开发与维护技术。实践表明，采用先进的技术不仅可以提高软件开发和维护的效率，而且可以提高软件产品的质量。

5. 结果应能清楚地审查

软件产品不同于一般的物理产品，它是看不见摸不着的逻辑产品。软件开发人员（或开发小组）的工作进展情况可见性差，难以准确度量，从而使得软件产品的开发过程比一般产品的开发过程更难于评价和管理。为了提高软件开发过程的可见性，更好地进行管理，应该根据软件开发项目的总目标及完成期限，规定开发组织的责任和产品标准，从而使得所得到的结果能够清楚地审查。

6. 开发小组的人员应该少而精

这条基本原理的含义是，软件开发小组的组成人员的素质应该好，而人数则不宜过多。开发小组人员的素质和数量是影响软件产品质量和开发效率的重要因素。素质高的人员的开发效率比素质低的人员的开发效率可能高几倍至几十倍，而且素质高的人员所开发的软件中的错误明显少于素质低的人员所开发的软件中的错误。此外，随着开发小组人员数目的增加，因为交流情况讨论问题而造成的通信开销也急剧增加。当开发小组人员数为 N 时，可能的通信路径有 $N(N-1)/2$ 条，可见随着人数 N 的增大，通信开销将急剧增加。因此，组成少而精的开发小组是软件工程的一条基本原理。

7. 承认不断改进软件工程实践的必要性

遵循上述 6 条基本原理,就能够按照当代软件工程基本原理实现软件的工程化生产,但是,仅有上述 6 条原理并不能保证软件开发与维护的过程能赶上时代前进的步伐,能跟上技术的不断进步。因此,Boehm 提出应把承认不断改进软件工程实践的必要性作为软件工程的第 7 条基本原理。按照这条原理,不仅要积极主动地采纳新的软件技术,而且要注意不断总结经验,例如,收集进度和资源耗费数据,收集出错类型和问题报告数据等。这些数据不仅可以用来评价新的软件技术的效果,而且可以用来指明必须着重开发的软件工具和应该优先研究的技术。

1.2.3　软件工程方法学

前面已经讲过,软件工程包括技术和管理两方面的内容,是技术与管理紧密结合所形成的工程学科。

所谓管理就是通过计划、组织和控制等一系列活动,合理地配置和使用各种资源,以达到既定目标的过程。本书第 13 章将讨论软件项目管理问题。

通常把在软件生命周期全过程中使用的一整套技术方法的集合称为方法学(methodology),也称为范型(paradigm)。在软件工程领域中,这两个术语的含义基本相同。

软件工程方法学包含 3 个要素:方法、工具和过程。其中,方法是完成软件开发的各项任务的技术方法,回答“怎样做”的问题;工具是为运用方法而提供的自动的或半自动的软件工程支撑环境;过程是为了获得高质量的软件所需要完成的一系列任务的框架,它规定了完成各项任务的工作步骤。

目前使用得最广泛的软件工程方法学,分别是传统方法学和面向对象方法学。

1. 传统方法学

传统方法学也称为生命周期方法学或结构化范型。它采用结构化技术(结构化分析、结构化设计和结构化实现)来完成软件开发的各项任务,并使用适当的软件工具或软件工程环境来支持结构化技术的运用。这种方法学把软件生命周期的全过程依次划分为若干个阶段,然后顺序地完成每个阶段的任务。采用这种方法学开发软件的时候,从对问题的抽象逻辑分析开始,一个阶段一个阶段地顺序进行开发。前一个阶段任务的完成是开始进行后一个阶段工作的前提和基础,而后一阶段任务的完成通常是使前一阶段提出的解法更进一步具体化,加进了更多的实现细节。每一个阶段的开始和结束都有严格标准,对于任何两个相邻的阶段而言,前一阶段的结束标准就是后一阶段的开始标准。在每一个阶段结束之前都必须进行正式严格的技术审查和管理复审,从技术和管理两个方面对这个阶段的开发成果进行检查,通过之后这个阶段才算结束;如果没通过检查,则必须进行必要的返工,而且返工后还要再经过审查。审查的一条主要标准就是每个阶段都应该交出“最新式的”(即和所开发的软件完全一致的)高质量的文档资料,从而保证在软件开发工程结束时有一个完整准确的软件配置交付使用。文档是通信的工具,它们清楚准确地说明了到这个时候为止,关于该项工程已经知道了什么,同时奠定了下一步工作的基础。此外,文档也起备忘录的作用,如果文档不完整,那么一定是某些工作忘记做了,在进入生命周期的下一个阶段之前,必须补足这些遗漏的细节。

把软件生命周期划分成若干个阶段,每个阶段的任务相对独立,而且比较简单,便于不同人员分工协作,从而降低了整个软件开发工程的困难程度;在软件生命周期的每个阶段都采用科学的管理技术和良好的技术方法,而且在每个阶段结束之前都从技术和管理两个角度进行严格的审查,合格之后才开始下一阶段的工作,这就使软件开发工程的全过程以一种有条不紊的方式进行,保证了软件的质量,特别是提高了软件的可维护性。总之,采用生命周期方法学可以大大提高软件开发的成功率,软件开发的生产率也能明显提高。

目前,传统方法学仍然是人们在开发软件时使用得十分广泛的软件工程方法学。这种方法学历史悠久,为广大软件工程师所熟悉,而且在开发某些类型的软件时也比较有效,因此,在相当长一段时期内这种方法学还会有生命力。此外,如果没有完全理解传统方法学,也就不能深入理解这种方法学与面向对象方法学的差别以及面向对象方法学为何优于传统方法学。因此,本书不仅讲述面向对象方法学,也讲述传统方法学。

2. 面向对象方法学

当软件规模庞大,或者对软件的需求是模糊的或会随时间变化而变化的时候,使用传统方法学开发软件往往不成功,此外,使用传统方法学开发出的软件,维护起来仍然很困难。

结构化范型只能获得有限成功的一个重要原因是,这种技术要么面向行为(即对数据的操作),要么面向数据,还没有既面向数据又面向行为的结构化技术。众所周知,软件系统本质上是信息处理系统。离开了操作便无法更改数据,而脱离了数据的操作是毫无意义的。数据和对数据的处理原本是密切相关的,把数据和操作人为地分离成两个独立的部分,自然会增加软件开发与维护的难度。与传统方法相反,面向对象方法把数据和行为看成是同等重要的,它是一种以数据为主线,把数据和对数据的操作紧密地结合起来的方法。

概括地说,面向对象方法学具有下述4个要点。

(1) 把对象(object)作为融合了数据及在数据上的操作行为的统一的软件构件。面向对象程序是由对象组成的,程序中任何元素都是对象,复杂对象由比较简单的对象组合而成。也就是说,用对象分解取代了传统方法的功能分解。

(2) 把所有对象都划分成类(class)。每个类都定义了一组数据和一组操作,类是对具有相同数据和相同操作的一组相似对象的定义。数据用于表示对象的静态属性,是对象的状态信息,而施加于数据之上的操作用于实现对象的动态行为。

(3) 按照父类(或称为基类)与子类(或称为派生类)的关系,把若干个相关类组成一个层次结构的系统(也称为类等级)。在类等级中,下层派生类自动拥有上层基类中定义的数据和操作,这种现象称为继承。

(4) 对象彼此间仅能通过发送消息互相联系。对象与传统数据有本质区别,它不是被动地等待外界对它施加操作,相反,它是数据处理的主体,必须向它发消息请求它执行它的某个操作以处理它的数据,而不能从外界直接对它的数据进行处理。也就是说,对象的所有私有信息都被封装在该对象内,不能从外界直接访问,这就是通常所说的封装性。

面向对象方法学的出发点和基本原则,是尽量模拟人类习惯的思维方式,使开发软件的方法与过程尽可能接近人类认识世界、解决问题的方法与过程,从而使描述问题的问题空间(也称为问题域)与实现解法的解空间(也称为求解域)在结构上尽可能一致。

传统方法学强调自顶向下顺序地完成软件开发的各阶段任务。事实上,人类认识客观世界解决现实问题的过程,是一个渐进的过程。人的认识需要在继承已有的有关知识的基础上,经过多次反复才能逐步深化。在人的认识深化过程中,既包括了从一般到特殊的演绎思维过程,也包括了从特殊到一般的归纳思维过程。

用面向对象方法学开发软件的过程,是一个主动地多次反复迭代的演化过程。面向对象方法在概念和表示方法上的一致性,保证了在各项开发活动之间的平滑(即无缝)过渡。面向对象方法普遍进行的对象分类过程,支持从特殊到一般的归纳思维过程;通过建立类等级而获得的继承性,支持从一般到特殊的演绎思维过程。

正确地运用面向对象方法学开发软件,则最终的软件产品由许多较小的、基本上独立的对象组成,每个对象相当于一个微型程序,而且大多数对象都与现实世界中的实体相对应,因此,降低了软件产品的复杂性,提高了软件的可理解性,简化了软件的开发和维护工作。对象是相对独立的实体,容易在以后的软件产品中重复使用,因此,面向对象范型的另一个重要优点是促进了软件重用。面向对象方法特有的继承性和多态性,进一步提高了面向对象软件的可重用性。

1.3　软件生命周期

概括地说,软件生命周期由软件定义、软件开发和运行维护(也称为软件维护)3 个时期组成,每个时期又进一步划分成若干个阶段。

软件定义时期的任务是:确定软件开发工程必须完成的总目标;确定工程的可行性;导出实现工程目标应该采用的策略及系统必须完成的功能;估计完成该项工程需要的资源和成本,并且制定工程进度表。这个时期的工作通常又称为系统分析,由系统分析员负责完成。软件定义时期通常进一步划分成 3 个阶段,即问题定义、可行性研究和需求分析。

开发时期具体设计和实现在前一个时期定义的软件,它通常由下述 4 个阶段组成:总体设计,详细设计,编码和单元测试,综合测试。其中前两个阶段又称为系统设计,后两个阶段又称为系统实现。

维护时期的主要任务是使软件持久地满足用户的需要。具体地说,当软件在使用过程中发现错误时应该加以改正;当环境改变时应该修改软件以适应新的环境;当用户有新要求时应该及时改进软件以满足用户的新需要。通常对维护时期不再进一步划分阶段,但是每一次维护活动本质上都是一次压缩和简化了的定义和开发过程。

下面简要介绍软件生命周期每个阶段的基本任务。

1. 问题定义

问题定义阶段必须回答的关键问题是："要解决的问题是什么?"如果不知道问题是什么就试图解决这个问题,显然是盲目的,只会白白浪费时间和金钱,最终得出的结果很可能是毫无意义的。尽管确切地定义问题的必要性是十分明显的,但是在实践中它却可能是最容易被忽视的一个步骤。

通过对客户的访问调查,系统分析员扼要地写出关于问题性质、工程目标和工程规模的书面报告,经过讨论和必要的修改之后这份报告应该得到客户的确认。

2. 可行性研究

这个阶段要回答的关键问题是："对于上一个阶段所确定的问题有行得通的解决办法吗?"为了回答这个问题,系统分析员需要进行一次大大压缩和简化了的系统分析和设计过程,也就是在较抽象的高层次上进行的分析和设计过程。可行性研究应该比较简短,这个阶段的任务不是具体解决问题,而是研究问题的范围,探索这个问题是否值得去解,是否有可行的解决办法。

可行性研究的结果是客户作出是否继续进行这项工程的决定的重要依据,一般说来,只有投资可能取得较大效益的那些工程项目才值得继续进行下去。可行性研究以后的那些阶段将需要投入更多的人力物力。及时终止不值得投资的工程项目,可以避免更大的浪费。

3. 需求分析

这个阶段的任务仍然不是具体地解决问题,而是准确地确定"为了解决这个问题,目标系统必须做什么",主要是确定目标系统必须具备哪些功能。

用户了解他们所面对的问题,知道必须做什么,但是通常不能完整准确地表达出他们的要求,更不知道怎样利用计算机解决他们的问题;软件开发人员知道怎样用软件实现人们的要求,但是对特定用户的具体要求并不完全清楚。因此,系统分析员在需求分析阶段必须和用户密切配合,充分交流信息,以得出经过用户确认的系统逻辑模型。通常用数据流图、数据字典和简要的算法表示系统的逻辑模型。

在需求分析阶段确定的系统逻辑模型是以后设计和实现目标系统的基础,因此必须准确完整地体现用户的要求。这个阶段的一项重要任务,是用正式文档准确地记录对目标系统的需求,这份文档通常称为规格说明书(specification)。

4. 总体设计

这个阶段必须回答的关键问题是："概括地说,应该怎样实现目标系统?"总体设计又称为概要设计。

首先,应该设计出实现目标系统的几种可能的方案。通常至少应该设计出低成本、中等成本和高成本3种方案。软件工程师应该用适当的表达工具描述每种方案,分析每种方案的优缺点,并在充分权衡各种方案的利弊的基础上,推荐一个最佳方案。此外,还应该制定出实现最佳方案的详细计划。如果客户接受所推荐的方案,则应该进一步完成下述的另一项主要任务。

上述设计工作确定了解决问题的策略及目标系统中应包含的程序,但是,怎样设计这些程序呢? 软件设计的一条基本原理就是,程序应该模块化,也就是说,一个程序应该由若干个规模适中的模块按合理的层次结构组织而成。因此,总体设计的另一项主要任务就是设计程序的体系结构,也就是确定程序由哪些模块组成以及模块间的关系。

5. 详细设计

总体设计阶段以比较抽象概括的方式提出了解决问题的办法。详细设计阶段的任务就是把解法具体化,也就是回答下面这个关键问题:"应该怎样具体地实现这个系统呢?"

这个阶段的任务还不是编写程序,而是设计出程序的详细规格说明。这种规格说明的作用很类似于其他工程领域中工程师经常使用的工程蓝图,它们应该包含必要的细节,程序员可以根据它们写出实际的程序代码。

详细设计也称为模块设计,在这个阶段将详细地设计每个模块,确定实现模块功能所需要的算法和数据结构。

6. 编码和单元测试

这个阶段的关键任务是写出正确的容易理解、容易维护的程序模块。

程序员应该根据目标系统的性质和实际环境,选取一种适当的高级程序设计语言(必要时用汇编语言),把详细设计的结果翻译成用选定的语言书写的程序,并且仔细测试编写出的每一个模块。

7. 综合测试

这个阶段的关键任务是通过各种类型的测试(及相应的调试)使软件达到预定的要求。

最基本的测试是集成测试和验收测试。所谓集成测试是根据设计的软件结构,把经过单元测试检验的模块按某种选定的策略装配起来,在装配过程中对程序进行必要的测试。所谓验收测试则是按照规格说明书的规定(通常在需求分析阶段确定),由用户(或在用户积极参加下)对目标系统进行验收。

必要时还可以再通过现场测试或平行运行等方法对目标系统进一步测试检验。

为了使用户能够积极参加验收测试,并且在系统投入生产性运行以后能够正确有效地使用这个系统,通常需要以正式的或非正式的方式对用户进行培训。

通过对软件测试结果的分析可以预测软件的可靠性;反之,根据对软件可靠性的要求,也可以决定测试和调试过程什么时候可以结束。

应该用正式的文档资料把测试计划、详细测试方案以及实际测试结果保存下来,作为软件配置的一个组成部分。

8. 软件维护

维护阶段的关键任务是，通过各种必要的维护活动使系统持久地满足用户的需要。

通常有4类维护活动：改正性维护，也就是诊断和改正在使用过程中发现的软件错误；适应性维护，即修改软件以适应环境的变化；完善性维护，即根据用户的要求改进或扩充软件使它更完善；预防性维护，即修改软件，为将来的维护活动预先做准备。

虽然没有把维护阶段进一步划分成更小的阶段，但是实际上每一项维护活动都应该经过提出维护要求（或报告问题），分析维护要求，提出维护方案，审批维护方案，确定维护计划，修改软件设计，修改程序，测试程序，复查验收等一系列步骤，因此实质上是经历了一次压缩和简化了的软件定义和开发的全过程。

每一项维护活动都应该准确地记录下来，作为正式的文档资料加以保存。

以上根据应该完成的任务的性质，把软件生命周期划分成8个阶段。在实际从事软件开发工作时，软件规模、种类、开发环境及开发时使用的技术方法等因素，都影响阶段的划分。事实上，承担的软件项目不同，应该完成的任务也有差异，没有一个适用于所有软件项目的任务集合。适用于大型复杂项目的任务集合，对于小型简单项目而言往往就过于复杂了。

1.4　软件过程

软件过程是为了获得高质量软件所需要完成的一系列任务的框架，它规定了完成各项任务的工作步骤。

概括地说，软件过程描述为了开发出客户需要的软件，什么人（who）、在什么时候（when）、做什么事（what）以及怎样（how）做这些事以实现某一个特定的具体目标。

在完成开发任务时必须进行一些开发活动，并且使用适当的资源（例如，人员、时间、计算机硬件、软件工具等），在过程结束时将把输入（例如，软件需求）转化为输出（例如，软件产品）。因此，ISO 9000 把过程定义为："使用资源将输入转化为输出的活动所构成的系统。"此处，"系统"的含义是广义的："系统是相互关联或相互作用的一组要素。"

过程定义了运用方法的顺序、应该交付的文档资料、为保证软件质量和协调变化所需要采取的管理措施，以及标志软件开发各个阶段任务完成的里程碑。为获得高质量的软件产品，软件过程必须科学、有效。

上一节曾经讲过，没有一个适用于所有软件项目的任务集合。因此，科学、有效的软件过程应该定义一组适合于所承担的项目特点的任务集合。通常，一个任务集合包括一组软件工程任务、里程碑和应该交付的产品（软件配置成分）。

通常使用生命周期模型简洁地描述软件过程。生命周期模型规定了把生命周期划分成哪些阶段及各个阶段的执行顺序，因此，也称为过程模型。

实际从事软件开发工作时应该根据所承担的项目的特点来划分阶段，但是，下面讲述典型的软件过程模型时并不是针对某个特定项目讲的，因此只能使用"通用的"阶段划分方法。由于瀑布模型与快速原型模型的主要区别是获取用户需求的方法不同，因此，下面在介绍生命周期模型时把"规格说明"作为一个阶段独立出来。此外,问题定义和可行性研究的主要任务都是概括地了解用户的需求,为了简洁地描述软件过程,把它们都归并到需求分析中去了。同样,为了简洁起见,把总体设计和详细设计合并在一起称为"设计"。

1.4.1　瀑布模型

在 20 世纪 80 年代之前,瀑布模型一直是唯一被广泛采用的生命周期模型,现在它仍然是软件工程中应用得最广泛的过程模型。传统软件工程方法学的软件过程,基本上可以用瀑布模型来描述。

如图 1.2 所示为传统的瀑布模型。按照传统的瀑布模型开发软件,有下述的几个特点。

1. 阶段间具有顺序性和依赖性

阶段间具有顺序性和依赖性,这个特点有两重含义:①必须等前一阶段的工作完成之后,才能开始后一阶段的工作;②前一阶段的输出文档就是后一阶段的输入文档,因此,只有前一阶段的输出文档正确,后一阶段的工作才能获得正确的结果。

2. 推迟实现的观点

缺乏软件工程实践经验的软件开发人员,接到软件开发任务以后常常急于求成,总想尽早开始编写程序。但是,实践表明,对于规模较大的软件项目来说,往往编码开始得越早,最终完成开发工作所需要的时间反而越长。这是因为,前面阶段的工作没做或做得

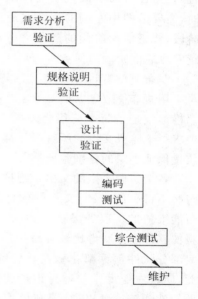

图 1.2　传统的瀑布模型

不扎实,过早地考虑进行程序实现,往往导致大量返工,有时甚至发生无法弥补的问题,带来灾难性后果。

瀑布模型在编码之前设置了系统分析与系统设计的各个阶段,分析与设计阶段的基本任务规定,在这两个阶段主要考虑目标系统的逻辑模型,不涉及软件的物理实现。

清楚地区分逻辑设计与物理设计,尽可能推迟程序的物理实现,是按照瀑布模型开发软件的一条重要的指导思想。

3. 质量保证的观点

软件工程的基本目标是优质、高产。为了保证所开发的软件的质量,在瀑布模型的每个阶段都应坚持两个重要做法。

(1) 每个阶段都必须完成规定的文档,没有交出合格的文档就是没有完成该阶段的任务。完整、准确的合格文档不仅是软件开发时期各类人员之间相互通信的媒介,也是运行时期对软件进行维护的重要依据。

（2）每个阶段结束前都要对所完成的文档进行评审，以便尽早发现问题，改正错误。事实上，越是早期阶段犯下的错误，暴露出来的时间就越晚，排除故障改正错误所需付出的代价也越高。因此，及时审查，是保证软件质量、降低软件成本的重要措施。

传统的瀑布模型过于理想化了，事实上，人在工作过程中不可能不犯错误。在设计阶段可能发现规格说明文档中的错误，而设计上的缺陷或错误可能在实现过程中显现出来，在综合测试阶段将发现需求分析、设计或编码阶段的许多错误。因此，实际的瀑布模型是带"反馈环"的，如图 1.3 所示（图中实线箭头表示开发过程，虚线箭头表示维护过程）。当在后面阶段发现前面阶段的错误时，需要沿图中左侧的反馈线返回前面的阶段，修正前面阶段的产品之后再回来继续完成后面阶段的任务。

瀑布模型有许多优点：可强迫开发人员采用规范的方法（例如，结构化技术）；严格地规定了每个阶段必须提交的文档；要求每个阶段交出的所有产品都必须经过质量保证小组的仔细验证。

各个阶段产生的文档是维护软件产品时必不可少的，没有文档的软件几乎是不可能维护的。遵守瀑布模型的文档约束，将使软件维护变得比较容易一些。由于绝大部分软件预算都花费在软件维护上，因此，使软件变得比较容易维护就能显著降低软件预算。可以说，瀑布模型的成功在很大程度上是由于它基本上是一种文档驱动的模型。

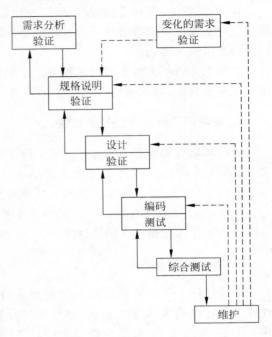

图 1.3　实际的瀑布模型

但是，"瀑布模型是由文档驱动的"这个事实也是它的一个主要缺点。在可运行的软件产品交付给用户之前，用户只能通过文档来了解产品是什么样的。但是，仅仅通过写在纸上的静态的规格说明，很难全面正确地认识动态的软件产品。而且事实证明，一旦一个用户开始使用一个软件，在他的头脑中关于该软件应该做什么的想法就会或多或少地发生变化，这就使得最初提出的需求变得不完全适用了。事实上，要求用户不经过实践就提出完整准确的需求，在许多情况下都是不切实际的。总之，由于瀑布模型几乎完全依赖于书面的规格说明，很可能导致最终开发出的软件产品不能真正满足用户的需要。

下一小节将介绍快速原型模型，它的优点是有助于保证用户的真实需要得到满足。

1.4.2　快速原型模型

所谓快速原型是快速建立起来的可以在计算机上运行的程序，它所能完成的功能往往是最终产品能完成的功能的一个子集。如图 1.4 所示（图中实线箭头表示开发过程，虚线箭头表示维护过程),快速原型模型的第一步是快速建立一个能反映用户主要需求的原型系统,让用户在计算机上试用它,通过实践来了解目标系统的概貌。通常,用户试用原型系统之后会提出许多修改意见,开发人员按照用户的意见快速地修改原型系统,然后再次请用户试用……一旦用户认为这个原型系统确实能做他们所需要的工作,开发人员便可据此书写规格说明文档,根据这份文档开发出的软件便可以满足用户的真实需求。

从图 1.4 可以看出,快速原型模型是不带反馈环的,这正是这种过程模型的主要优点:软件产品的开发基本上是线性顺序进行的。能基本上做到线性顺序开发的主要原因如下:

(1) 原型系统已经通过与用户交互而得到验证,据此产生的规格说明文档正确地描述了用户需求,因此,在开发过程的后续阶段不会因为发现了规格说明文档的错误而进行较大的返工。

(2) 开发人员通过建立原型系统已经学到了许多东西(至少知道了"系统不应该做什么,以及怎样不去做不该做的事情"),因此,在设计和编码阶段发生错误的可能性也比较小,这自然减少了在后续阶段需要改正前面阶段所犯错误的可能性。

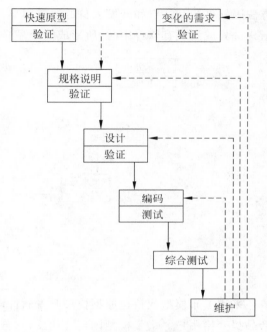

图 1.4 快速原型模型

软件产品一旦交付给用户使用之后,维护便开始了。根据所需完成的维护工作种类的不同,可能需要返回到需求分析、规格说明、设计或编码等不同阶段,如图 1.4 中虚线箭头所示。

快速原型的本质是"快速"。开发人员应该尽可能快地建造出原型系统,以加速软件开发过程,节约软件开发成本。原型的用途是获知用户的真正需求,一旦需求确定了,原型将被抛弃。因此,原型系统的内部结构并不重要,重要的是,必须迅速地构建原型然后根据用户意见迅速地修改原型。UNIX Shell 和超文本都是广泛使用的快速原型语言,最近的趋势是,广泛地使用第四代语言(4GL)构建快速原型。

当快速原型的某个部分是利用软件工具由计算机自动生成的时候,可以把这部分用到最终的软件产品中。例如,用户界面通常是快速原型的一个关键部分,当使用屏幕生成程序和报表生成程序自动生成用户界面时,实际上可以把得到的用户界面用在最终的软件产品中。

1.4.3 增量模型

增量模型也称为渐增模型,如图 1.5 所示。使用增量模型开发软件时,把软件产品作为一系列的增量构件来设计、编码、集成和测试。每个构件由多个相互作用的模块构成，并且能够完成特定的功能。使用增量模型时，第一个增量构件往往实现软件的基本需求，提供最核心的功能。例如，使用增量模型开发字处理软件时，第 1 个增量构件提供基本的文件管理、编辑和文档生成功能；第 2 个增量构件提供更完善的编辑和文档生成功能；第 3 个增量构件实现拼写和语法检查功能；第 4 个增量构件完成高级的页面排版功能。把软件产品分解成增量构件时，应该使构件的规模适中，规模过大或过小都不好。最佳分解方法因软件产品特点和开发人员的习惯而异。分解时唯一必须遵守的约束条件是，当把新构件集成到现有软件中时，所形成的产品必须是可测试的。

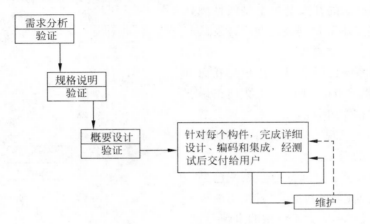

图 1.5　增量模型

采用瀑布模型或快速原型模型开发软件时，目标都是一次就把一个满足所有需求的产品提交给用户。增量模型则与之相反，它分批地逐步向用户提交产品，整个软件产品被分解成许多个增量构件，开发人员一个构件接一个构件地向用户提交产品。从第一个构件交付之日起，用户就能做一些有用的工作。显然，能在较短时间内向用户提交可完成部分工作的产品，是增量模型的一个优点。

增量模型的另一个优点是，逐步增加产品功能可以使用户有较充裕的时间学习和适应新产品，从而减少一个全新的软件可能给客户组织带来的冲击。

使用增量模型的困难是，在把每个新的增量构件集成到现有软件体系结构中时，必须不破坏原来已经开发出的产品。此外，必须把软件的体系结构设计得便于按这种方式进行扩充，向现有产品中加入新构件的过程必须简单、方便，也就是说，软件体系结构必须是开放的。但是，从长远观点看，具有开放结构的软件拥有真正的优势，这样的软件的可维护性明显好于封闭结构的软件。因此，尽管采用增量模型比采用瀑布模型和快速原型模型需要更精心的设计，但在设计阶段多付出的劳动将在维护阶段获得回报。如果一个设计非常灵活而且足够开放，足以支持增量模型，那么，这样的设计将允许在不破坏产品的情况下进行维护。事实上，使用增量模型时开发软件和扩充软件功能（完善性维护）并没有本质区别，都是向现有产品中加入新构件的过程。

从某种意义上说，增量模型本身是自相矛盾的。它一方面要求开发人员把软件看作一个整体,另一方面又要求开发人员把软件看作构件序列,每个构件本质上都独立于另一个构件。除非开发人员有足够的技术能力协调好这一明显的矛盾,否则用增量模型开发出的产品可能并不令人满意。

图 1.5 所示的增量模型表明,必须在开始实现各个构件之前就全部完成需求分析、规格说明和概要设计的工作。由于在开始构建第一个构件之前已经有了总体设计,因此风险较小。图 1.6 描绘了一种风险更大的增量模型:一旦确定了用户需求之后,就着手拟定第一个构件的规格说明文档,完成后规格说明组将转向第二个构件的规格说明,与此同时设计组开始设计第一个构件……用这种方式开发软件,不同的构件将并行地构建,因此有可能加快工程进度。但是,使用这种方法将冒构件无法集成到一起的风险,除非密切地监控整个开发过程,否则整个工程可能毁于一旦。

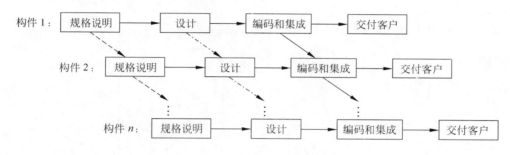

图 1.6 风险更大的增量模型

1.4.4 螺旋模型

软件开发几乎总要冒一定风险,例如,产品交付给用户之后用户可能不满意,到了预定的交付日期软件可能还未开发出来,实际的开发成本可能超过预算,产品完成前一些关键的开发人员可能“跳槽”了,产品投入市场之前竞争对手发布了一个功能相近、价格更低的软件等。软件风险是任何软件开发项目中都普遍存在的实际问题,项目越大,软件越复杂,承担该项目所冒的风险也越大。软件风险可能在不同程度上损害软件开发过程和软件产品质量。因此,在软件开发过程中必须及时识别和分析风险,并且采取适当措施以消除或减少风险的危害。

构建原型是一种能使某些类型的风险降至最低的方法。正如 1.4.2 节所述,为了降低交付给用户的产品不能满足用户需要的风险,一种行之有效的方法是在需求分析阶段快速地构建一个原型。在后续的阶段中也可以通过构造适当的原型来降低某些技术风险。当然,原型并不能“包治百病”,对于某些类型的风险(例如,聘请不到需要的专业人员或关键的技术人员在项目完成前“跳槽”),原型方法是无能为力的。

螺旋模型的基本思想是,使用原型及其他方法来尽量降低风险。理解这种模型的一个简便方法,是把它看作在每个阶段之前都增加了风险分析过程的快速原型模型,如图 1.7 所示。

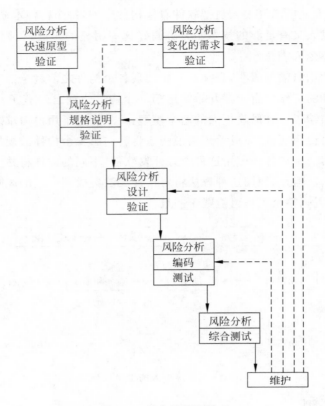

图 1.7 简化的螺旋模型

完整的螺旋模型如图 1.8 所示。图中带箭头的点划线的长度代表当前累计的开发费用，螺旋线的角度值代表开发进度。螺旋线每个周期对应于一个开发阶段。每个阶段开始时（左上象限）的任务是，确定该阶段的目标、为完成这些目标选择方案及设定这些方案的约束条件。接下来的任务是，从风险角度分析上一步的工作结果，努力排除各种潜在的风险，通常用建造原型的方法来排除风险。如果风险不能排除，则停止开发工作或大幅度地削减项目规模。如果成功地排除了所有风险，则启动下一个开发步骤（右下象限），在这个步骤的工作过程相当于纯粹的瀑布模型。最后是评价该阶段的工作成果并计划下一个阶段的工作。

螺旋模型有许多优点：对可选方案和约束条件的强调有利于已有软件的重用，也有助于把软件质量作为软件开发的一个重要目标；减少了过多测试（浪费资金）或测试不足（产品故障多）所带来的风险；更重要的是，在螺旋模型中维护只是模型的另一个周期，在维护和开发之间并没有本质区别。

螺旋模型主要适用于内部开发的大规模软件项目。如果进行风险分析的费用接近整个项目的经费预算，则风险分析是不可行的。事实上，项目越大，风险也越大，因此，进行风险分析的必要性也越大。此外，只有内部开发的项目，才能在风险过大时方便地中止项目。

螺旋模型的主要优势在于，它是风险驱动的，但是，这也可能是它的一个弱点。除非

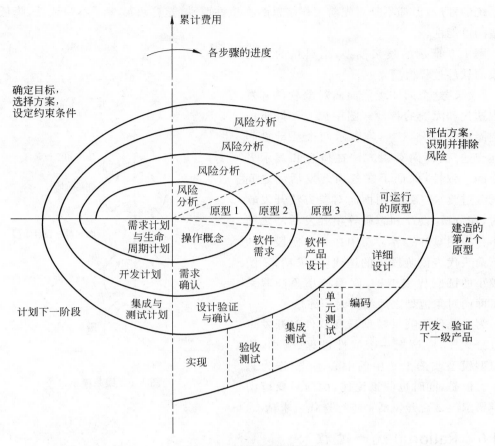

图 1.8　完整的螺旋模型

软件开发人员具有丰富的风险评估经验和这方面的专门知识,否则将出现真正的风险:当项目实际上正在走向灾难时,开发人员可能还认为一切正常。

1.4.5　喷泉模型

迭代是软件开发过程中普遍存在的一种内在属性。经验表明,软件过程各个阶段之间的迭代或一个阶段内各个工作步骤之间的迭代,在面向对象范型中比在结构化范型中更常见。

一般说来,使用面向对象方法学开发软件时,工作重点应该放在生命周期中的分析阶段。这种方法在开发的早期阶段定义了一系列面向问题的对象,并且在整个开发过程中不断充实和扩充这些对象。由于在整个开发过程中都使用统一的软件概念"对象",所有其他概念(例如功能、关系、事件等)都是围绕对象组成的,目的是保证分析工作中得到的信息不会丢失或改变,因此,对生命周期各阶段的区分自然就不重要、不明显了。分析阶段得到的对象模型也适用于设计阶段和实现阶段。由于各阶段都使用统一的概念和表示符号,因此,整个开发过程都是吻合一致的,或者说是"无缝"连接的,这自然就很容易实现各个开发步骤的多次反复迭代,达到认识的逐步深化。每次反复都会增加或明确一些目标系统的性质,但却不是对先前工作结果的本质性改动,这样就减少了不一致性,降低了出错的可能性。

图 1.9 所示的喷泉模型,是典型的面向对象的软件过程模型之一。

"喷泉"这个词体现了面向对象软件开发过程迭代和无缝的特性。图中代表不同阶段的圆圈相互重叠,这明确表示两个活动之间存在交迭;而面向对象方法在概念和表示方法上的一致性,保证了在各项开发活动之间的无缝过渡,事实上,用面向对象方法开发软件时,在分析、设计和编码等项开发活动之间并不存在明显的边界。图中在一个阶段内的向下箭头代表该阶段内的迭代(或求精)。图中较小的圆圈代表维护,圆圈较小象征着采用了面向对象范型之后维护时间缩短了。

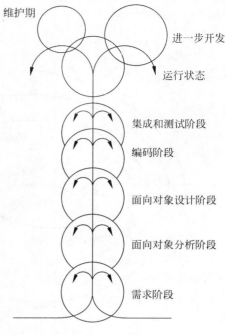

图 1.9 喷泉模型

为避免使用喷泉模型开发软件时开发过程过分无序,应该把一个线性过程(例如,快速原型模型或图 1.9 中的中心垂线)作为总目标。但是,同时也应该记住,面向对象范型本身要求经常对开发活动进行迭代或求精。

1.4.6 Rational 统一过程

Rational 统一过程(Rational Unified Process,RUP)是由 Rational 软件公司推出的一种完整而且完美的软件过程。

RUP 总结了经过多年商业化验证的 6 条最有效的软件开发经验,这些经验被称为"最佳实践"。

1. 最佳实践

(1)迭代式开发

通常,采用线性顺序的开发方法不可能开发出当今客户需要的大型复杂软件系统。事实上,在整个软件开发过程中客户的需求会经常改变,因此需要有一种能够通过一系列细化、若干个渐近的反复过程而得出有效解决方案的迭代方法。

迭代式开发允许在每次迭代过程中需求都可以有变化,这种开发方法通过一系列细化来加深对问题的理解,因此能更容易地容纳需求的变更。

也可以把软件开发过程看作一个风险管理过程,迭代式开发通过采用可验证的方法来减少风险。采用迭代式开发方法,每个迭代过程以完成可执行版本结束,这不仅使最终用户可以不断地介入和提出反馈意见,而且开发人员也因随时有一个可交付的版本而提高了士气。

（2）管理需求

在开发软件的过程中，客户需求将不断发生变化，因此，确定系统的需求是一个连续的过程。RUP 描述了如何提取、组织系统的功能性需求和约束条件并把它们文档化。经验表明，使用用例（参见第 9 章）和脚本是捕获功能性需求的有效方法，RUP 采用用例分析来捕获需求，并由它们驱动设计和实现。

（3）使用基于构件的体系结构

所谓构件就是功能清晰的模块或子系统。系统可以由已经存在的、由第三方开发商提供的构件组成，因此构件使软件重用成为可能。RUP 提供了使用现有的或新开发的构件定义体系结构的系统化方法，从而有助于降低软件开发的复杂性，提高软件重用率。

（4）可视化建模

为了更好地理解问题，人们常常采用建立问题模型的方法。所谓模型，就是为了理解事物而对事物作出的一种抽象，是对事物的一种无歧义的书面描述。由于应用领域不同，模型可以有文字、图形或数学表达式等多种形式，一般说来，可视化的图形形式更容易理解。

RUP 与 Rational 软件公司创立的可视化建模语言 UML（参见第 9 章）紧密地联系在一起，在开发过程中建立起软件系统的可视化模型，可以帮助人们提高管理软件复杂性的能力。

（5）验证软件质量

某些软件不受用户欢迎的一个重要原因，是其质量低下。本书 1.1 节已经讲过，在软件投入运行后再去查找和修改出现的问题，比在开发的早期阶段就进行这项工作需要花费更多的人力和时间。在 Rational 统一过程中，软件质量评估不再是事后型的或由单独小组进行的孤立活动，而是内建在贯穿于整个开发过程的、由全体成员参与的所有活动中。

（6）控制软件变更

在变更是不可避免的环境中，必须具有管理变更的能力，才能确保每个修改都是可接受的而且能被跟踪的。RUP 描述了如何控制、跟踪和监控修改，以确保迭代开发的成功。

2. RUP 软件开发生命周期

RUP 软件开发生命周期是一个二维的生命周期模型，如图 1.10 所示。图中纵轴代表核心工作流，横轴代表时间。

（1）核心工作流

RUP 中有 9 个核心工作流，其中前 6 个为核心过程工作流程，后 3 个为核心支持工作流程。下面简要地叙述各个工作流程的基本任务。

- 业务建模：深入了解使用目标系统的机构及其商业运作，评估目标系统对使用它的机构的影响。
- 需求：捕获客户的需求，并且使开发人员和用户达成对需求描述的共识。
- 分析与设计：把需求分析的结果转化成分析模型与设计模型。

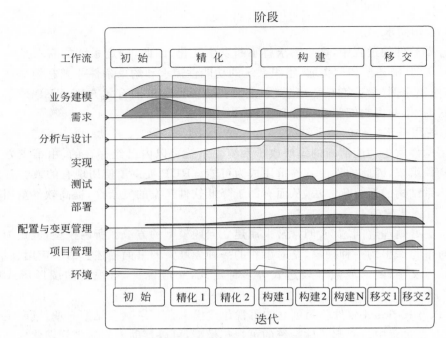

图 1.10   RUP 软件开发生命周期

- 实现：把设计模型转换成实现结果（形式化地定义代码结构；用构件实现类和对象；对开发出的构件进行单元测试；把不同实现人员开发出的模块集成为可执行的系统）。
- 测试：检查各个子系统的交互与集成，验证所有需求是否都被正确地实现了，识别、确认缺陷并确保在软件部署之前消除缺陷。
- 部署：成功地生成目标系统的可运行的版本，并把软件移交给最终用户。
- 配置与变更管理：跟踪并维护在软件开发过程中产生的所有制品的完整性和一致性。
- 项目管理：提供项目管理框架，为软件开发项目制定计划、人员配备、执行和监控等方面的实用准则，并为风险管理提供框架。
- 环境：向软件开发机构提供软件开发环境，包括过程管理和工具支持。

（2）工作阶段

RUP 把软件生命周期划分成 4 个连续的阶段。每个阶段都有明确的目标，并且定义了用来评估是否达到这些目标的里程碑。每个阶段的目标通过一次或多次迭代来完成。

在每个阶段结束之前都有一个里程碑评估该阶段的工作成果。如果未能通过评估，则决策者应该作出决定，要么中止该项目，要么重做该阶段的工作。

下面简述 4 个阶段的工作目标。

- 初始阶段：建立业务模型，定义最终产品视图，并且确定项目的范围。
- 精化阶段：设计并确定系统的体系结构，制定项目计划，确定资源需求。
- 构建阶段：开发出所有构件和应用程序，把它们集成为客户需要的产品，并且详尽地测试所有功能。

- 移交阶段：把开发出的产品提交给用户使用。

（3）RUP 迭代式开发

RUP 强调采用迭代和渐增的方式来开发软件，整个项目开发过程由多个迭代过程组成。在每次迭代中只考虑系统的一部分需求，针对这部分需求进行分析、设计、实现、测试和部署等工作，每次迭代都是在系统已完成部分的基础上进行的，每次给系统增加一些新的功能，如此循环往复地进行下去，直至完成最终项目。

事实上，RUP 重复一系列组成软件生命周期的循环。每次循环都经历一个完整的生命周期，每次循环结束都向用户交付产品的一个可运行的版本。前面已经讲过，每个生命周期包含 4 个连续的阶段，在每个阶段结束前有一个里程碑来评估该阶段的目标是否已经实现，如果评估结果令人满意，则可开始下一阶段的工作。

每个阶段又进一步细分为一次或多次迭代过程。项目经理根据当前迭代所处的阶段以及上一次迭代的结果，对核心工作流程中的活动进行适当的裁剪，以完成一次具体的迭代过程。在每个生命周期中都一次次地轮流访问这些核心工作流程，但是，在不同的迭代过程中是以不同的工作重点和强度对这些核心工作流程进行访问的。例如，在构建阶段的最后一次迭代过程中，可能还需要做一点需求分析工作，但是需求分析已经不像初始阶段和精化阶段的第 1 个迭代过程中那样是主要工作了，而在移交阶段的第 2 个迭代过程中，就完全没有需求分析工作了。同样，在精化阶段的第 2 个迭代过程及构建阶段中，主要工作是实现，而在移交阶段的第 2 个迭代过程中，实现工作已经很少了。

目前，全球已经有上千家软件公司在使用 Rational 统一过程。这些公司分布在不同的应用领域，开发着或大或小的项目，这表明了 RUP 的多功能性和广泛适用性。

1.4.7　敏捷过程与极限编程

1. 敏捷过程

为了使软件开发团队具有高效工作和快速响应变化的能力，17 位著名的软件专家于2001 年 2 月联合起草了敏捷软件开发宣言。敏捷软件开发宣言由下述 4 个简单的价值观声明组成。

（1）个体和交互胜过过程和工具

优秀的团队成员是软件开发项目获得成功的最重要因素；当然，不好的过程和工具也会使最优秀的团队成员无法发挥作用。

团队成员的合作、沟通以及交互能力要比单纯的软件编程能力更重要。

正确的做法是，首先致力于构建软件开发团队（包括成员和交互方式等），然后再根据需要为团队配置项目环境（包括过程和工具）。

（2）可以工作的软件胜过面面俱到的文档

软件开发的主要目标是向用户提供可以工作的软件而不是文档；但是，完全没有文档的软件也是一种灾难。开发人员应该把主要精力放在创建可工作的软件上面，仅当迫切需要并且具有重大意义时，才进行文档编制工作，而且所编制的内部文档应该尽量简明扼要、主题突出。

（3）客户合作胜过合同谈判

客户通常不可能做到一次性地把他们的需求完整准确地表述在合同中。能够满足客户不断变化的需求的切实可行的途径是，开发团队与客户密切协作，因此，能指导开发团队与客户协同工作的合同才是最好的合同。

（4）响应变化胜过遵循计划

软件开发过程中总会有变化，这是客观存在的现实。一个软件过程必须反映现实，因此，软件过程应该有足够的能力及时响应变化。然而没有计划的项目也会因陷入混乱而失败，关键是计划必须有足够的灵活性和可塑性，在形势发生变化时能迅速调整，以适应业务和技术等方面发生的变化。

在理解上述4个价值观声明时应该注意，这些声明只不过是对不同因素在保证软件开发成功方面所起作用的大小做了比较，说一个因素更重要并不是说其他因素不重要，更不是说某个因素可以被其他因素代替。

根据上述价值观提出的软件过程统称为敏捷过程，其中最重要的是极限编程。

2. 极限编程

极限编程（eXtreme Programming，XP）是敏捷过程中最富盛名的一个，其名称中"极限"二字的含义是指把好的开发实践运用到极致。目前，极限编程已经成为一种典型的开发方法，广泛应用于需求模糊且经常改变的场合。

（1）极限编程的有效实践

下面简述极限编程方法采用的有效的开发实践。

• 客户作为开发团队的成员

必须至少有一名客户代表在项目的整个开发周期中与开发人员在一起紧密地配合工作，客户代表负责确定需求、回答开发人员的问题并且设计功能验收测试方案。

• 使用用户素材

所谓用户素材就是正在进行的关于需求的谈话内容的助记符。根据用户素材可以合理地安排实现该项需求的时间。

• 短交付周期

每两周完成一次的迭代过程实现了用户的一些需求，交付出目标系统的一个可工作的版本。通过向有关的用户演示迭代生成的系统，获得他们的反馈意见。

• 验收测试

通过执行由客户指定的验收测试来捕获用户素材的细节。

• 结对编程

结对编程就是由两名开发人员在同一台计算机上共同编写解决同一个问题的程序代码，通常一个人编码，另一个人对代码进行审查与测试，以保证代码的正确性与可读性。结对编程是加强开发人员相互沟通与评审的一种方式。

• 测试驱动开发

极限编程强调"测试先行"。在编码之前应该首先设计好测试方案，然后再编程，直至所有测试都获得通过之后才可以结束工作。

- 集体所有

极限编程强调程序代码属于整个开发小组集体所有,小组每个成员都有更改代码的权利,每个成员都对全部代码的质量负责。

- 持续集成

极限编程主张在一天之内多次集成系统,而且随着需求的变更,应该不断地进行回归测试。

- 可持续的开发速度

开发人员以能够长期维持的速度努力工作。XP 规定开发人员每周工作时间不超过40 小时,连续加班不可以超过两周,以免降低生产率。

- 开放的工作空间

XP 项目的全体参与者(开发人员、客户等)一起在一个开放的场所中工作,项目组成员在这个场所中自由地交流和讨论。

- 及时调整计划

计划应该是灵活的、循序渐进的。制定出项目计划之后,必须根据项目进展情况及时进行调整,没有一成不变的计划。

- 简单的设计

开发人员应该使设计与计划要在本次迭代过程中完成的用户素材完全匹配,设计时不需要考虑未来的用户素材。在一次次的迭代过程中,项目组成员不断变更系统设计,使之相对于正在实现的用户素材而言始终处于最优状态。

- 重构

所谓代码重构就是在不改变系统行为的前提下,重新调整和优化系统的内部结构,以降低复杂性、消除冗余、增加灵活性和提高性能。应该注意的是,在开发过程中不要过分依赖重构,特别是不能轻视设计,对于大中型系统而言,如果推迟设计或者干脆不做设计,将造成一场灾难。

- 使用隐喻

可以将隐喻看作把整个系统联系在一起的全局视图,它描述系统如何运作,以及用何种方式把新功能加入到系统中。

(2) 极限编程的整体开发过程

图 1.11 描述了极限编程的整体开发过程。首先,项目组针对客户代表提出的"用户故事"(用户故事类似于用例,但比用例更简单,通常仅描述功能需求)进行讨论,提出隐喻,在此项活动中可能需要对体系结构进行"试探"(所谓试探就是提出相关技术难点的试探性解决方案)。然后,项目组在隐喻和用户故事的基础上,根据客户设定的优先级制订交付计划(为了制订出切实可行的交付计划,可能需要对某些技术难点进行试探)。接下来开始多个迭代过程(通常每个迭代历时 1~3 周),在迭代期内产生的新用户故事不在本次迭代内解决,以保证本次开发过程不受干扰。开发出的新版本软件通过验收测试之后交付用户使用。

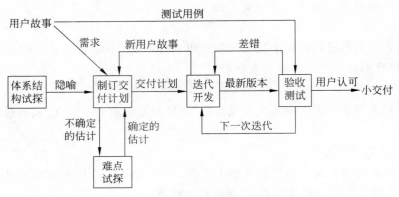

图 1.11　XP 项目的整体开发过程

（3）极限编程的迭代过程

图 1.12 描述了极限编程的迭代开发过程。项目组根据交付计划和"项目速率"（即实际开发时间和估计时间的比值），选择需要优先完成的用户故事或待消除的差错，将其分解成可在 1～2 天内完成的任务，制订出本次迭代计划。然后通过每天举行一次的"站立会议"（与会人员站着开会以缩短会议时间，提高工作效率），解决遇到的问题，调整迭代计划，会后进行代码共享式的开发工作。所开发出的新功能必须 100％通过单元测试，并且立即进行集成，得到的新的可运行版本由客户代表进行验收测试。开发人员与客户代表交流此次代码共享式编程的情况，讨论所发现的问题，提出新的用户故事，算出新的项目速率，并把相关的信息提交给站立会议。

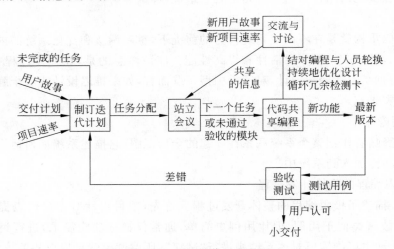

图 1.12　XP 迭代开发过程

综上所述，以极限编程为杰出代表的敏捷过程，具有对变化和不确定性的更快速、更敏捷的反应特性，而且在快速的同时仍然能够保持可持续的开发速度。上述这些特点使得敏捷过程能够较好地适应商业竞争环境下对小型项目提出的有限资源和有限开发时间的约束。

1.4.8　微软过程

作为世界上最大的同时也是最成功的软件公司之一，Microsoft（微软）公司拥有自己独特的软件开发过程，几十年的实践证明微软过程是非常成功和行之有效的。下面简要地介绍微软过程。

1. 微软过程准则

微软过程遵循下述的基本准则：
- 项目计划应该兼顾未来的不确定因素。
- 用有效的风险管理来减少不确定因素的影响。
- 经常生成并快速地测试软件的过渡版本，从而提高产品的稳定性和可预测性。
- 采用快速循环、递进的开发过程。
- 用创造性的工作来平衡产品特性和产品成本。
- 项目进度表应该具有较高稳定性和权威性。
- 使用小型项目组并发地完成开发工作。
- 在项目早期把软件配置项基线化，项目后期则冻结产品。
- 使用原型验证概念，对项目进行早期论证。
- 把零缺陷作为追求的目标。
- 里程碑评审会的目的是改进工作，切忌相互指责。

2. 微软软件生命周期

微软过程把软件生命周期划分成 5 个阶段，图 1.13 描绘了生命周期的阶段及每个阶段的主要里程碑。

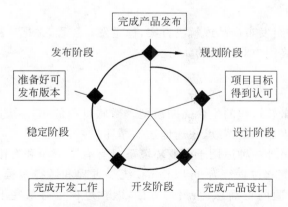

图 1.13　微软软件生命周期阶段划分和主要里程碑

下面简述各个阶段的工作内容。

（1）规划阶段

这个阶段的主要任务是，根据从市场上获得的用户情况和客户需求等信息，在调查、统计和分析的基础上，完成下述工作。

- 确定产品目标。
- 获取竞争对手的信息。
- 完成对客户和市场的调研分析。
- 确定新版本产品应该具备的主要特性。
- 确定相对于前一版本而言，新版本应该解决的问题和需要增加的功能。

（2）设计阶段

当项目团队已经确定了70%以上的产品需求时，开发工作就可以进入设计阶段了，这个阶段的主要工作内容如下：

- 根据产品目标编写系统的特性规格说明书，这份规格说明书主要描述软件特性、系统结构、各构件间的相关性以及接口标准。
- 从系统高层开始着手进行系统设计，主要完成下述工作：简明扼要地描述整个系统的设计方案，绘制系统结构图，确定系统中存在的风险因素，分析系统的可重用性。
- 划分出系统中的子系统，给出各个子系统和各个构件的规格说明。
- 根据产品特性规格说明书制订产品开发计划。

（3）开发阶段

这个阶段的主要任务是，完成产品中所有构件的开发工作，包括编写程序代码和书写文档。一些开发工作可能会持续到稳定阶段，以便在那时对测试中发现的问题作出修改。

（4）稳定阶段

这个阶段的主要任务是对产品进行测试和调试，以确保已经正确地实现了整个解决方案，产品可以发布了。这个阶段测试的重点是，产品在真实环境下的使用和操作。

（5）发布阶段

在这个阶段项目组发布产品或解决方案，稳定发布过程，并把项目移交到运营和支持人员手中，以获得最终用户对项目的认可。

3. 微软过程模型

图1.14描绘了微软过程的生命周期模型。微软过程的每一个生命周期发布一个递进的软件版本，各个生命周期持续、快速地迭代循环。

综上所述，作为另外一种适用于商业环境下具有有限资源和有限开发时间约束的项目的软件过程模式，微软过程综合了 Rational 统一过程和敏捷过程的许多优点，是对众多成功项目的开发经验的正确总结；另一方面，微软过程也有某些不足之处，例如，对方法、工具和产品等方面的论述不如 RUP 和敏捷过程全面，人们对它的某些准则本身也有不同意见。在开发软件的实践中，应该把微软过程与 RUP 和敏捷过程结合起来，取长补短，针对不同项目的具体情况进行定制。

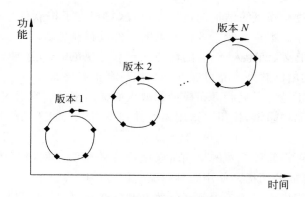

图 1.14 微软过程的生命周期模型

1.5 小 结

本章力图对计算机软件工程学作一个简短的概述。首先通过回顾计算机系统发展简史，说明开发软件的一些错误方法和观念是怎样形成的。然后列举了这些错误方法带来的严重弊病(软件危机)，澄清了一些糊涂观念。为了计算机系统的进一步发展，需要认真研究开发和维护软件的科学技术。应总结计算机软件的历史经验教训，借鉴其他工程领域的管理技术，逐步使软件工程这门新学科发展和完善起来。

本章力求使读者对软件工程的基本原理和方法有概括的本质的认识。生命周期方法学把软件生命周期划分为若干个相对独立的阶段，每个阶段完成一些确定的任务，交出最终的软件配置的一个或几个成分(文档或程序)；基本上按顺序完成各个阶段的任务，在完成每个阶段的任务时采用结构化技术和适当的软件工具；在每个阶段结束之前都进行严格的技术审查和管理复审。

当软件规模庞大或对软件的需求模糊易变时，采用生命周期方法学开发往往不成功，近年来在许多应用领域面向对象方法学已经迅速取代了生命周期方法学。面向对象方法学有 4 个要点，可以用下列方程式概括：

$$面向对象方法＝对象＋类＋继承＋用消息通信$$

也就是说，面向对象方法就是既使用对象又使用类和继承等机制，而且对象之间仅能通过传递消息实现彼此通信的方法。

面向对象方法简化了软件的开发和维护，提高了软件的可重用性。

按照在软件生命周期全过程中应完成的任务的性质，在概念上可以把软件生命周期划分成问题定义、可行性研究、需求分析、总体设计、详细设计、编码和单元测试、综合测试以及运行维护共 8 个阶段。实际从事软件开发工作时，软件规模、种类、开发环境及使用的技术方法等因素，都影响阶段的划分。

软件过程是为了获得高质量的软件产品所需要完成的一系列任务的框架，它规定了完成各项任务的工作步骤。由于没有一个适用于所有软件项目的任务集合，科学、有效的软件过程应该定义一组适合于所承担的项目特点的任务集合。

通常使用软件过程模型简洁地描述软件过程，它规定了把软件生命周期划分成的阶段及各个阶段的顺序。本章介绍了 8 种典型的软件过程模型。

瀑布模型历史悠久、广为人知，它的优势在于它是规范的、文档驱动的方法；这种模型的问题是，最终开发出的软件产品可能并不是用户真正需要的。

快速原型模型正是为了克服瀑布模型的缺点而提出来的。它通过快速构建起一个可在计算机上运行的原型系统，让用户试用原型并收集用户反馈意见的办法，获取用户的真实需求。

增量模型具有可在软件开发的早期阶段使投资获得明显回报和较易维护的优点，但是，要求软件具有开放的结构是使用这种模型时固有的困难。

风险驱动的螺旋模型适用于内部开发的大型软件项目，但是，只有在开发人员具有风险分析和排除风险的经验及专门知识时，使用这种模型才会获得成功。

喷泉模型较好地体现了面向对象软件开发过程无缝迭代的特性，是典型的面向对象的软件过程模型之一。

1998 年首次推出的 Rational 统一过程（RUP）是一个具有突出优点的软件过程模型，它提供了理想开发环境下软件过程的一种完整而且完美的模式，可以作为对一个项目进行软件开发的良好开端。

近年来推出的以极限编程（XP）为杰出代表的敏捷过程，具有对变化和不确定性的更快速、更敏捷的反应特性，因此能够较好地适应商业竞争环境下对小型项目提出的有限资源和有限开发时间的约束，可以作为对 RUP 的补充和完善；但是，作为一种软件过程模式，敏捷过程远不如 RUP 全面和完整。

多年的实践经验证明，微软过程是非常成功和行之有效的。一方面，可以把微软过程看作 RUP 的一个精简配置版本，整个过程包含若干个生命周期的持续递进循环，每个生命周期由 5 个阶段组成，每个阶段精简为由一次迭代完成；另一方面，可以把微软过程看作敏捷过程的一个扩充版本，它扩充了每个生命周期内的各个阶段的具体工作流程。

习　题　1

1. 什么是软件危机？它有哪些典型表现？为什么会出现软件危机？

2. 假设自己是一家软件公司的总工程师，当把图 1.1 给手下的软件工程师们观看，告诉他们及早发现并改正错误的重要性时，有人不同意这个观点，认为要求在错误进入软件之前就清除它们是不现实的，并举例说："如果一个故障是编码错误造成的，那么，一个人怎么能在设计阶段清除它呢？"应该怎么反驳他？

3. 什么是软件工程？它有哪些本质特性？怎样用软件工程消除软件危机？

4. 简述结构化范型和面向对象范型的要点，并分析它们的优缺点。

5. 根据历史数据可以进行如下的假设。

对计算机存储容量的需求大致按下面公式描述的趋势逐年增加：

$$M = 4\,080 \mathrm{e}^{0.28(Y-1\,960)}$$

存储器的价格按下面公式描述的趋势逐年下降：

$$P_1 = 0.3 \times 0.72^{Y-1974} (美分／位)$$

如果计算机字长为 16 位,则存储器价格下降的趋势为:

$$P_2 = 0.048 \times 0.72^{Y-1974} (美元／字)$$

在上列公式中 Y 代表年份,M 是存储容量(字数),P_1 和 P_2 代表价格。

基于上述假设可以比较计算机硬件和软件成本的变化趋势。要求计算:

(1) 在 1985 年对计算机存储容量的需求估计是多少? 如果字长为 16 位,这个存储器的价格是多少?

(2) 假设在 1985 年一名程序员每天可开发出 10 条指令,程序员的平均工资是每月 4 000 美元。如果一条指令为一个字长,计算使存储器装满程序所需用的成本。

(3) 假设在 1995 年存储器字长为 32 位,一名程序员每天可开发出 30 条指令,程序员的月平均工资为 6 000 美元,重复(1)、(2)题。

6. 什么是软件过程? 它与软件工程方法学有何关系?

7. 什么是软件生命周期模型? 试比较瀑布模型、快速原型模型、增量模型和螺旋模型的优缺点,说明每种模型的适用范围。

8. 为什么说喷泉模型较好地体现了面向对象软件开发过程无缝和迭代的特性?

9. 试讨论 Rational 统一过程的优缺点。

10. Rational 统一过程主要适用于何种项目?

11. 说明敏捷过程的适用范围。

12. 说明微软过程的适用范围。

第 2 章 可行性研究

并非任何问题都有简单明显的解决办法,事实上,许多问题不可能在预定的系统规模或时间期限之内解决。如果问题没有可行的解,那么花费在这项工程上的任何时间、人力、软硬件资源和经费,都是无谓的浪费。

可行性研究的目的,就是用最小的代价在尽可能短的时间内确定问题是否能够解决。

2.1 可行性研究的任务

必须时刻记住,可行性研究的目的不是解决问题,而是确定问题是否值得去解决。怎样达到这个目的呢?当然不能靠主观猜想而只能靠客观分析。必须分析几种主要的可能解法的利弊,从而判断原定的系统规模和目标是否现实,系统完成后所能带来的效益是否大到值得投资开发这个系统的程度。因此,可行性研究实质上是要进行一次大大压缩简化了的系统分析和设计的过程,也就是在较高层次上以较抽象的方式进行的系统分析和设计的过程。

首先需要进一步分析和澄清问题定义。在问题定义阶段初步确定的规模和目标,如果是正确的就进一步加以肯定,如果有错误就应该及时改正,如果对目标系统有任何约束和限制,也必须把它们清楚地列举出来。

在澄清了问题定义之后,分析员应该导出系统的逻辑模型。然后从系统逻辑模型出发,探索若干种可供选择的主要解法(即系统实现方案)。对每种解法都应该仔细研究它的可行性,一般说来,至少应该从下述 3 个方面研究每种解法的可行性。

(1) 技术可行性 使用现有的技术能实现这个系统吗?

(2) 经济可行性 这个系统的经济效益能超过它的开发成本吗?

(3) 操作可行性 系统的操作方式在这个用户组织内行得通吗?

必要时还应该从法律、社会效益等更广泛的方面研究每种解法的可行性。

分析员应该为每个可行的解法制定一个粗略的实现进度。

当然，可行性研究最根本的任务是对以后的行动方针提出建议。如果问题没有可行的解，分析员应该建议停止这项开发工程，以避免时间、资源、人力和金钱的浪费；如果问题值得解，分析员应该推荐一个较好的解决方案，并且为工程制定一个初步的计划。

可行性研究需要的时间长短取决于工程的规模。一般说来，可行性研究的成本只是预期的工程总成本的 5%～10%。

2.2　可行性研究过程

怎样进行可行性研究呢？典型的可行性研究过程有下述一些步骤。

1. 复查系统规模和目标

分析员访问关键人员，仔细阅读和分析有关的材料，以便对问题定义阶段书写的关于规模和目标的报告书进一步复查确认，改正含糊或不确切的叙述，清晰地描述对目标系统的一切限制和约束。这个步骤的工作，实质上是为了确保分析员正在解决的问题确实是要求他解决的问题。

2. 研究目前正在使用的系统

现有的系统是信息的重要来源。显然，如果目前有一个系统正被人使用，那么这个系统必定能完成某些有用的工作，因此，新的目标系统必须也能完成它的基本功能；另一方面，如果现有的系统是完美无缺的，用户自然不会提出开发新系统的要求，因此，现有的系统必然有某些缺点，新系统必须能解决旧系统中存在的问题。此外，运行旧系统所需要的费用是一个重要的经济指标，如果新系统不能增加收入或减少使用费用，那么从经济角度看新系统就不如旧系统。

应该仔细阅读分析现有系统的文档资料和使用手册，也要实地考察现有的系统。应该注意了解这个系统可以做什么，为什么这样做，还要了解使用这个系统的代价。在了解上述这些信息的时候显然必须访问有关的人员。

常见的错误做法是花费过多时间去分析现有的系统。这个步骤的目的是了解现有系统能做什么，而不是了解它怎样做这些工作。分析员应该画出描绘现有系统的高层系统流程图（见2.3节），并请有关人员检验他对现有系统的认识是否正确。千万不要花费太多时间去了解和描绘现有系统的实现细节。

没有一个系统是在"真空"中运行的，绝大多数系统都和其他系统有联系。应该注意了解并记录现有系统和其他系统之间的接口情况，这是设计新系统时的重要约束条件。

3. 导出新系统的高层逻辑模型

优秀的设计过程通常是从现有的物理系统出发，导出现有系统的逻辑模型，再参考现有系统的逻辑模型，设想目标系统的逻辑模型，最后根据目标系统的逻辑模型建造新的物理系统。

通过前一步的工作,分析员对目标系统应该具有的基本功能和所受的约束已有一定了解,能够使用数据流图(参看 2.4 节),描绘数据在系统中流动和处理的情况,从而概括地表达出他对新系统的设想。通常为了把新系统描绘得更清晰准确,还应该有一个初步的数据字典(参看 2.5 节),定义系统中使用的数据。数据流图和数据字典共同定义了新系统的逻辑模型,以后可以从这个逻辑模型出发设计新系统。

4. 进一步定义问题

新系统的逻辑模型实质上表达了分析员对新系统必须做什么的看法。用户是否也有同样的看法呢?分析员应该和用户一起再次复查问题定义、工程规模和目标,这次复查应该把数据流图和数据字典作为讨论的基础。如果分析员对问题有误解或者用户曾经遗漏了某些要求,那么现在是发现和改正这些错误的时候了。

可行性研究的前 4 个步骤实质上构成一个循环。分析员定义问题,分析这个问题,导出一个试探性的解;在此基础上再次定义问题,再一次分析这个问题,修改这个解;继续这个循环过程,直到提出的逻辑模型完全符合系统目标。

5. 导出和评价供选择的解法

分析员应该从他建议的系统逻辑模型出发,导出若干个较高层次的(较抽象的)物理解法供比较和选择。导出供选择的解法的最简单的途径,是从技术角度出发考虑解决问题的不同方案。例如,2.4 节中将举例说明在数据流图上划分不同的自动化边界,从而导出不同物理方案的方法。分析员可以确定几组不同的自动化边界,然后针对每一组边界考虑如何实现要求的系统。还可以使用组合的方法导出若干种可能的物理系统,例如,在每一类计算机上可能有几种不同类型的系统,组合各种可能将有微处理机上的批处理系统、微处理机上的交互式系统、小型机上的批处理系统等方案,此外还应该把现有系统和人工系统作为两个可能的方案一起考虑进去。

当从技术角度提出了一些可能的物理系统之后,应该根据技术可行性的考虑初步排除一些不现实的系统。例如,如果要求系统的响应时间不超过几秒钟,显然应该排除任何批处理方案。把技术上行不通的解法去掉之后,就剩下了一组技术上可行的方案。

其次可以考虑操作方面的可行性。分析员应该根据使用部门处理事务的原则和习惯检查技术上可行的那些方案,去掉其中从操作方式或操作过程的角度看用户不能接受的方案。

接下来应该考虑经济方面的可行性。分析员应该估计余下的每个可能的系统的开发成本和运行费用,并且估计相对于现有的系统而言这个系统可以节省的开支或可以增加的收入。在这些估计数字的基础上,对每个可能的系统进行成本/效益分析(参看 2.6 节)。一般说来,只有投资预计能带来利润的系统才值得进一步考虑。

最后为每个在技术、操作和经济等方面都可行的系统制定实现进度表,这个进度表不需要(也不可能)制定得很详细,通常只需要估计生命周期每个阶段的工作量。

6. 推荐行动方针

根据可行性研究结果应该决定的一个关键性问题是：是否继续进行这项开发工程？分析员必须清楚地表明他对这个关键性决定的建议。如果分析员认为值得继续进行这项开发工程,那么他应该选择一种最好的解法,并且说明选择这个解决方案的理由。通常客户主要根据经济上是否划算决定是否投资于一项开发工程,因此分析员对于所推荐的系统必须进行比较仔细的成本/效益分析。

7. 草拟开发计划

分析员应该为所推荐的方案草拟一份开发计划,除了制定工程进度表之外还应该估计对各类开发人员(例如,系统分析员、程序员)和各种资源(计算机硬件、软件工具等)的需要情况,应该指明什么时候使用以及使用多长时间。此外还应该估计系统生命周期每个阶段的成本。最后应该给出下一个阶段(需求分析)的详细进度表和成本估计。

8. 书写文档提交审查

应该把上述可行性研究各个步骤的工作结果写成清晰的文档,请用户、客户组织的负责人及评审组审查,以决定是否继续这项工程及是否接受分析员推荐的方案。

2.3   系统流程图

在进行可行性研究时需要了解和分析现有的系统,并以概括的形式表达对现有系统的认识;进入设计阶段以后应该把设想的新系统的逻辑模型转变成物理模型,因此需要描绘未来的物理系统的概貌。

系统流程图是概括地描绘物理系统的传统工具。它的基本思想是用图形符号以黑盒子形式描绘组成系统的每个部件(程序、文档、数据库、人工过程等)。系统流程图表达的是数据在系统各部件之间流动的情况,而不是对数据进行加工处理的控制过程,因此尽管系统流程图的某些符号和程序流程图的符号形式相同,但是它却是物理数据流图而不是程序流程图。

2.3.1   符号

当以概括的方式抽象地描绘一个实际系统时,仅仅使用图 2.1 中列出的基本符号就足够了。

当需要更具体地描绘一个物理系统时还需要使用图 2.2 中列出的系统符号,利用这些符号可以把一个广义的输入输出操作具体化为读写存储在特殊设备上的文件(或数据库),把抽象处理具体化为特定的程序或手工操作等。

2.3.2   例子

介绍系统流程图的最好方法可能是通过一个具体例子说明它的用法。下面是一个简单的例子。

符　号	名　称	说　明
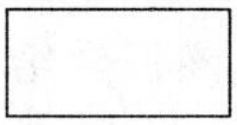	处理	能改变数据值或数据位置的加工或部件，例如程序、处理机、人工加工等都是处理
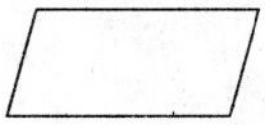	输入输出	表示输入或输出（或既输入又输出），是一个广义的不指明具体设备的符号
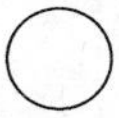	连接	指出转到图的另一部分或从图的另一部分转来，通常在同一页上
	换页连接	指出转到另一页图上或由另一页图转来
	数据流	用来连接其他符号，指明数据流动方向

图 2.1　基本符号

符　号	名　称	说　明
	穿孔卡片	表示用穿孔卡片输入或输出，也可表示一个穿孔卡片文件
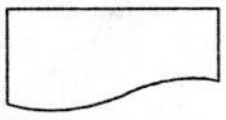	文档	通常表示打印输出，也可表示用打印终端输入数据
	磁带	磁带输入输出，或表示一个磁带文件
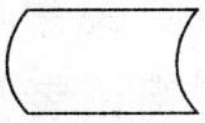	联机存储	表示任何种类的联机存储，包括磁盘、磁鼓、软盘和海量存储器件等
	磁盘	磁盘输入输出，也可表示存储在磁盘上的文件或数据库
	磁鼓	磁鼓输入输出，也可表示存储在磁鼓上的文件或数据库
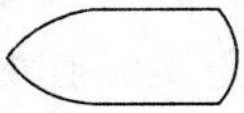	显示	CRT 终端或类似的显示部件，可用于输入或输出，也可既输入又输出
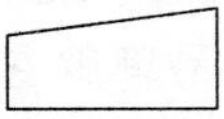	人工输入	人工输入数据的脱机处理，例如填写表格
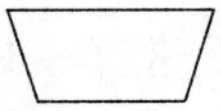	人工操作	人工完成的处理，例如会计在工资支票上签名
	辅助操作	使用设备进行的脱机操作
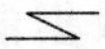	通信链路	通过远程通信线路或链路传送数据

图 2.2　系统符号

　　某装配厂有一座存放零件的仓库,仓库中现有的各种零件的数量以及每种零件的库存量临界值等数据记录在库存清单主文件中。当仓库中零件数量有变化时,应该及时修改库存清单主文件,如果哪种零件的库存量少于它的库存量临界值,则应该报告给采购部门以便订货,规定每天向采购部门送一次订货报告。

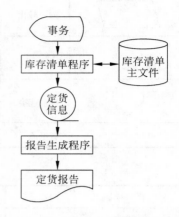

图 2.3　库存清单系统的系统流程图

　　该装配厂使用一台小型计算机处理更新库存清单主文件和产生订货报告的任务。零件库存量的每一次变化称为一个事务,由放在仓库中的 CRT 终端输入到计算机中;系统中的库存清单程序对事务进行处理,更新存储在磁盘上的库存清单主文件,并且把必要的订货信息写在磁带上。最后,每天由报告生成程序读一次磁带,并且打印出订货报告。图 2.3 的系统流程图描绘了上述系统的概貌。

　　注意图 2.3 如何描绘这个物理系统。图中每个符号用黑盒子形式定义了组成系统的一个部件,然而并没有指明每个部件的具体工作过程;图中的箭头确定了信息通过系统的逻辑路径(信息流动路径)。

　　系统流程图的习惯画法是使信息在图中从顶向下或从左向右流动。

2.3.3　分层

　　面对复杂的系统时,一个比较好的方法是分层次地描绘这个系统。首先用一张高层次的系统流程图描绘系统总体概貌,表明系统的关键功能。然后分别把每个关键功能扩展到适当的详细程度,画在单独的一页纸上。这种分层次的描绘方法便于阅读者按从抽象到具体的过程逐步深入地了解一个复杂的系统。

2.4　数据流图

　　当数据在软件系统中移动时,它将被一系列"变换"所修改。数据流图(DFD)是一种图形化技术,它描绘信息流和数据从输入移动到输出的过程中所经受的变换。在数据流图中没有任何具体的物理部件,它只是描绘数据在软件中流动和被处理的逻辑过程。数据流图是系统逻辑功能的图形表示,即使不是专业的计算机技术人员也容易理解它,因此是分析员与用户之间极好的通信工具。此外,设计数据流图时只需考虑系统必须完成的基本逻辑功能,完全不需要考虑怎样具体地实现这些功能,所以它也是今后进行软件设计的很好的出发点。

2.4.1　符号

　　如图 2.4(a)所示,数据流图有 4 种基本符号:正方形(或立方体)表示数据的源点或终点;圆角矩形(或圆形)代表变换数据的处理;开口矩形(或两条平行横线)代表数据存储;箭头表示数据流,即特定数据的流动方向。注意,数据流与程序流程图(参看本书第 5章)中用箭头表示的控制流有本质不同,千万不要混淆。熟悉程序流程图的初学者在画数据流图时,往往试图在数据流图中表现分支条件或循环,殊不知这样做将造成混乱,画不出正确的数据流图。在数据流图中应该描绘所有可能的数据流向,而不应该描绘出现某个数据流的条件。

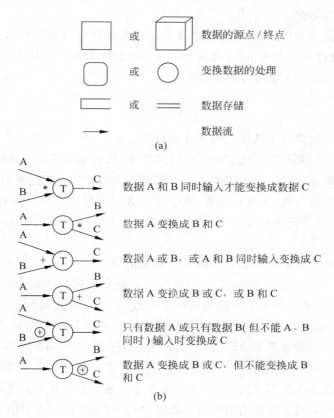

图 2.4　数据流图的符号

(a) 基本符号的含义; (b) 附加符号的含义

　　处理并不一定是一个程序。一个处理框可以代表一系列程序、单个程序或者程序的一个模块;它甚至可以代表用穿孔机穿孔或目视检查数据正确性等人工处理过程。一个数据存储也并不等同于一个文件,它可以表示一个文件、文件的一部分、数据库的元素或记录的一部分等;数据可以存储在磁盘、磁带、磁鼓、主存、微缩胶片、穿孔卡片及其他任何介质上(包括人脑)。

　　数据存储和数据流都是数据,仅仅所处的状态不同。数据存储是处于静止状态的数据,数据流是处于运动中的数据。

　　通常在数据流图中忽略出错处理,也不包括诸如打开或关闭文件之类的内务处理。数据流图的基本要点是描绘"做什么",而不考虑"怎样做"。

　　有时数据的源点和终点相同，如果只用一个符号代表数据的源点和终点，则至少将有两个箭头和这个符号相连（一个进一个出），可能其中一条箭头线相当长，这将降低数据流图的清晰度。另一种表示方法是再重复画一个同样的符号（正方形或立方体）表示数据的终点。有时数据存储也需要重复，以增加数据流图的清晰程度。为了避免可能引起的误解，如果代表同一个事物的同样符号在图中出现在 n 个地方，则在这个符号的一个角上画 $(n-1)$ 条短斜线做标记。

　　除了上述 4 种基本符号之外，有时也使用几种附加符号。星号（＊）表示数据流之间是"与"关系（同时存在）；加号（＋）表示"或"关系；⊕号表示只能从中选一个（互斥的关系）。图 2.4(b)给出了这些附加符号的含义。

2.4.2　例子

　　下面通过一个简单例子具体说明怎样画数据流图。

　　假设一家工厂的采购部每天需要一张订货报表，报表按零件编号排序，表中列出所有需要再次订货的零件。对于每个需要再次订货的零件应该列出下述数据：零件编号，零件名称，订货数量，目前价格，主要供应者，次要供应者。零件入库或出库称为事务，通过放在仓库中的 CRT 终端把事务报告给订货系统。当某种零件的库存数量少于库存量临界值时就应该再次订货。

　　怎样画出上述订货系统的数据流图呢？数据流图有 4 种成分：源点或终点，处理，数据存储和数据流。因此，第一步可以从问题描述中提取数据流图的 4 种成分：首先考虑数据的源点和终点，从上面对系统的描述可以知道"采购部每天需要一张订货报表"，"通过放在仓库中的 CRT 终端把事务报告给订货系统"，所以采购员是数据终点，而仓库管理员是数据源点。接下来考虑处理，再一次阅读问题描述，"采购部需要报表"，显然他们还没有这种报表，因此必须有一个用于产生报表的处理。事务的后果是改变零件库存量，然而任何改变数据的操作都是处理，因此对事务进行的加工是另一个处理。注意，在问题描述中并没有明显地提到需要对事务进行处理，但是通过分析可以看出这种需要。最后，考虑数据流和数据存储：系统把订货报表送给采购部，因此订货报表是一个数据流；事务需要从仓库送到系统中，显然事务是另一个数据流。产生报表和处理事务这两个处理在时间上明显不匹配——每当有一个事务发生时立即处理它，然而每天只产生一次订货报表。因此，用来产生订货报表的数据必须存放一段时间，也就是应该有一个数据存储。

　　注意，并不是所有数据存储和数据流都能直接从问题描述中提取出来。例如，"当某种零件的库存数量少于库存量临界值时就应该再次订货"，这个事实意味着必须在某个地方有零件库存量和库存量临界值这样的数据。因为这些数据元素的存在时间应该比单个事务的存在时间长，所以认为有一个数据存储保存库存清单数据是合理的。

　　表 2.1 总结了上面分析的结果，其中加星号标记的是在问题描述中隐含的成分。

表 2.1　组成数据流图的元素可以从描述问题的信息中提取

源点/终点	处理
采购员	产生报表
仓库管理员	处理事务
数据流	**数据存储**
订货报表	订货信息
零件编号	（见订货报表）
零件名称	库存清单*
订货数量	零件编号*
目前价格	库存量
主要供应者	库存量临界值
次要供应者	
事务	
零件编号*	
事务类型	
数量*	

一旦把数据流图的 4 种成分都分离出来以后,就可以着手画数据流图了。但是,怎样开始画呢? 注意,数据流图是系统的逻辑模型,然而任何计算机系统实质上都是信息处理系统,也就是说计算机系统本质上都是把输入数据变换成输出数据。因此,任何系统的基本模型都由若干个数据源点/终点以及一个处理组成,这个处理就代表了系统对数据加工变换的基本功能。对于上述的订货系统可以画出图 2.5 这样的基本系统模型。

图 2.5　订货系统的基本系统模型

从基本系统模型这样非常高的层次开始画数据流图是一个好办法。在这个高层次的数据流图上是否列出了所有给定的数据源点/终点是一目了然的,因此它是很有价值的通信工具。

然而,图 2.5 毕竟太抽象了,从这张图上对订货系统所能了解到的信息非常有限。下一步应该把基本系统模型细化,描绘系统的主要功能。从表 2.1 可知,"产生报表"和"处理事务"是系统必须完成的两个主要功能,它们将代替图 2.5 中的"订货系统"(图 2.6)。此外,细化后的数据流图中还增加了两个数据存储:处理事务需要"库存清单"数据;产生报表和处理事务在不同时间进行,因此需要存储"订货信息"。除了表 2.1 中列出的两个数据流之外还有另外两个数据流,它们与数据存储相同。这是因为从一个数据存储中取出来的或放进去的数据通常和原来存储的数据相同,也就是说,数据存储和数据流只不过是同样数据的两种不同形式。

在图 2.6 中给处理和数据存储都加了编号,这样做的目的是便于引用和追踪。

接下来应该对功能级数据流图中描绘的系统主要功能进一步细化。考虑通过系统的逻辑数据流:当发生一个事务时必须首先接收它;随后按照事务的内容修改库存清单;最后如果更新后的库存量少于库存量临界值时,则应该再次订货,也就是需要处理订货信息。因此，把"处理事务"这个功能分解为下述3个步骤，这在逻辑上是合理的："接收事务"、"更新库存清单"和"处理订货"（图2.7）。

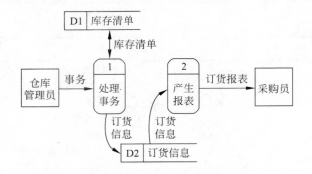

图2.6　订货系统的功能级数据流图

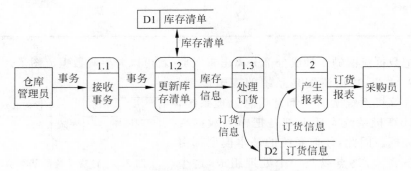

图2.7　把处理事务的功能进一步分解后的数据流图

为什么不进一步分解"产生报表"这个功能呢？订货报表中需要的数据在存储的订货信息中全都有，产生报表只不过是按一定顺序排列这些信息，再按一定格式打印出来。然而这些考虑纯属具体实现的细节，不应该在数据流图中表现。同样道理，对"接收事务"或"更新库存清单"等功能也没有必要进一步细化。总之，当进一步分解将涉及如何具体地实现一个功能时就不应该再分解了。

当对数据流图分层细化时必须保持信息连续性，也就是说，当把一个处理分解为一系列处理时，分解前和分解后的输入输出数据流必须相同。例如，图2.5和图2.6的输入输出数据流都是"事务"和"订货报表"；图2.6中"处理事务"这个处理框的输入输出数据流是"事务"、"库存清单"和"订货信息"，分解成"接收事务"、"更新库存清单"和"处理订货"3个处理之后（图2.7），它们的输入输出数据流仍然是"事务"、"库存清单"、"订货信息"。

此外还应该注意在图2.7中对处理进行编号的方法。处理1.1，1.2和1.3是更高层次的数据流图中处理1的组成元素。如果处理2被进一步分解，它的组成元素的编号将是2.1,2.2,…；如果把处理1.1进一步分解，则将得到编号为1.1.1,1.1.2,…的处理。

2.4.3　命名

数据流图中每个成分的命名是否恰当，直接影响数据流图的可理解性。因此，给这些成分起名字时应该仔细推敲。下面讲述在命名时应注意的问题。

1. 为数据流(或数据存储)命名

(1) 名字应代表整个数据流(或数据存储)的内容,而不是仅仅反映它的某些成分。

(2) 不要使用空洞的、缺乏具体含义的名字(如"数据"、"信息"、"输入"之类)。

(3) 如果在为某个数据流(或数据存储)起名字时遇到了困难,则很可能是因为对数据流图分解不恰当造成的,应该试试重新分解,看是否能克服这个困难。

2. 为处理命名

(1) 通常先为数据流命名,然后再为与之相关联的处理命名。这样命名比较容易,而且体现了人类习惯的"由表及里"的思考过程。

(2) 名字应该反映整个处理的功能,而不是它的一部分功能。

(3) 名字最好由一个具体的及物动词加上一个具体的宾语组成。应该尽量避免使用"加工"、"处理"等空洞笼统的动词作名字。

(4) 通常名字中仅包括一个动词,如果必须用两个动词才能描述整个处理的功能,则把这个处理再分解成两个处理可能更恰当些。

(5) 如果在为某个处理命名时遇到困难,则很可能是发现了分解不当的迹象,应考虑重新分解。

数据源点/终点并不需要在开发目标系统的过程中设计和实现,它并不属于数据流图的核心内容,只不过是目标系统的外围环境部分(可能是人员、计算机外部设备或传感器装置)。通常,为数据源点/终点命名时采用它们在问题域中习惯使用的名字(如"采购员"、"仓库管理员"等)。

2.4.4 用途

画数据流图的基本目的是利用它作为交流信息的工具。分析员把他对现有系统的认识或对目标系统的设想用数据流图描绘出来,供有关人员审查确认。由于在数据流图中通常仅仅使用 4 种基本符号,而且不包含任何有关物理实现的细节,因此,绝大多数用户都可以理解和评价它。

从数据流图的基本目标出发,可以考虑在一张数据流图中包含多少个元素合适的问题。一些调查研究表明,如果一张数据流图中包含的处理多于 5~9 个,人们就难于领会它的含义了。因此数据流图应该分层,并且在把功能级数据流图细化后得到的处理超过 9 个时,应该采用画分图的办法,也就是把每个主要功能都细化为一张数据流分图,而原有的功能级数据流图用来描绘系统的整体逻辑概貌。

数据流图的另一个主要用途是作为分析和设计的工具。分析员在研究现有的系统时常用系统流程图表达他对这个系统的认识,这种描绘方法形象具体,比较容易验证它的正确性;但是,开发工程的目标往往不是完全复制现有的系统,而是创造一个能够完成相同的或类似的功能的新系统。用系统流程图描绘一个系统时,系统的功能和实现每个功能的具体方案是混在一起的。因此,分析员希望以另一种方式进一步总结现有的系统,这种方式应该着重描绘系统所完成的功能而不是系统的物理实现方案。数据流图是实现这个目标的极好手段。

当用数据流图辅助物理系统的设计时，以图中不同处理的定时要求为指南，能够在数据流图上画出许多组自动化边界，每组自动化边界可能意味着一个不同的物理系统，因此可以根据系统的逻辑模型考虑系统的物理实现。例如，考虑图2.7，事务随时可能发生，因此处理1.1（"接收事务"）必须是联机的；采购员每天需要一次订货报表，因此处理2（"产生报表"）应该以批量方式进行。问题描述并没有对其他处理施加限制，例如，可以联机地接收事务并放入队列中，然而更新库存清单、处理订货和产生报表以批量方式进行（图2.8）。当然，这种方案需要增加一个数据存储以存放事务数据。

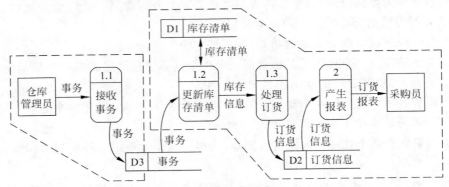

图2.8 这种划分自动化边界的方法暗示以批量方式更新库存清单

改变自动化边界，把处理1.1，1.2和1.3放在同一个边界内（图2.9），这个系统将联机地接收事务、更新库存清单和处理订货及输出订货信息；然而处理2将以批量方式产生订货报表。还能设想出建立自动化边界的其他方案吗？如果把处理1.1和处理1.2放在一个自动化边界内，把处理1.3和处理2放在另一个边界内，意味着什么样的物理系统呢？

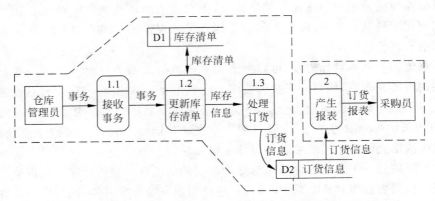

图2.9 另一种划分自动化边界的方法建议以联机方式更新库存清单

数据流图对更详细的设计步骤也有帮助，本书第5章将讲述从数据流图出发映射出软件结构的方法——面向数据流的设计方法。

2.5 数据字典

数据字典是关于数据的信息的集合,也就是对数据流图中包含的所有元素的定义的集合。

任何字典最主要的用途都是供人查阅对不了解的条目的解释,数据字典的作用也正是在软件分析和设计的过程中给人提供关于数据的描述信息。

数据流图和数据字典共同构成系统的逻辑模型,没有数据字典,数据流图就不严格,然而没有数据流图,数据字典也难于发挥作用。只有数据流图和对数据流图中每个元素的精确定义放在一起,才能共同构成系统的规格说明。

2.5.1 数据字典的内容

一般说来,数据字典应该由对下列 4 类元素的定义组成。

(1) 数据流;

(2) 数据流分量(即数据元素);

(3) 数据存储;

(4) 处理。

但是,对数据处理的定义用其他工具(如 IPO 图或 PDL)描述更方便,因此本书中数据字典将主要由对数据的定义组成,这样做可以使数据字典的内容更单纯,形式更统一。

除了数据定义之外,数据字典中还应该包含关于数据的一些其他信息。典型的情况是,在数据字典中记录数据元素的下列信息:一般信息(名字,别名,描述等),定义(数据类型,长度,结构等),使用特点(值的范围,使用频率,使用方式——输入、输出、本地,条件值等),控制信息(来源,用户,使用它的程序,改变权,使用权等)和分组信息(父结构,从属结构,物理位置——记录、文件和数据库等)。

数据元素的别名就是该元素的其他等价的名字,出现别名主要有下述 3 个原因:

(1) 对于同样的数据,不同的用户使用了不同的名字。

(2) 一个分析员在不同时期对同一个数据使用了不同的名字。

(3) 两个分析员分别分析同一个数据流时,使用了不同的名字。

虽然应该尽量减少出现别名,但是不可能完全消除别名。

2.5.2 定义数据的方法

定义绝大多数复杂事物的方法,都是用被定义的事物的成分的某种组合表示这个事物,这些组成成分又由更低层的成分的组合来定义。从这个意义上说,定义就是自顶向下的分解,所以数据字典中的定义就是对数据自顶向下的分解。那么,应该把数据分解到什么程度呢? 一般说来,当分解到不需要进一步定义,每个和工程有关的人也都清楚其含义的元素时,这种分解过程就完成了。

由数据元素组成数据的方式只有下述 3 种基本类型:

（1）**顺序**　即以确定次序连接两个或多个分量。

（2）**选择**　即从两个或多个可能的元素中选取一个。

（3）**重复**　即把指定的分量重复零次或多次。

因此，可以使用上述 3 种关系算符定义数据字典中的任何条目。为了说明重复次数，重复算符通常和重复次数的上下限同时使用（当上下限相同时表示重复次数固定）。当重复的上下限分别为 1 和 0 时，可以用重复算符表示某个分量是可选的（可有可无的）。但是，"可选"是由数据元素组成数据时一种常见的方式，把它单独列为一种算符可以使数据字典更清晰一些。因此，增加了下述的第 4 种关系算符。

（4）**可选**　即一个分量是可有可无的（重复零次或一次）。

虽然可以使用自然语言描述由数据元素组成数据的关系，但是为了更加清晰简洁，建议采用下列符号：

＝意思是等价于（或定义为）；

＋意思是和（即连接两个分量）；

［　］意思是或（即从方括弧内列出的若干个分量中选择一个），通常用"|"号隔开供选择的分量；

｛　｝意思是重复（即重复花括弧内的分量）；

（　）意思是可选（即圆括弧里的分量可有可无）。

常常使用上限和下限进一步注释表示重复的花括弧。一种注释方法是在开括弧的左边用上角标和下角标分别表明重复的上限和下限；另一种注释方法是在开括弧左侧标明重复的下限，在闭括弧的右侧标明重复的上限。例如

$^{5}_{1}$｛A｝和 1｛A｝5　含义相同。

下面举例说明上述定义数据的符号的使用方法：某程序设计语言规定，用户说明的标识符是长度不超过 8 个字符的字符串，其中第一个字符必须是字母字符，随后的字符既可以是字母字符也可以是数字字符。使用上面讲过的符号，可以像下面那样定义标识符：

标识符＝字母字符＋字母数字串

字母数字串＝0｛字母或数字｝7

字母或数字＝［字母字符|数字字符］

由于和项目有关的人都知道字母字符和数字字符的含义，因此，关于标识符的定义分解到这种程度就可以结束了。

2.5.3　数据字典的用途

数据字典最重要的用途是作为分析阶段的工具。在数据字典中建立的一组严密一致的定义很有助于改进分析员和用户之间的通信，因此将消除许多可能的误解。对数据的这一系列严密一致的定义也有助于改进在不同的开发人员或不同的开发小组之间的通信。如果要求所有开发人员都根据公共的数据字典描述数据和设计模块，则能避免许多麻烦的接口问题。

数据字典中包含的每个数据元素的控制信息是很有价值的。因为列出了使用一个给定的数据元素的所有程序(或模块),所以很容易估计改变一个数据将产生的影响,并且能对所有受影响的程序或模块作出相应的改变。

最后,数据字典是开发数据库的第一步,而且是很有价值的一步。

2.5.4　数据字典的实现

目前,数据字典几乎总是作为 CASE"结构化分析与设计工具"的一部分实现的。在开发大型软件系统的过程中,数据字典的规模和复杂程度迅速增加,人工维护数据字典几乎是不可能的。

如果在开发小型软件系统时暂时没有数据字典处理程序,建议采用卡片形式书写数据字典,每张卡片上保存描述一个数据的信息。这样做会使更新和修改比较方便,而且能单独处理描述每个数据的信息。每张卡片上主要应该包含下述这样一些信息:

名字、别名、描述、定义、位置。

当开发过程进展到能够知道数据元素的控制信息和使用特点时,再把这些信息记录在卡片的背面。

下面给出第 2.4 节的例子中几个数据元素的数据字典卡片,以具体说明数据字典卡片中上述几项内容的含义。

名字:订货报表
别名:订货信息
描述:每天一次送给采购员的需要订货的零
　　　件表
定义:订货报表＝零件编号＋零件名称＋订
　　　　　货数量＋目前价格＋主要
　　　　　供应者＋次要供应者
位置:输出到打印机

名字:零件编号
别名:
描述:唯一地标识库存清单中一个特定零
　　　件的关键域
定义:零件编号＝8{字符}8
位置:订货报表
　　　订货信息
　　　库存清单
　　　事务

名字:订货数量
别名:
描述:某个零件一次订货的数量
定义:订货数量＝1{数字}5
位置:订货报表
　　　订货信息

2.6　成本/效益分析

一般说来,人们投资于一项事业的目的是为了在将来得到更大好处。开发一个软件系统也是一种投资,期望将来获得更大的经济效益。经济效益通常表现为减少运行费用或(和)增加收入。但是,投资开发新系统往往要冒一定风险,系统的开发成本可能比预计的高,效益可能比预期的低。把钱存到银行或贷给其他企业也有明显的经济效益（利息）,而且风险很低。那么,在什么情况下投资开发新系统更划算呢？成本/效益分析的目的正是要从经济角度分析开发一个特定的新系统是否划算,从而帮助客户组织的负责人正确地作出是否投资于这项开发工程的决定。

为了对比成本和效益,首先需要估计它们的数量。

2.6.1　成本估计

软件开发成本主要表现为人力消耗（乘以平均工资则得到开发费用）。成本估计不是精确的科学,因此应该使用几种不同的估计技术以便相互校验。下面简单介绍 3 种估算技术。

1. 代码行技术

代码行技术是比较简单的定量估算方法,它把开发每个软件功能的成本和实现这个功能需要用的源代码行数联系起来。通常根据经验和历史数据估计实现一个功能需要的源程序行数。当有以往开发类似工程的历史数据可供参考时,这个方法是非常有效的。

一旦估计出源代码行数以后,用每行代码的平均成本乘以行数就可以确定软件的成本。每行代码的平均成本主要取决于软件的复杂程度和工资水平。

2. 任务分解技术

这种方法首先把软件开发工程分解为若干个相对独立的任务。再分别估计每个单独的开发任务的成本,最后累加起来得出软件开发工程的总成本。估计每个任务的成本时,通常先估计完成该项任务需要用的人力（以人月为单位）,再乘以每人每月的平均工资而得出每个任务的成本。

最常用的办法是按开发阶段划分任务。如果软件系统很复杂,由若干个子系统组成,则可以把每个子系统再按开发阶段进一步划分成更小的任务。

典型环境下各个开发阶段需要使用的人力的百分比大致如表 2.2 所示。当然,应该针对每个开发工程的具体特点,并且参照以往的经验尽可能准确地估计每个阶段实际需要使用的人力（包括书写文档需要的人力）。

表 2.2　典型环境下各个开发阶段需要使用的人力的百分比

任　　务	人力（%）
可行性研究	5
需求分析	10
设计	25
编码和单元测试	20
综合测试	40
总计	100

3. 自动估计成本技术

采用自动估计成本的软件工具可以减轻人的劳动,并且使得估计的结果更客观。但是,采用这种技术必须有长期搜集的大量历史数据为基础,并且需要有良好的数据库系统支持。

2.6.2 成本/效益分析的方法

成本/效益分析的第一步是估计开发成本、运行费用和新系统将带来的经济效益。上面已经简单介绍了估计开发成本的基本方法,本书第 13 章还要详细介绍成本估计技术。运行费用取决于系统的操作费用(操作员人数,工作时间,消耗的物资等)和维护费用。系统的经济效益等于因使用新系统而增加的收入加上使用新系统可以节省的运行费用。因为运行费用和经济效益两者在软件的整个生命周期内都存在,总的效益和生命周期的长度有关,所以应该合理地估计软件的寿命。虽然许多系统在开发时预期生命周期长达 10 年以上,但是时间越长,系统被废弃的可能性也越大,为了保险起见,以后在进行成本/效益分析时一律假设生命周期为 5 年。

应该比较新系统的开发成本和经济效益,以便从经济角度判断这个系统是否值得投资,但是,投资是现在进行的,效益是将来获得的,不能简单地比较成本和效益,应该考虑货币的时间价值。

1. 货币的时间价值

通常用利率的形式表示货币的时间价值。假设年利率为 i,如果现在存入 P 元,则 n 年后可以得到的钱数为:

$$F = P(1 + i)^n$$

这也就是 P 元钱在 n 年后的价值。反之,如果 n 年后能收入 F 元钱,那么这些钱的现在价值是

$$P = F/(1 + i)^n$$

例如,修改一个已有的库存清单系统,使它能在每天送给采购员一份订货报表。修改已有的库存清单程序并且编写产生报表的程序,估计共需 5 000 元;系统修改后能及时订货,这将消除零件短缺问题,估计因此每年可以节省 2 500 元,5 年共可节省 12 500 元。但是,不能简单地把 5 000 元和 12 500 元相比较,因为前者是现在投资的钱,后者是若干年以后节省的钱。

假定年利率为 12%,利用上面计算货币现在价值的公式可以算出修改库存清单系统后每年预计节省的钱的现在价值,如表 2.3 所示。

表 2.3 将来的收入折算成现在值

年	将来值(元)	$(1+i)^n$	现在值(元)	累计的现在值(元)
1	2 500	1.12	2 232.14	2 232.14
2	2 500	1.25	1 992.98	4 225.12
3	2 500	1.40	1 779.45	6 004.57
4	2 500	1.57	1 588.80	7 593.37
5	2 500	1.76	1 418.57	9 011.94

2. 投资回收期

通常用投资回收期衡量一项开发工程的价值。所谓投资回收期就是使累计的经济效益等于最初投资所需要的时间。显然，投资回收期越短就能越快获得利润，因此这项工程也就越值得投资。

例如，修改库存清单系统两年以后可以节省 4 225.12 元，比最初的投资（5 000 元）还少 774.88 元，第三年以后将再节省 1 779.45 元。774.88/1 779.45＝0.44，因此，投资回收期是 2.44 年。

投资回收期仅仅是一项经济指标，为了衡量一项开发工程的价值，还应该考虑其他经济指标。

3. 纯收入

衡量工程价值的另一项经济指标是工程的纯收入，也就是在整个生命周期之内系统的累计经济效益（折合成现在值）与投资之差。这相当于比较投资开发一个软件系统和把钱存在银行中（或贷给其他企业）这两种方案的优劣。如果纯收入为零，则工程的预期效益和在银行存款一样，但是开发一个系统要冒风险，因此从经济观点看这项工程可能是不值得投资的。如果纯收入小于零，那么这项工程显然不值得投资。

例如，上述修改库存清单系统，工程的纯收入预计是

$$9\ 011.94 - 5\ 000 = 4\ 011.94（元）$$

4. 投资回收率

把资金存入银行或贷给其他企业能够获得利息，通常用年利率衡量利息多少。类似地也可以计算投资回收率，用它衡量投资效益的大小，并且可以把它和年利率相比较，在衡量工程的经济效益时，它是最重要的参考数据。

已知现在的投资额，并且已经估计出将来每年可以获得的经济效益，那么，给定软件的使用寿命之后，怎样计算投资回收率呢？设想把数量等于投资额的资金存入银行，每年年底从银行取回的钱等于系统每年预期可以获得的效益，在时间等于系统寿命时，正好把在银行中的存款全部取光，那么，年利率等于多少呢？这个假想的年利率就等于投资回收率。根据上述条件不难列出下面的方程式：

$$P = F_1/(1+j) + F_2/(1+j)^2 + \cdots + F_n/(1+j)^n$$

其中，P 是现在的投资额；F_i 是第 i 年年底的效益（$i=1,2,\cdots,n$）；n 是系统的使用寿命；j 是投资回收率。

解出这个高阶代数方程即可求出投资回收率（假设系统寿命 $n=5$）。

例如，上述修改库存清单系统，工程的投资回收率是 41%～42%。

2.7 小 结

可行性研究进一步探讨问题定义阶段所确定的问题是否有可行的解。在对问题正确定义的基础上,通过分析问题(往往需要研究现在正在使用的系统),导出试探性的解,然后复查并修正问题定义,再次分析问题,改进提出的解法……经过定义问题、分析问题、提出解法的反复过程,最终提出一个符合系统目标的高层次的逻辑模型。然后根据系统的这个逻辑模型设想各种可能的物理系统,并且从技术、经济和操作等各方面分析这些物理系统的可行性。最后,系统分析员提出一个推荐的行动方针,提交用户和客户组织负责人审查批准。

在表达分析员对现有系统的认识和描绘他对未来的物理系统的设想时,系统流程图是一个很好的工具。系统流程图实质上是物理数据流图,它描绘组成系统的主要物理元素以及信息在这些元素间流动和处理的情况。

数据流图的基本符号只有 4 种,它是描绘系统逻辑模型的极好工具。通常数据字典和数据流图共同构成系统的逻辑模型。没有数据字典精确定义数据流图中每个元素,数据流图就不够严密;然而没有数据流图,数据字典也很难发挥作用。

成本/效益分析是可行性研究的一项重要内容,是客户组织负责人从经济角度判断是否继续投资于这项工程的主要依据。

读者应该着重理解可行性研究的必要性,以及它的基本任务和基本步骤,在此基础上再进一步学习具体方法和工具。对具体方法和工具的深入认识,又可以反过来加深对可行性研究过程的理解。但是,不要陷于具体方法和工具的细节中而忽略了对软件工程基本原理和概念的学习。

习 题 2

1. 在软件开发的早期阶段为什么要进行可行性研究?应该从哪些方面研究目标系统的可行性?

2. 为方便储户,某银行拟开发计算机储蓄系统。储户填写的存款单或取款单由业务员输入系统,如果是存款,系统记录存款人姓名、住址、存款类型、存款日期、利率等信息,并印出存款单给储户;如果是取款,系统计算利息并印出利息清单给储户。

写出问题定义并分析此系统的可行性。

3. 为方便旅客,某航空公司拟开发一个机票预订系统。旅行社把预订机票的旅客信息(姓名、性别、工作单位、身份证号码、旅行时间、旅行目的地等)输入进该系统,系统为旅客安排航班,印出取票通知和账单,旅客在飞机起飞的前一天凭取票通知和账单交款取票,系统校对无误即印出机票给旅客。

写出问题定义并分析此系统的可行性。

4. 目前住院病人主要由护士护理,这样做不仅需要大量护士,而且由于不能随时观察危重病人的病情变化,还可能会延误抢救时机。某医院打算开发一个以计算机为中心的患者监护系统，试写出问题定义，并且分析开发这个系统的可行性。

医院对患者监护系统的基本要求是随时接收每个病人的生理信号（脉搏、体温、血压、心电图等），定时记录病人情况以形成患者日志，当某个病人的生理信号超出医生规定的安全范围时向值班护士发出警告信息，此外，护士在需要时还可以要求系统印出某个指定病人的病情报告。

5. 北京某高校可用的电话号码有以下几类：校内电话号码由 4 位数字组成，第 1 位数字不是 0；校外电话又分为本市电话和外地电话两类，拨校外电话需先拨 0，若是本市电话则再接着拨 8 位数字（第 1 位不是 0），若是外地电话则拨 3 位区码再拨 8 位电话号码（第 1 位不是 0）。

用 2.5.2 小节讲述的定义数据的方法，定义上述的电话号码。

第 3 章

需 求 分 析

　　为了开发出真正满足用户需求的软件产品,首先必须知道用户的需求。对软件需求的深入理解是软件开发工作获得成功的前提条件,不论人们把设计和编码工作做得如何出色,不能真正满足用户需求的程序只会令用户失望,给开发者带来烦恼。

　　需求分析是软件定义时期的最后一个阶段,它的基本任务是准确地回答"系统必须做什么"这个问题。

　　虽然在可行性研究阶段已经粗略地了解了用户的需求,甚至还提出了一些可行的方案,但是,可行性研究的基本目的是用较小的成本在较短的时间内确定是否存在可行的解法,因此许多细节被忽略了。然而在最终的系统中却不能遗漏任何一个微小的细节,所以可行性研究并不能代替需求分析,它实际上并没有准确地回答"系统必须做什么"这个问题。

　　需求分析的任务还不是确定系统怎样完成它的工作,而仅仅是确定系统必须完成哪些工作,也就是对目标系统提出完整、准确、清晰、具体的要求。

　　在需求分析阶段结束之前,系统分析员应该写出软件需求规格说明书,以书面形式准确地描述软件需求。

　　在分析软件需求和书写软件需求规格说明书的过程中,分析员和用户都起着关键的、必不可少的作用。只有用户才真正知道自己需要什么,但是他们并不知道怎样用软件实现自己的需求,用户必须把他们对软件的需求尽量准确、具体地描述出来;分析员知道怎样用软件实现人们的需求,但是在需求分析开始时他们对用户的需求并不十分清楚,必须通过与用户沟通获取用户对软件的需求。

　　需求分析和规格说明是一项十分艰巨复杂的工作。用户与分析员之间需要沟通的内容非常多,在双方交流信息的过程中很容易出现误解或遗漏,也可能存在二义性。因此,不仅在整个需求分析过程中应该采用行之有效的通信技术,集中精力细致工作,而且必须严格审查验证需求分析的结果。

尽管目前有许多不同的用于需求分析的结构化分析方法，但是，所有这些分析方法都遵守下述准则。

(1) 必须理解并描述问题的信息域，根据这条准则应该建立数据模型。

(2) 必须定义软件应完成的功能，这条准则要求建立功能模型。

(3) 必须描述作为外部事件结果的软件行为，这条准则要求建立行为模型。

(4) 必须对描述信息、功能和行为的模型进行分解，用层次的方式展示细节。

3.1 需求分析的任务

3.1.1 确定对系统的综合要求

虽然功能需求是对软件系统的一项基本需求，但却并不是唯一的需求。通常对软件系统有下述几方面的综合要求。

1. 功能需求

这方面的需求指定系统必须提供的服务。通过需求分析应该划分出系统必须完成的所有功能。

2. 性能需求

性能需求指定系统必须满足的定时约束或容量约束，通常包括速度（响应时间）、信息量速率、主存容量、磁盘容量、安全性等方面的需求。例如，"应力分析程序必须在一分钟之内生成任何一个梁的应力报告"就是一项性能需求。

3. 可靠性和可用性需求

可靠性需求定量地指定系统的可靠性，例如，"机场雷达系统在一个月内不能出现两次以上故障"。

可用性与可靠性密切相关，它量化了用户可以使用系统的程度。例如，"在任何时候主机或备份机上的机场雷达系统应该至少有一个是可用的，而且在一个月内在任何一台计算机上该系统不可用的时间不能超过总时间的 2%"。

4. 出错处理需求

这类需求说明系统对环境错误应该怎样响应。例如，如果它接收到从另一个系统发来的违反协议格式的消息，应该做什么？注意，上述这类错误并不是由该应用系统本身造成的。

在某些情况下，"出错处理"指的是当应用系统发现它自己犯下一个错误时所采取的行动。但是，应该有选择地提出这类出错处理需求。人们的目的是开发出正确的系统，而不是用无休止的出错处理代码掩盖自己的错误。总之，对应用系统本身错误的检测应该仅限于系统的关键部分，而且应该尽可能少。

5. 接口需求

接口需求描述应用系统与它的环境通信的格式。常见的接口需求有：用户接口需求；硬件接口需求；软件接口需求；通信接口需求。例如：

"把商品从货源地运送到目的地所需要的成本，应该一直显示在'成本'正文框中"。

"向运输公司传送'需运送的商品'信息的格式是 exp⟨string⟩，其中⟨string⟩是从商品目录中选取的字符串"。

上述第一个例子是应用系统与用户接口的一个需求，第二个例子指定了与其他应用系统通信的信息格式。两者都是接口需求。

6. 约束

设计约束或实现约束描述在设计或实现应用系统时应遵守的限制条件。在需求分析阶段提出这类需求，并不是要取代设计（或实现）过程，只是说明用户或环境强加给项目的限制条件。常见的约束有：精度；工具和语言约束；设计约束；应该使用的标准；应该使用的硬件平台。

7. 逆向需求

逆向需求说明软件系统不应该做什么。理论上有无限多个逆向需求，人们应该仅选取能澄清真实需求且可消除可能发生的误解的那些逆向需求。例如，"应力分析程序无须分析桥梁倒塌数据"。

8. 将来可能提出的要求

应该明确地列出那些虽然不属于当前系统开发范畴，但是据分析将来很可能会提出来的要求。这样做的目的是，在设计过程中对系统将来可能的扩充和修改预做准备，以便一旦确实需要时能比较容易地进行这种扩充和修改。

3.1.2 分析系统的数据要求

任何一个软件系统本质上都是信息处理系统，系统必须处理的信息和系统应该产生的信息在很大程度上决定了系统的面貌，对软件设计有深远影响，因此，必须分析系统的数据要求，这是软件需求分析的一个重要任务。分析系统的数据要求通常采用建立数据模型的方法（见 3.4 节）。

复杂的数据由许多基本的数据元素组成，数据结构表示数据元素之间的逻辑关系。利用数据字典可以全面准确地定义数据，但是数据字典的缺点是不够形象直观。为了提高可理解性，常常利用图形工具辅助描绘数据结构。常用的图形工具有层次方框图和Warnier 图，在本章第 3.7 节中将简要地介绍这两种图形工具。

软件系统经常使用各种长期保存的信息，这些信息通常以一定方式组织并存储在数据库或文件中，为减少数据冗余，避免出现插入异常或删除异常，简化修改数据的过程，通常需要把数据结构规范化（见 3.5 节）。

3.1.3　导出系统的逻辑模型

综合上述两项分析的结果可以导出系统的详细的逻辑模型，通常用数据流图、实体-联系图、状态转换图、数据字典和主要的处理算法描述这个逻辑模型。

3.1.4　修正系统开发计划

根据在分析过程中获得的对系统的更深入更具体的了解，可以比较准确地估计系统的成本和进度，修正以前制定的开发计划。

3.2　与用户沟通获取需求的方法

3.2.1　访谈

访谈是最早开始使用的获取用户需求的技术，也是迄今为止仍然广泛使用的需求分析技术。

访谈有两种基本形式，分别是正式的和非正式的访谈。正式访谈时，系统分析员将提出一些事先准备好的具体问题，例如，询问客户公司销售的商品种类、雇用的销售人员数目以及信息反馈时间应该多快等。在非正式访谈中，分析员将提出一些用户可以自由回答的开放性问题，以鼓励被访问人员说出自己的想法，例如，询问用户对目前正在使用的系统有哪些不满意的地方。

当需要调查大量人员的意见时，向被调查人分发调查表是一个十分有效的做法。经过仔细考虑写出的书面回答可能比被访者对问题的口头回答更准确。分析员仔细阅读收回的调查表，然后再有针对性地访问一些用户，以便向他们询问在分析调查表时发现的新问题。

在访问用户的过程中使用情景分析技术往往非常有效。所谓情景分析就是对用户将来使用目标系统解决某个具体问题的方法和结果进行分析。例如，假设目标系统是一个制定减肥计划的软件，当给出某个肥胖症患者的年龄、性别、身高、体重、腰围及其他数据时，就出现了一个可能的情景描述。系统分析员根据自己对目标系统应具备的功能的理解，给出适用于该患者的菜单。客户公司的饮食专家可能指出，某些菜单对于有特殊饮食需求的患者（例如，糖尿病人、素食者）是不合适的。这就使分析员认识到，目标系统在制定菜单之前还应该先询问患者的特殊饮食需求。系统分析员利用情景分析技术，往往能够获知用户的具体需求。

情景分析技术的用处主要体现在下述两个方面。

（1）它能在某种程度上演示目标系统的行为，从而便于用户理解，而且还可能进一步揭示出一些分析员目前还不知道的需求。

（2）由于情景分析较易为用户所理解，使用这种技术能保证用户在需求分析过程中始终扮演一个积极主动的角色。需求分析的目标是获知用户的真实需求，而这一信息的唯一来源是用户，因此，让用户起积极主动的作用对需求分析工作获得成功是至关重要的。

3.2.2　面向数据流自顶向下求精

　　软件系统本质上是信息处理系统,而任何信息处理系统的基本功能都是把输入数据转变成需要的输出信息。数据决定了需要的处理和算法,看来数据显然是需求分析的出发点。在可行性研究阶段许多实际的数据元素被忽略了,当时分析员还不需要考虑这些细节,现在是定义这些数据元素的时候了。

　　结构化分析方法就是面向数据流自顶向下逐步求精进行需求分析的方法。通过可行性研究已经得出了目标系统的高层数据流图,需求分析的目标之一就是把数据流和数据存储定义到元素级。为了达到这个目标,通常从数据流图的输出端着手分析,这是因为系统的基本功能是产生这些输出,输出数据决定了系统必须具有的最基本的组成元素。

　　输出数据是由哪些元素组成的呢? 通过调查访问不难搞清这个问题。那么,每个输出数据元素又是从哪里来的呢? 既然它们是系统的输出,显然它们或者是从外面输入到系统中来的,或者是通过计算由系统中产生出来的。沿数据流图从输出端往输入端回溯,应该能够确定每个数据元素的来源,与此同时也就初步定义了有关的算法。但是,可行性研究阶段产生的是高层数据流图,许多具体的细节没有包括在里面,因此沿数据流图回溯时常常遇到下述问题:为了得到某个数据元素需要用到数据流图中目前还没有的数据元素,或者得出这个数据元素需要用的算法尚不完全清楚。为了解决这些问题,往往需要向用户和其他有关人员请教,他们的回答使分析员对目标系统的认识更深入更具体了,系统中更多的数据元素被划分出来了,更多的算法被搞清楚了。通常把分析过程中得到的有关数据元素的信息记录在数据字典中,把对算法的简明描述记录在 IPO 图(见 3.7 节)中。通过分析而补充的数据流、数据存储和处理,应该添加到数据流图的适当位置上。

　　必须请用户对上述分析过程中得出的结果仔细地复查,数据流图是帮助复查的极好工具。从输入端开始,分析员借助数据流图、数据字典和 IPO 图向用户解释输入数据是怎样一步一步地转变成输出数据的。这些解释集中反映了通过前面的分析工作分析员所获得的对目标系统的认识。这些认识正确吗? 有没有遗漏? 用户应该注意倾听分析员的报告,并及时纠正和补充分析员的认识。复查过程验证了已知的元素,补充了未知的元素,填补了文档中的空白。

　　反复进行上述分析过程,分析员越来越深入地定义了系统中的数据和系统应该完成的功能。为了追踪更详细的数据流,分析员应该把数据流图扩展到更低的层次。通过功能分解可以完成数据流图的细化。

　　对数据流图细化之后得到一组新的数据流图,不同的系统元素之间的关系变得更清楚了。对这组新数据流图的分析追踪可能产生新的问题,这些问题的答案可能又在数据字典中增加一些新条目,并且可能导致新的或精化的算法描述。随着分析过程的进展,经过提问和解答的反复循环,分析员越来越深入具体地定义了目标系统,最终得到对系统数据和功能要求的满意了解。图 3.1 粗略地概括了上述分析过程。

3.2.3　简易的应用规格说明技术

　　使用传统的访谈或面向数据流自顶向下求精方法定义需求时,用户处于被动地位而且往往有意无意地与开发者区分"彼此"。由于不能像同一个团队的人那样齐心协力地识

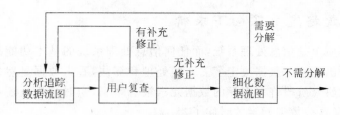

图 3.1　面向数据流自顶向下求精过程

别和精化需求，这两种方法的效果有时并不理想（经常发生误解，还可能遗漏重要的信息）。

为了解决上述问题，人们研究出一种面向团队的需求收集法，称为简易的应用规格说明技术。这种方法提倡用户与开发者密切合作，共同标识问题，提出解决方案要素，商讨不同方案并指定基本需求。今天，简易的应用规格说明技术已经成为信息系统领域使用的主流技术。

使用简易的应用规格说明技术分析需求的典型过程如下：

首先进行初步的访谈，通过用户对基本问题的回答，初步确定待解决的问题的范围和解决方案。然后开发者和用户分别写出"产品需求"。选定会议的时间和地点，并选举一个负责主持会议的协调人。邀请开发者和用户双方组织的代表出席会议，并在开会前预先把写好的产品需求分发给每位与会者。

要求每位与会者在开会的前几天认真审查产品需求，并且列出作为系统环境组成部分的对象、系统将产生的对象以及系统为了完成自己的功能将使用的对象。此外，还要求每位与会者列出操作这些对象或与这些对象交互的服务（即处理或功能）。最后还应该列出约束条件（例如成本、规模、完成日期）和性能标准（例如速度、容量）。并不期望每位与会者列出的内容都是毫无遗漏的，但是，希望能准确地表达出每个人对目标系统的认识。

会议开始后，讨论的第一个问题是，是否需要这个新产品，一旦大家都同意确实需要这个新产品，每位与会者就应该把他们在会前准备好的列表展示出来供大家讨论。可以把这些列表抄写在大纸上钉在墙上，或者写在白板上挂在墙上。理想的情况是，表中每一项都能单独移动，这样就能方便地删除或增添表项，或组合不同的列表。在这个阶段，严格禁止批评与争论。

在展示了每个人针对某个议题的列表之后，大家共同创建一张组合列表。在组合列表中消去了冗余项，加入了在展示过程中产生的新想法，但是并不删除任何实质性内容。在针对每个议题的组合列表都建立起来之后，由协调人主持讨论这些列表。组合列表将被缩短、加长或重新措辞，以便更准确地描述将被开发的产品。讨论的目标是，针对每个议题（对象、服务、约束和性能）都创建出一张意见一致的列表。

一旦得出了意见一致的列表，就把与会者分成更小的小组，每个小组的工作目标是为每张列表中的项目制定小型规格说明。小型规格说明是对列表中包含的单词或短语的准确说明。

然后，每个小组都向全体与会者展示他们制定的小型规格说明，供大家讨论。通过讨论可能会增加或删除一些内容,也可能进一步做些精化工作。

在完成了小型规格说明之后,每个与会者都制定出产品的一整套确认标准,并把自己制定的标准提交会议讨论,以创建出意见一致的确认标准。最后,由一名或多名与会者根据会议成果起草完整的软件需求规格说明书。

简易的应用规格说明技术并不是解决需求分析阶段遇到的所有问题的"万能灵药",但是,这种面向团队的需求收集方法确实有许多突出优点:开发者与用户不分彼此,齐心协力,密切合作;即时讨论并求精;有能导出规格说明的具体步骤。

3.2.4 快速建立软件原型

正如第 1 章已经讲过的,快速建立软件原型是最准确、最有效、最强大的需求分析技术。快速原型就是快速建立起来的旨在演示目标系统主要功能的可运行的程序。构建原型的要点是,它应该实现用户看得见的功能(例如屏幕显示或打印报表),省略目标系统的"隐含"功能(例如修改文件)。

快速原型应该具备的第一个特性是"快速"。快速原型的目的是尽快向用户提供一个可在计算机上运行的目标系统的模型,以便使用户和开发者在目标系统应该"做什么"这个问题上尽可能快地达成共识。因此,原型的某些缺陷是可以忽略的,只要这些缺陷不严重地损害原型的功能,不会使用户对产品的行为产生误解,就不必管它们。

快速原型应该具备的第二个特性是"容易修改"。如果原型的第一版不是用户所需要的,就必须根据用户的意见迅速地修改它,构建出原型的第二版,以更好地满足用户需求。在实际开发软件产品时,原型的"修改—试用—反馈"过程可能重复多遍,如果修改耗时过多,势必延误软件开发时间。

为了快速地构建和修改原型,通常使用下述 3 种方法和工具。

(1) 第四代技术

第四代技术包括众多数据库查询和报表语言、程序和应用系统生成器以及其他非常高级的非过程语言。第四代技术使得软件工程师能够快速地生成可执行的代码,因此,它们是较理想的快速原型工具。

(2) 可重用的软件构件

另外一种快速构建原型的方法,是使用一组已有的软件构件(也称为组件)来装配(而不是从头构造)原型。软件构件可以是数据结构(或数据库),或软件体系结构构件(即程序),或过程构件(即模块)。必须把软件构件设计成能在不知其内部工作细节的条件下重用。

应该注意,现有的软件可以被用作"新的或改进的"产品的原型。

(3) 形式化规格说明和原型环境

在过去的 20 多年中,人们已经研究出许多形式化规格说明语言和工具(参见第 4 章),用于替代自然语言规格说明技术。今天,形式化语言的倡导者正在开发交互式环境,以便可以调用自动工具把基于形式语言的规格说明翻译成可执行的程序代码,用户能够使用可执行的原型代码去进一步精化形式化的规格说明。

3.3　分析建模与规格说明

3.3.1　分析建模

为了更好地理解复杂事物，人们常常采用建立事物模型的方法。所谓模型，就是为了理解事物而对事物作出的一种抽象，是对事物的一种无歧义的书面描述。通常，模型由一组图形符号和组织这些符号的规则组成。

结构化分析实质上是一种创建模型的活动。为了开发出复杂的软件系统，系统分析员应该从不同角度抽象出目标系统的特性，使用精确的表示方法构造系统的模型，验证模型是否满足用户对目标系统的需求，并在设计过程中逐渐把和实现有关的细节加进模型中，直至最终用程序实现模型。

根据本章开头讲述的结构化分析准则，需求分析过程应该建立 3 种模型，它们分别是数据模型、功能模型和行为模型。

3.4 节将介绍的实体-联系图，描绘数据对象及数据对象之间的关系，是用于建立数据模型的图形。

2.4 节讲过的数据流图，描绘当数据在软件系统中移动时被变换的逻辑过程，指明系统具有的变换数据的功能，因此，数据流图是建立功能模型的基础。

3.6 节将介绍的状态转换图（简称为状态图），指明了作为外部事件结果的系统行为。为此，状态转换图描绘了系统的各种行为模式（称为"状态"）和在不同状态间转换的方式。状态转换图是行为建模的基础。

3.3.2　软件需求规格说明

通过需求分析除了创建分析模型之外，还应该写出软件需求规格说明书，它是需求分析阶段得出的最主要的文档。

通常用自然语言完整、准确、具体地描述系统的数据要求、功能需求、性能需求、可靠性和可用性要求、出错处理需求、接口需求、约束、逆向需求以及将来可能提出的要求。自然语言的规格说明具有容易书写、容易理解的优点，为大多数人所欢迎和采用。

为了消除用自然语言书写的软件需求规格说明书中可能存在的不一致、歧义、含糊、不完整及抽象层次混乱等问题，有些人主张用形式化方法描述用户对软件系统的需求，第4 章将简要地介绍形式化说明技术。

3.4　实体-联系图

为了把用户的数据要求清楚、准确地描述出来，系统分析员通常建立一个概念性的数据模型（也称为信息模型）。概念性数据模型是一种面向问题的数据模型，是按照用户的观点对数据建立的模型。它描述了从用户角度看到的数据，它反映了用户的现实环境，而且与在软件系统中的实现方法无关。

数据模型中包含 3 种相互关联的信息:数据对象、数据对象的属性及数据对象彼此间相互连接的关系。

3.4.1　数据对象

数据对象是对软件必须理解的复合信息的抽象。所谓复合信息是指具有一系列不同性质或属性的事物,仅有单个值的事物(例如宽度)不是数据对象。

数据对象可以是外部实体(例如产生或使用信息的任何事物)、事物(例如报表)、行为(例如打电话)、事件(例如响警报)、角色(例如教师、学生)、单位(例如会计科)、地点(例如仓库)或结构(例如文件)等。总之,可以由一组属性来定义的实体都可以被认为是数据对象。

数据对象彼此间是有关联的,例如,教师"教"课程,学生"学"课程,教或学的关系表示教师和课程或学生和课程之间的一种特定的连接。

数据对象只封装了数据而没有对施加于数据上的操作的引用,这是数据对象与面向对象范型(参见本书第 9 章)中的"类"或"对象"的显著区别。

3.4.2　属性

属性定义了数据对象的性质。必须把一个或多个属性定义为"标识符",也就是说,当人们希望找到数据对象的一个实例时,用标识符属性作为"关键字"(通常简称为"键")。

应该根据对所要解决的问题的理解,来确定特定数据对象的一组合适的属性。例如,为了开发机动车管理系统,描述汽车的属性应该是生产厂、品牌、型号、发动机号码、车体类型、颜色、车主姓名、住址、驾驶证号码、生产日期及购买日期等。但是,为了开发设计汽车的 CAD 系统,用上述这些属性描述汽车就不合适了,其中车主姓名、住址、驾驶证号码、生产日期和购买日期等属性应该删去,而描述汽车技术指标的大量属性应该添加进来。

3.4.3　联系

客观世界中的事物彼此间往往是有联系的。例如,教师与课程间存在"教"这种联系,而学生与课程间则存在"学"这种联系。

数据对象彼此之间相互连接的方式称为联系,也称为关系。联系可分为以下 3 种类型。

(1) 一对一联系(1∶1)

例如,一个部门有一个经理,而每个经理只在一个部门任职,则部门与经理的联系是一对一的。

(2) 一对多联系(1∶N)

例如,某校教师与课程之间存在一对多的联系"教",即每位教师可以教多门课程,但是每门课程只能由一位教师来教(见图 3.2)。

（3）多对多联系（$M：N$）

例如，图3.2表示学生与课程间的联系（"学"）是多对多的，即一个学生可以学多门课程，而每门课程可以有多个学生来学。

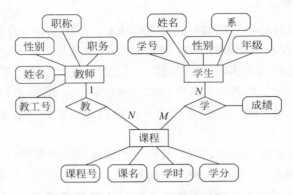

图3.2　某校教学管理ER图

联系也可能有属性。例如，学生"学"某门课程所取得的成绩，既不是学生的属性也不是课程的属性。由于"成绩"既依赖于某名特定的学生又依赖于某门特定的课程，所以它是学生与课程之间的联系"学"的属性（见图3.2）。

3.4.4　实体-联系图的符号

通常，使用实体-联系图（entity-relationship diagram）来建立数据模型。可以把实体-联系图简称为ER图，相应地可把用ER图描绘的数据模型称为ER模型。

ER图中包含了实体（即数据对象）、关系和属性3种基本成分，通常用矩形框代表实体，用连接相关实体的菱形框表示关系，用椭圆形或圆角矩形表示实体（或关系）的属性，并用直线把实体（或关系）与其属性连接起来。例如，图3.2是某学校教学管理的ER图。

人们通常就是用实体、联系和属性这3个概念来理解现实问题的，因此，ER模型比较接近人的习惯思维方式。此外，ER模型使用简单的图形符号表达系统分析员对问题域的理解，不熟悉计算机技术的用户也能理解它，因此，ER模型可以作为用户与分析员之间有效的交流工具。

3.5　数据规范化

软件系统经常使用各种长期保存的信息，这些信息通常以一定方式组织并存储在数据库或文件中，为减少数据冗余，避免出现插入异常或删除异常，简化修改数据的过程，通常需要把数据结构规范化。

通常用"范式（normal forms）"定义消除数据冗余的程度。第一范式（1 NF）数据冗余程度最大，第五范式（5 NF）数据冗余程度最小。但是，第一，范式级别越高，存储同样数据就需要分解成更多张表,因此,"存储自身"的过程也就越复杂。第二,随着范式级别的提高,数据的存储结构与基于问题域的结构间的匹配程度也随之下降,因此,在需求变化时数据的稳定性较差。第三,范式级别提高则需要访问的表增多,因此性能(速度)将下降。从实用角度看来,在大多数场合选用第三范式都比较恰当。

通常按照属性间的依赖情况区分规范化的程度。属性间依赖情况满足不同程度要求的为不同范式,满足最低要求的是第一范式,在第一范式中再进一步满足一些要求的为第二范式,其余依此类推。下面给出第一、第二和第三范式的定义。

(1) **第一范式**　每个属性值都必须是原子值,即仅仅是一个简单值而不含内部结构。

(2) **第二范式**　满足第一范式条件,而且每个非关键字属性都由整个关键字决定(而不是由关键字的一部分来决定)。

(3) **第三范式**　符合第二范式的条件,每个非关键字属性都仅由关键字决定,而且一个非关键字属性不能仅仅是对另一个非关键字属性的进一步描述(即一个非关键字属性值不依赖于另一个非关键字属性值)。

3.6　状态转换图

根据本章开头讲的结构化分析的第 3 条准则,在需求分析过程中应该建立起软件系统的行为模型。状态转换图(简称为状态图)通过描绘系统的状态及引起系统状态转换的事件,来表示系统的行为。此外,状态图还指明了作为特定事件的结果系统将做哪些动作(例如处理数据)。因此,状态图提供了行为建模机制,可以满足第 3 条分析准则的要求。

3.6.1　状态

状态是任何可以被观察到的系统行为模式,一个状态代表系统的一种行为模式。状态规定了系统对事件的响应方式。系统对事件的响应,既可以是做一个(或一系列)动作,也可以是仅仅改变系统本身的状态,还可以是既改变状态又做动作。

在状态图中定义的状态主要有:初态(即初始状态)、终态(即最终状态)和中间状态。在一张状态图中只能有一个初态,而终态则可以有 0 至多个。

状态图既可以表示系统循环运行过程,也可以表示系统单程生命期。当描绘循环运行过程时,通常并不关心循环是怎样启动的。当描绘单程生命期时,需要标明初始状态(系统启动时进入初始状态)和最终状态(系统运行结束时到达最终状态)。

3.6.2　事件

事件是在某个特定时刻发生的事情,它是对引起系统做动作或(和)从一个状态转换到另一个状态的外界事件的抽象。例如,内部时钟表明某个规定的时间段已经过去,用户移动或单击鼠标等都是事件。简而言之,事件就是引起系统做动作或(和)转换状态的控制信息。

3.6.3 符号

在状态图中，初态用实心圆表示，终态用一对同心圆（内圆为实心圆）表示。

中间状态用圆角矩形表示，可以用两条水平横线把它分成上、中、下3个部分。上面部分为状态的名称，这部分是必须有的；中间部分为状态变量的名字和值，这部分是可选的；下面部分是活动表，这部分也是可选的。

活动表的语法格式如下：

事件名（参数表）/动作表达式

其中，"事件名"可以是任何事件的名称。在活动表中经常使用下述3种标准事件：entry，exit和do。entry事件指定进入该状态的动作，exit事件指定退出该状态的动作，而do事件则指定在该状态下的动作。需要时可以为事件指定参数表。活动表中的动作表达式描述应做的具体动作。

状态图中两个状态之间带箭头的连线称为状态转换，箭头指明了转换方向。状态变迁通常是由事件触发的，在这种情况下应在表示状态转换的箭头线上标出触发转换的事件表达式；如果在箭头线上未标明事件，则表示在源状态的内部活动执行完之后自动触发转换。

事件表达式的语法如下：

事件说明[守卫条件]/动作表达式

其中，事件说明的语法为：事件名（参数表）。

守卫条件是一个布尔表达式。如果同时使用事件说明和守卫条件，则当且仅当事件发生且布尔表达式为真时，状态转换才发生。如果只有守卫条件没有事件说明，则只要守卫条件为真，状态转换就发生。

动作表达式是一个过程表达式，当状态转换开始时执行该表达式。

图3.3给出了状态图中使用的主要符号。

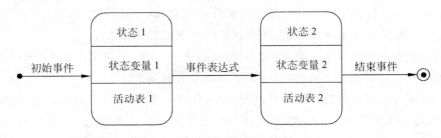

图3.3 状态图中使用的主要符号

3.6.4 例子

为了具体说明怎样用状态图建立系统的行为模型，下面举一个例子。图3.4是人们非常熟悉的电话系统的状态图。

图中表明，没有人打电话时电话处于闲置状态；有人拿起听筒则进入拨号音状态，到

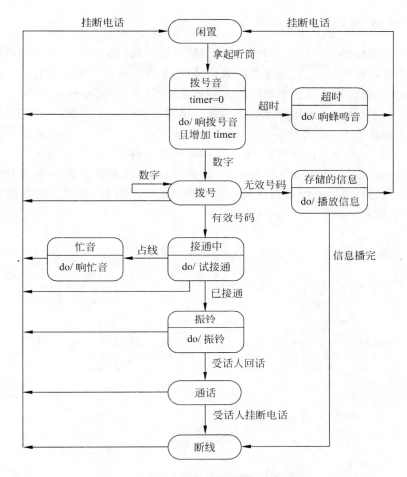

图 3.4　电话系统的状态图

达这个状态后,电话的行为是响起拨号音并计时;这时如果拿起听筒的人改变主意不想打了,他把听筒放下(挂断),电话重又回到闲置状态;如果拿起听筒很长时间不拨号(超时),则进入超时状态……

读者对电话都很熟悉,无须仔细解释也很容易看懂图 3.4。因此,这里不再逐一讲述图中每个状态的含义,以及状态间的转换过程了。

3.7　其他图形工具

描述复杂的事物时,图形远比文字叙述优越得多,它形象直观容易理解。前面已经介绍了用于建立功能模型的数据流图、用于建立数据模型的实体-联系图和用于建立行为模型的状态图,本节再简要地介绍在需求分析阶段可能用到的另外 3 种图形工具。

3.7.1　层次方框图

层次方框图用树形结构的一系列多层次的矩形框描绘数据的层次结构。树形结构的顶层是一个单独的矩形框，它代表完整的数据结构，下面的各层矩形框代表这个数据的子集，最底层的各个框代表组成这个数据的实际数据元素（不能再分割的元素）。

例如，描绘一家计算机公司全部产品的数据结构可以用图 3.5 中的层次方框图表示。这家公司的产品由硬件、软件和服务 3 类产品组成，软件产品又分为系统软件和应用软件，系统软件又进一步分为操作系统、编译程序和软件工具等。

随着结构的精细化，层次方框图对数据结构也描绘得越来越详细，这种模式非常适合于需求分析阶段的需要。系统分析员从对顶层信息的分类开始，沿图中每条路径反复细化，直到确定了数据结构的全部细节时为止。

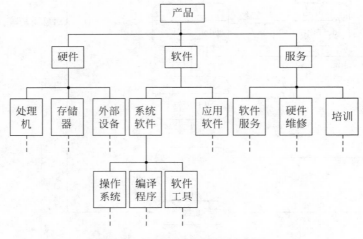

图 3.5　层次方框图的一个例子

3.7.2　Warnier 图

法国计算机科学家 Warnier 提出了表示信息层次结构的另外一种图形工具——Warnier 图。和层次方框图类似，Warnier 图也用树形结构描绘信息，但是这种图形工具比层次方框图提供了更丰富的描绘手段。

用 Warnier 图可以表明信息的逻辑组织，也就是说，它可以指出一类信息或一个信息元素是重复出现的，也可以表示特定信息在某一类信息中是有条件地出现的。因为重复和条件约束是说明软件处理过程的基础，所以很容易把 Warnier 图转变成软件设计的工具。

图 3.6 是用 Warnier 图描绘一类软件产品的例子，它说明了这种图形工具的用法。图中花括号用来区分数据结构的层次，在一个花括号内的所有名字都属于同一类信息；异或符号（⊕）表明一类信息或一个数据元素在一定条件下才出现，而且在这个符号上、下方的两个名字所代表的数据只能出现一个；在一个名字下面（或右边）的圆括号中的数字指

明了这个名字代表的信息类(或元素)在这个数据结构中重复出现的次数。

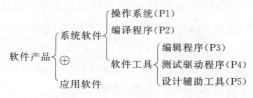

图 3.6　Warnier 图的一个例子

根据上述符号约定,图 3.6 中的 Warnier 图表示一种软件产品要么是系统软件要么是应用软件。系统软件中有 P1 种操作系统,P2 种编译程序,此外还有软件工具。软件工具是系统软件的一种,它又可以进一步细分为编辑程序、测试驱动程序和设计辅助工具,图中标出了每种软件工具的数量。

3.7.3　IPO 图

IPO 图是输入、处理、输出图的简称,它是由美国 IBM 公司发展完善起来的一种图形工具,能够方便地描绘输入数据、对数据的处理和输出数据之间的关系。

IPO 图使用的基本符号既少又简单,因此很容易学会使用这种图形工具。它的基本形式是在左边的框中列出有关的输入数据,在中间的框内列出主要的处理,在右边的框内列出产生的输出数据。处理框中列出处理的次序暗示了执行的顺序,但是用这些基本符号还不足以精确描述执行处理的详细情况。在 IPO 图中还用类似向量符号的粗大箭头清楚地指出数据通信的情况。图 3.7 是一个主文件更新的例子,通过这个例子不难了解 IPO 图的用法。

本书建议使用一种改进的 IPO 图(也称为 IPO 表),这种图中包含某些附加的信息,在软件设计过程中将比原始的 IPO 图更有用。如图 3.8 所示,改进的 IPO 图中包含的附

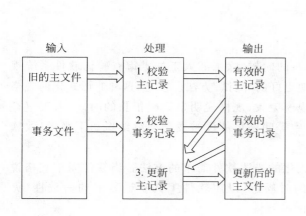

图 3.7　IPO 图的一个例子

图 3.8　改进的 IPO 图的形式

加信息主要有系统名称、图的作者、完成的日期，本图描述的模块的名字，模块在层次图中的编号，调用本模块的模块清单，本模块调用的模块的清单，注释，以及本模块使用的局部数据元素等。在需求分析阶段可以使用 IPO 图简略地描述系统的主要算法（即数据流图中各个处理的基本算法）。当然，在需求分析阶段，IPO 图中的许多附加信息暂时还不具备，但是在软件设计阶段可以进一步补充修正这些图，作为设计阶段的文档。这正是在需求分析阶段用 IPO 图作为描述算法的工具的重要优点。

3.8 验证软件需求

3.8.1 从哪些方面验证软件需求的正确性

需求分析阶段的工作结果是开发软件系统的重要基础，大量统计数字表明，软件系统中 15% 的错误起源于错误的需求。为了提高软件质量，确保软件开发成功，降低软件开发成本，一旦对目标系统提出一组要求之后，必须严格验证这些需求的正确性。一般说来，应该从下述 4 个方面进行验证。

（1）**一致性**　所有需求必须是一致的，任何一条需求不能和其他需求互相矛盾。

（2）**完整性**　需求必须是完整的，规格说明书应该包括用户需要的每一个功能或性能。

（3）**现实性**　指定的需求应该是用现有的硬件技术和软件技术基本上可以实现的。对硬件技术的进步可以做些预测，对软件技术的进步则很难做出预测，只能从现有技术水平出发判断需求的现实性。

（4）**有效性**　必须证明需求是正确有效的，确实能解决用户面对的问题。

3.8.2 验证软件需求的方法

上一小节已经指出，至少必须从一致性、完整性、现实性和有效性这 4 个不同角度验证软件需求的正确性。那么，怎样验证软件需求的正确性呢？验证的角度不同，验证的方法也不同。

1. 验证需求的一致性

当需求分析的结果是用自然语言书写的时候，除了靠人工技术审查验证软件系统规格说明书的正确性之外，目前还没有其他更好的"测试"方法。但是，这种非形式化的规格说明书是难于验证的，特别在目标系统规模庞大、规格说明书篇幅很长的时候，人工审查的效果是没有保证的，冗余、遗漏和不一致等问题可能没被发现而继续保留下来，以致软件开发工作不能在正确的基础上顺利进行。

为了克服上述困难，人们提出了形式化的描述软件需求的方法。当软件需求规格说明书是用形式化的需求陈述语言书写的时候，可以用软件工具验证需求的一致性（见 3.8.3 节），从而能有效地保证软件需求的一致性。

2. 验证需求的现实性

为了验证需求的现实性,分析员应该参照以往开发类似系统的经验,分析用现有的软、硬件技术实现目标系统的可能性。必要的时候应该采用仿真或性能模拟技术,辅助分析软件需求规格说明书的现实性。

3. 验证需求的完整性和有效性

只有目标系统的用户才真正知道软件需求规格说明书是否完整、准确地描述了他们的需求。因此,检验需求的完整性,特别是证明系统确实满足用户的实际需要(即,需求的有效性),只有在用户的密切合作下才能完成。然而许多用户并不能清楚地认识到他们的需要(特别在要开发的系统是全新的,以前没有使用类似系统的经验时,情况更是如此),不能有效地比较陈述需求的语句和实际需要的功能。只有当他们有某种工作着的软件系统可以实际使用和评价时,才能完整确切地提出他们的需要。

理想的做法是先根据需求分析的结果开发出一个软件系统,请用户试用一段时间以便能认识到他们的实际需要是什么,在此基础上再写出正式的"正确的"规格说明书。但是,这种做法将使软件成本增加一倍,因此实际上几乎不可能采用这种方法。使用原型系统是一个比较现实的替代方法,开发原型系统所需要的成本和时间可以大大少于开发实际系统所需要的。用户通过试用原型系统,也能获得许多宝贵的经验,从而可以提出更符合实际的要求。

使用原型系统的目的,通常是显示目标系统的主要功能而不是性能。为了达到这个目的可以使用本章 3.2.4 小节介绍的方法快速建立原型系统,并且可以适当降低对接口、可靠性和程序质量的要求,此外还可以省掉许多文档资料方面的工作,从而可以大大降低原型系统的开发成本。

3.8.3 用于需求分析的软件工具

为了更有效地保证软件需求的正确性,特别是为了保证需求的一致性,需要有适当的软件工具支持需求分析工作。这类软件工具应该满足下列要求。

(1) 必须有形式化的语法(或表),因此可以用计算机自动处理使用这种语法说明的内容。

(2) 使用这个软件工具能够导出详细的文档。

(3) 必须提供分析(测试)规格说明书的不一致性和冗余性的手段,并且应该能够产生一组报告指明对完整性分析的结果。

(4) 使用这个软件工具之后,应该能够改进通信状况。

作为需求工程方法学的一部分,RSL(需求陈述语言)于 1977 年设计完成。RSL 中的语句是计算机可以处理的,处理以后把从这些语句中得到的信息集中存放在一个称为 ASSM(抽象系统语义模型)的数据库中。有一组软件工具处理 ASSM 数据库中的信息以产生出用 PASCAL 语言书写的模拟程序,从而可以检验需求的一致性、完整性和现实性。

1977 年美国密执安大学开发了 PSL/PSA(问题陈述语言/问题陈述分析程序)系统。

这个系统是 CADSAT（计算机辅助设计和规格说明分析工具）的一部分，它的基本结构类似于 RSL。其中 PSL 是用来描述系统的形式语言，PSA 是处理 PSL 描述的分析程序。用 PSL 描述的系统属性放在一个数据库中。一旦建立起数据库之后即可增加信息、删除信息或修改信息，并且保持信息的一致性。PSA 对数据库进行处理以产生各种报告，测试不一致性或遗漏，并且生成文档资料。

PSL/PSA 系统的功能主要有下述 4 种。

（1）描述任何应用领域的信息系统。

（2）创建一个数据库保存对该信息系统的描述符。

（3）对描述符施加增加、删除和更改等操作。

（4）产生格式化的文档和关于规格说明书的各种分析报告。

PSL/PSA 系统用描述符从系统信息流、系统结构、数据结构、数据导出、系统规模、系统动态、系统性质和项目管理共 8 个方面描述信息系统。

一旦用 PSL 对系统做了完整描述，就可以调用 PSA 产生一组分析报告，其中包括所有修改规格说明数据库的记录，用各种形式描述数据库信息的参照报告（包括图形形式的描述），关于项目管理信息的总结报告，以及评价数据库特性的分析报告。

借助 PSL/PSA 系统可以边对目标系统进行自顶向下的逐层分解，边将需求分析过程中遇到的数据流、文件、处理等对象用 PSL 描述出来并输入到 PSL/PSA 系统中。PSA 将对输入信息作一致性和完整性检查，并且保存这些描述信息。

PSL/PSA 系统的主要优点是它改进了文档质量，能保证文档具有完整性、一致性和无二义性，从而可以减少管理和维护的费用。数据存放在数据库中，便于增加、删除和更改，这也是它的一个优点。

3.9 小   结

传统软件工程方法学使用结构化分析技术，完成分析用户需求的工作。需求分析是发现、求精、建模、规格说明和复审的过程。需求分析的第一步是进一步了解用户当前所处的情况，发现用户所面临的问题和对目标系统的基本需求；接下来应该与用户深入交流，对用户的基本需求反复细化逐步求精，以得出对目标系统的完整、准确和具体的需求。具体地说，应该确定系统必须具有的功能、性能、可靠性和可用性，必须实现的出错处理需求、接口需求和逆向需求，必须满足的约束条件以及数据需求，并且预测系统的发展前景。

为了详细地了解并正确地理解用户的需求，必须使用适当方法与用户沟通。访谈是与用户通信的历史悠久的技术，至今仍被许多系统分析员采用。从可行性研究阶段得到的数据流图出发，在用户的协助下面向数据流自顶向下逐步求精，也是与用户沟通获取需求的一个有效的方法。为了促使用户与分析员齐心协力共同分析需求，人们研究出一种面向团队的需求收集法，称为简易的应用规格说明技术，现在这种技术已经成为信息系统领域使用的主流技术。实践表明，快速建立软件原型是最准确、最有效和最强大的需求分析技术。快速原型应该具备的基本特性是"快速"和"容易修改"，因此，必须用适当的软件工具支持快速原型技术。通常使用第四代技术、可重用的软件构件及形式化规格说明与原型环境,快速地构建和修改原型。

　　为了更好地理解问题,人们常常采用建立模型的方法,结构化分析实质上就是一种建模活动,在需求分析阶段通常建立数据模型、功能模型和行为模型。

　　除了创建分析模型之外,在需求分析阶段还应该写出软件需求规格说明书,经过严格评审并得到用户确认之后,作为这个阶段的最终成果。通常主要从一致性、完整性、现实性和有效性 4 个方面复审软件需求规格说明书。

　　多数人习惯于使用实体-联系图建立数据模型,使用数据流图建立功能模型,使用状态图建立行为模型。读者应该掌握这些图形的基本符号,并能正确地使用这些符号建立软件系统的模型。

　　数据字典描述在数据模型、功能模型和行为模型中出现的数据对象及控制信息的特性,给出它们的准确定义。因此,数据字典成为把 3 种分析模型粘合在一起的"粘合剂",是分析模型的"核心"。为了提高可理解性,还可以用层次方框图或 Warnier 图等图形工具辅助描绘系统中的数据结构。为了减少冗余、简化修改步骤,往往需要规范数据的存储结构。

　　算法也是重要的,分析的基本目的是确定系统必须做什么。概括地说,任何一个计算机系统的基本功能都是把输入数据转变成输出信息,算法定义了转变的规则。因此,没有对算法的了解就不能确切知道系统的功能。IPO 图是描述算法的有效工具。

习　题　3

　　1. 为什么要进行需求分析? 通常对软件系统有哪些需求?

　　2. 怎样与用户有效地沟通以获取用户的真实需求?

　　3. 银行计算机储蓄系统的工作过程大致如下:储户填写的存款单或取款单由业务员输入系统,如果是存款则系统记录存款人姓名、住址(或电话号码)、身份证号码、存款类型、存款日期、到期日期、利率及密码(可选)等信息,并印出存单给储户;如果是取款而且存款时留有密码,则系统首先核对储户密码,若密码正确或存款时未留密码,则系统计算利息并印出利息清单给储户。

　　用数据流图描绘本系统的功能,并用实体-联系图描绘系统中的数据对象。

　　4. 分析习题 2 第 3 题所述的机票预订系统。试用实体-联系图描绘本系统中的数据对象并用数据流图描绘本系统的功能。

　　5. 分析习题 2 第 4 题所述的患者监护系统。试用实体-联系图描绘本系统中的数据对象并用数据流图描绘本系统的功能,画出本系统的顶层 IPO 图。

　　6. 复印机的工作过程大致如下:未接到复印命令时处于闲置状态,一旦接到复印命令则进入复印状态,完成一个复印命令规定的工作后又回到闲置状态,等待下一个复印命令;如果执行复印命令时发现没纸,则进入缺纸状态,发出警告,等待装纸,装满纸后进入闲置状态,准备接收复印命令;如果复印时发生卡纸故障,则进入卡纸状态,发出警告,等待维修人员来排除故障,故障排除后回到闲置状态。

　　试用状态转换图描绘复印机的行为。

第4章

CHAPTER

形式化说明技术

按照形式化的程度,可以把软件工程使用的方法划分成非形式化、半形式化和形式化 3 类。用自然语言描述需求规格说明,是典型的非形式化方法。用数据流图或实体-联系图建立模型,是典型的半形式化方法。

所谓形式化方法,是描述系统性质的基于数学的技术,也就是说,如果一种方法有坚实的数学基础,那么它就是形式化的。

4.1 概　　述

4.1.1 非形式化方法的缺点

用自然语言书写的系统规格说明书,可能存在矛盾、二义性、含糊性、不完整性及抽象层次混乱等问题。

所谓矛盾是指一组相互冲突的陈述。例如,规格说明书的某一部分可能规定系统必须监控化学反应容器中的温度,而另一部分(可能由另一位系统分析员撰写)却规定只监控在一定范围内的温度。如果这两个相互矛盾的规定写在同一页纸上,自然很容易查出,不幸的是,它们往往出现在相距几十页甚至数百页的两页纸中。

二义性是指读者可以用不同方式理解的陈述。例如,下面的陈述就具有二义性。

"操作员标识由操作员姓名和密码组成,密码由 6 位数字构成。当操作员登录进系统时它被存放在注册文件中。"

在上面这段陈述中,"它"到底代表"密码"还是"操作员标识",不同的人往往有不同的理解。

系统规格说明书是很庞大的文档,因此,几乎不可避免地会出现含糊性。例如,人们可能经常在文档中看到类似下面这样的需求:"系统界面应该是对用户友好的。"实际上,这样笼统的陈述并没有给出任何有用的信息。

不完整性可能是在系统规格说明中最常遇到的问题之一。例如,考虑下述的系统功能需求。

"系统每小时从安放在水库中的深度传感器获取一次水库深度数据,这些数值应该保留6个月。"

假设在系统规格说明书中还规定了某个命令的功能:"AVERAGE命令的功能是,在PC上显示由某个传感器在两个日期之间获取的平均水深。"

如果在规格说明书中对这个命令的功能没有更多的描述,那么,该命令的细节是严重不完整的。例如,对该命令的描述没有告诉人们,如果用户给定的日期是在当前日期的6个月之前,那么系统应该做什么。

抽象层次混乱是指在非常抽象的陈述中混进了一些关于细节的低层次陈述。这样的规格说明书使得读者很难了解系统的整体功能结构。

4.1.2 形式化方法的优点

正如上一小节所讲的,人们在理解用自然语言描述的规格说明时,容易产生二义性。为了克服非形式化方法的缺点,人们把数学引入软件开发过程,创造了基于数学的形式化方法。

在开发大型软件系统的过程中应用数学,能够带来下述的几个优点。

数学最有用的一个性质是,它能够简洁准确地描述物理现象、对象或动作的结果,因此是理想的建模工具。数学特别适合于表示状态,也就是表示"做什么"。需求规格说明书主要描述应用系统在运行前和运行后的状态,因此,数学比自然语言更适于描述详细的需求。在理想情况下,分析员可以写出系统的数学规格说明,它准确到几乎没有二义性,而且可以用数学方法来验证,以发现存在的矛盾和不完整性,在这样的规格说明中完全没有含糊性。但是,实际情况并不这么简单,软件系统的复杂性是出了名的,希望用少数几个数学公式来描述它,是根本不可能的。此外,即使应用了形式化方法,完整性也是难于保证的:由于沟通不够,可能遗漏了客户的一些需求;规格说明的撰写者可能有意省略了系统的某些特征,以便设计者在选择实现方法时有一定自由度;要设想出使用一个大型复杂系统的每一个可能的情景,通常是做不到的。

在软件开发过程中使用数学的另一个优点是,可以在不同的软件工程活动之间平滑地过渡。不仅功能规格说明,而且系统设计也可以用数学表达,当然,程序代码也是一种数学符号(虽然是一种相当烦琐、冗长的数学符号)。

数学作为软件开发工具的最后一个优点是,它提供了高层确认的手段。可以使用数学方法证明,设计符合规格说明,程序代码正确地实现了设计结果。

4.1.3 应用形式化方法的准则

人们对形式化方法的看法并不一致。形式化方法对某些软件工程师很有吸引力,其拥护者甚至宣称这种方法可以引发软件开发方法的革命;另一些人则对把数学引入软件开发过程持怀疑甚至反对的态度。编者认为,对形式化方法也应该"一分为二",既不要过分夸大它的优点也不要一概排斥。为了更好地发挥这种方法的长处,下面给出应用形式化方法的几条准则,供读者在实际工作中使用。

(1)应该选用适当的表示方法。通常,一种规格说明技术只能用自然的方式说明某一类概念,如果用这种技术描述其不适于描述的概念,则不仅工作量大而且描述方式也很复杂。例如,Z 语言并不适于说明并发性。因此,应该仔细选择一种适用于当前项目的形式化说明技术。

(2) 应该形式化,但不要过分形式化。目前的形式化技术还不适于描述系统的每个方面。例如,示例屏幕和自然语言可能还是目前描述用户界面的可视特性的最佳方法。但是,也不能因此就认为完全没必要采用形式化方法。形式化规格说明技术要求人们非常准确地描述事物,因此有助于防止含糊和误解。事实上,如果用形式化方法仔细说明系统中易出错的或关键的部分,则只用适中的工作量就能获得较大回报。

(3) 应该估算成本。为了使用形式化方法,通常需要事先进行大量的培训。最好预先估算所需的成本并编入预算。

(4) 应该有形式化方法顾问随时提供咨询。绝大多数软件工程师对形式化方法中使用的数学和逻辑并不很熟悉,而且没受过使用形式化方法的专业训练,因此,需要专家指导和培训。

(5) 不应该放弃传统的开发方法。把形式化方法和结构化方法或面向对象方法集成起来是可能的,而且由于取长补短往往能获得很好的效果。

(6) 应该建立详尽的文档。建议使用自然语言注释形式化的规格说明书,以帮助用户和维护人员理解系统。

(7) 不应该放弃质量标准。形式化方法并不能保证软件的正确性,它们只不过是有助于开发出高质量软件的一种手段。除了使用形式化说明技术外,在系统开发过程中仍然必须一如既往地实施其他质量保证活动。

(8) 不应该盲目依赖形式化方法。这种方法不是包治百病的灵丹妙药,它们只不过是众多工具中的一种。形式化方法并不能保证开发出的软件绝对正确,例如,无法用形式化方法证明从非形式化需求到形式化规格说明的转换是正确的,因此,必须用其他方法(例如评审、测试)来验证软件正确性。

(9) 应该测试、测试再测试。形式化方法不仅不能保证软件系统绝对正确,也不能证明系统性能或其他质量指标符合需要,因此,软件测试的重要性并没有降低。

(10) 应该重用。即使采用了形式化方法,软件重用仍然是降低软件成本和提高软件质量的唯一合理的方法。而且用形式化方法说明的软件构件具有清晰定义的功能和接口,使得它们有更好的可重用性。

4.2　有穷状态机

利用有穷状态机可以准确地描述一个系统,因此它是表达规格说明的一种形式化方法。

4.2.1　概念

下面通过一个简单例子介绍有穷状态机的基本概念。

一个保险箱上装了一个复合锁,锁有 3 个位置,分别标记为 1、2、3,转盘可向左(L)或向右(R)转动。这样,在任意时刻转盘都有 6 种可能的运动,即 1L、1R、2L、2R、3L 和 3R。保险箱的组合密码是 1L、3R、2L,转盘的任何其他运动都将引起报警。图 4.1 描绘了保险箱的状态转换情况。有一个初始态,即保险箱锁定状态。若输入为 1L,则下一个状态为 A,但是,若输入不是 1L 而是转盘的任何其他移动,则下一个状态为"报警",报警是两个终态之一(另一个终态是"保险箱解锁")。如果选择了转盘移动的正确组合,则保险箱状态转换的序列为从保险箱锁定到 A 再到 B,最后到保险箱解锁,即另外一个终态。图 4.1 是一个有穷状态机的状态转换图。状态转换并不一定要用图形方式描述,表 4.1 的表格形式也可以表达同样的信息。除了两个终态之外,保险箱的其他状态将根据转盘的转动方式转换到下一个状态。

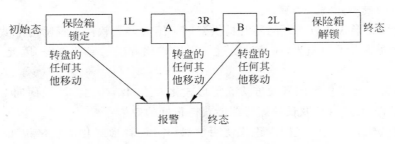

图 4.1　保险箱的状态转换图

表 4.1　保险箱的状态转换表

当前状态 次　态 转盘动作	保险箱锁定	A	B
1L	A	报警	报警
1R	报警	报警	报警
2L	报警	报警	保险箱解锁
2R	报警	报警	报警
3L	报警	报警	报警
3R	报警	B	报警

　　从上面这个简单例子可以看出,一个有穷状态机包括下述 5 个部分:状态集 J、输入集 K、由当前状态和当前输入确定下一个状态(次态)的转换函数 T、初始态 S 和终态集 F。对于保险箱的例子,相应的有穷状态机的各部分如下:

　　状态集 J:{保险箱锁定,A,B,保险箱解锁,报警}。

　　输入集 K:{1L,1R,2L,2R,3L,3R}。

　　转换函数 T:如表 4.1 所示。

　　初始态 S:保险箱锁定。

　　终态集 F:{保险箱解锁,报警}。

　　如果使用更形式化的术语,一个有穷状态机可以表示为一个 5 元组 (J,K,T,S,F),

其中：

　　J 是一个有穷的非空状态集；

　　K 是一个有穷的非空输入集；

　　T 是一个从 $(J-F) \times K$ 到 J 的转换函数；

　　$S \in J$，是一个初始状态；

　　$F \subseteq J$，是终态集。

有穷状态机的概念在计算机系统中应用得非常广泛。例如，每个菜单驱动的用户界面都是一个有穷状态机的实现。一个菜单的显示和一个状态相对应，键盘输入或用鼠标选择一个图标是使系统进入其他状态的一个事件。状态的每个转换都具有下面的形式：

　　当前状态〔菜单〕＋事件〔所选择的项〕⟹下个状态。

为了对一个系统进行规格说明，通常都需要对有穷状态机做一个很有用的扩展，即在前述的 5 元组中加入第 6 个组件——谓词集 P，从而把有穷状态机扩展为一个 6 元组，其中每个谓词都是系统全局状态 Y 的函数。转换函数 T 现在是一个从 $(J-F) \times K \times P$ 到 J 的函数。现在的转换规则形式如下：

　　当前状态〔菜单〕＋事件〔所选择的项〕＋谓词⟹下个状态。

4.2.2　例子

为了具体说明怎样用有穷状态机技术表达系统的规格说明，现在用这种技术给出大家熟悉的电梯系统的规格说明。首先给出用自然语言描述的对电梯系统的需求。

在一幢 m 层的大厦中需要一套控制 n 部电梯的产品，要求这 n 部电梯按照约束条件 C_1，C_2 和 C_3 在楼层间移动。

C_1：每部电梯内有 m 个按钮，每个按钮代表一个楼层。当按下一个按钮时该按钮指示灯亮，同时电梯驶向相应的楼层，到达按钮指定的楼层时指示灯熄灭。

C_2：除了大厦的最低层和最高层之外，每层楼都有两个按钮分别请求电梯上行和下行。这两个按钮之一被按下时相应的指示灯亮，当电梯到达此楼层时灯熄灭，电梯向要求的方向移动。

C_3：当对电梯没有请求时，它关门并停在当前楼层。

现在使用一个扩展的有穷状态机对本产品进行规格说明。这个问题中有两个按钮集。n 部电梯中的每一部都有 m 个按钮，一个按钮对应一个楼层。因为这 $m \times n$ 个按钮都在电梯中，所以称它们为电梯按钮。此外，每层楼有两个按钮，一个请求向上，另一个请求向下，这些按钮称为楼层按钮。

电梯按钮的状态转换图如图 4.2 所示。令 $EB(e, f)$ 表示按下电梯 e 内的按钮并请求到 f 层去。$EB(e, f)$ 有两个状态，分别是按钮发光（打开）和不发光（关闭）。更精确地说，状态是：

$EBON(e, f)$：电梯按钮 (e, f) 打开

$EBOFF(e, f)$：电梯按钮 (e, f) 关闭

如果电梯按钮 (e, f) 发光且电梯到达 f 层，该按钮将熄灭。相反如果按钮

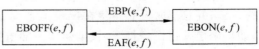

图 4.2　电梯按钮的状态转换图

熄灭，则按下它时，按钮将发光。上述描述中包含了两个事件，它们分别是：

EBP(e,f)：电梯按钮(e,f)被按下

EAF(e,f)：电梯 e 到达 f 层

为了定义与这些事件和状态相联系的状态转换规则，需要一个谓词 V(e,f)，它的含义如下：

V(e,f)：电梯 e 停在 f 层

如果电梯按钮(e,f)处于关闭状态〔当前状态〕，而且电梯按钮(e,f)被按下〔事件〕，而且电梯 e 不在 f 层〔谓词〕，则该电梯按钮打开发光〔下个状态〕。状态转换规则的形式化描述如下：

EBOFF(e,f)＋EBP(e,f)＋not V(e,f)⇒EBON(e,f)

反之，如果电梯到达 f 层，而且电梯按钮是打开的，于是它就会熄灭。这条转换规则可以形式化地表示为：

EBON(e,f)＋EAF(e,f)⇒EBOFF(e,f)

接下来考虑楼层按钮。令 FB(d,f)表示 f 层请求电梯向 d 方向运动的按钮，楼层按钮 FB(d,f)的状态转换图如图 4.3 所示。

楼层按钮的状态如下：

FBON(d,f)：楼层按钮(d,f)打开

FBOFF(d,f)：楼层按钮(d,f)关闭

如果楼层按钮已经打开，而且一部电梯到达 f 层，则按钮关闭。反之，如果楼

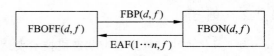

图 4.3 楼层按钮的状态转换图

层按钮原来是关闭的，被按下后该按钮将打开。这段叙述中包含了以下两个事件。

FBP(d,f)：楼层按钮(d,f)被按下

EAF($1\cdots n,f$)：电梯 1 或…或 n 到达 f 层

其中，$1\cdots n$ 表示或为 1 或为 2…或为 n。

为了定义与这些事件和状态相联系的状态转换规则，同样也需要一个谓词，它是 S(d,e,f)，它的定义如下：

S(d,e,f)：电梯 e 停在 f 层并且移动方向由 d 确定为向上(d＝U)或向下(d＝D)或待定(d＝N)。

这个谓词实际上是一个状态，形式化方法允许把事件和状态作为谓词对待。

使用谓词 S(d,e,f)，形式化转换规则为：

FBOFF(d,f)＋FBP(d,f)＋not S($d,1\cdots n,f$)⇒FBON(d,f)

FBON(d,f)＋EAF($1\cdots n,f$)＋S($d,1\cdots n,f$)⇒FBOFF(d,f)

其中，d＝UorD。

也就是说，如果在 f 层请求电梯向 d 方向运动的楼层按钮处于关闭状态，现在该按钮被按下，并且当时没有正停在 f 层准备向 d 方向移动的电梯，则该楼层按钮打开。反之，如果楼层按钮已经打开，且至少有一部电梯到达 f 层，该部电梯将朝 d 方向运动，则按钮将关闭。

在讨论电梯按钮状态转换规则时定义的谓词 V(e,f)，可以用谓词 S(d,e,f)重新定

义如下：

$V(e,f)=S(U,e,f)$ or $S(D,e,f)$ or $S(N,e,f)$

定义电梯按钮和楼层按钮的状态都是很简单、直观的事情。现在转向讨论电梯的状态及其转换规则，就会出现一些复杂的情况。一个电梯状态实质上包含许多子状态（例如，电梯减速、停止、开门、在一段时间后自动关门）。

下面定义电梯的 3 个状态。

$M(d,e,f)$：电梯 e 正沿 d 方向移动，即将到达的是第 f 层

$S(d,e,f)$：电梯 e 停在 f 层，将朝 d 方向移动（尚未关门）

$W(e,f)$：电梯 e 在 f 层等待（已关门）

其中，$S(d,e,f)$ 状态已在讨论楼层按钮时定义过，但是，现在的定义更完备一些。

图 4.4 是电梯的状态转换图。注意，3 个电梯停止状态 $S(U,e,f)$、$S(N,e,f)$ 和 $S(D,e,f)$ 已被组合成一个大的状态，这样做的目的是减少状态总数以简化流图。

图 4.4 中包含了下述 3 个可触发状态发生改变的事件。

$DC(e,f)$：电梯 e 在楼层 f 关上门

$ST(e,f)$：电梯 e 靠近 f 层时触发传感器，电梯控制器决定在当前楼层电梯是否停下

RL：电梯按钮或楼层按钮被按下进入打开状态，登录需求

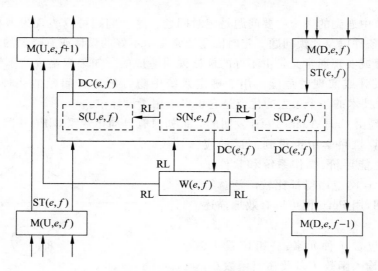

图 4.4　电梯的状态转换图

最后，给出电梯的状态转换规则。为简单起见，这里给出的规则仅发生在关门之时。

$S(U,e,f)+DC(e,f) \Rightarrow M(U,e,f+1)$

$S(D,e,f)+DC(e,f) \Rightarrow M(D,e,f-1)$

$S(N,e,f)+DC(e,f) \Rightarrow W(e,f)$

第一条规则表明，如果电梯 e 停在 f 层准备向上移动，且门已经关闭，则电梯将向上一楼层移动。第二条和第三条规则，分别对应于电梯即将下降或者没有待处理的请求的情况。

4.2.3　评价

有穷状态机方法采用了一种简单的格式来描述规格说明：

当前状态＋事件＋谓词⇒下个状态

这种形式的规格说明易于书写、易于验证，而且可以比较容易地把它转变成设计或程序代码。事实上，可以开发一个 CASE 工具把一个有穷状态机规格说明直接转变为源代码。维护可以通过重新转变来实现，也就是说，如果需要一个新的状态或事件，首先修改规格说明，然后直接由新的规格说明生成新版本的产品。

有穷状态机方法比数据流图技术更精确，而且和它一样易于理解。不过，它也有缺点：在开发一个大系统时三元组（即状态、事件、谓词）的数量会迅速增长。此外，和数据流图方法一样，形式化的有穷状态机方法也没有处理定时需求。下节将介绍的 Petri 网技术，是一种可处理定时问题的形式化方法。

4.3　Petri　网

4.3.1　概念

并发系统中遇到的一个主要问题是定时问题。这个问题可以表现为多种形式，如同步问题、竞争条件以及死锁问题。定时问题通常是由不好的设计或有错误的实现引起的，而这样的设计或实现通常又是由不好的规格说明造成的。如果规格说明不恰当，则有导致不完善的设计或实现的危险。用于确定系统中隐含的定时问题的一种有效技术是 Petri 网，这种技术的一个很大的优点是它也可以用于设计中。

Petri 网是由 Carl Adam Petri 发明的。最初只有自动化专家对 Petri 网感兴趣，后来 Petri 网在计算机科学中也得到广泛的应用，例如，在性能评价、操作系统和软件工程等领域，Petri 网应用得都比较广泛。特别是已经证明，用 Petri 网可以有效地描述并发活动。

Petri 网包含 4 种元素：一组位置 P、一组转换 T、输入函数 I 以及输出函数 O。图 4.5 举例说明了 Petri 网的组成。

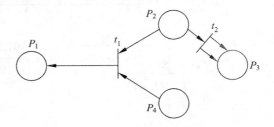

图 4.5　Petri 网的组成

其中：

一组位置 P 为 $\{P_1, P_2, P_3, P_4\}$，在图中用圆圈代表位置。

一组转换 T 为 $\{t_1, t_2\}$，在图中用短直线表示转换。

两个用于转换的输入函数，用由位置指向转换的箭头表示，它们是：

$$I(t_1) = \{P_2, P_4\}$$

$$I(t_2) = \{P_2\}$$

两个用于转换的输出函数，用由转换指向位置的箭头表示，它们是：

$$O(t_1) = \{P_1\}$$
$$O(t_2) = \{P_3, P_3\}$$

注意,输出函数 $O(t_2)$ 中有两个 P_3,是因为有两个箭头由 t_2 指向 P_3。

更形式化的 Petri 网结构,是一个四元组 $C = (P, T, I, O)$。

其中:

$P = \{P_1, \cdots, P_n\}$ 是一个有穷位置集,$n \geq 0$。

$T = \{t_1, \cdots, t_m\}$ 是一个有穷转换集,$m \geq 0$,且 T 和 P 不相交。

$I: T \rightarrow P^\infty$ 为输入函数,是由转换到位置无序单位组(bags)的映射。

$O: T \rightarrow P^\infty$ 为输出函数,是由转换到位置无序单位组的映射。

一个无序单位组或多重组是允许一个元素有多个实例的广义集。

Petri 网的标记是在 Petri 网中权标(token)的分配。例如,在图 4.6 中有 4 个权标,其中一个在 P_1 中,两个在 P_2 中,P_3 中没有,还有一个在 P_4 中。上述标记可以用向量 $(1,2,0,1)$ 表示。由于 P_2 和 P_4 中有权标,因此 t_1 启动(即被激发)。通常,当每个输入位置所拥有的权标数大于等于从该位置到转换的线数时,就允许转换。当 t_1 被激发时,P_2 和 P_4 上各有一个权标被移出,而 P_1 上则增加一个权标。Petri 网中权标总数不是固定的,在这个例子中两个权标被移出,而 P_1 上只能增加一个权标。

在图 4.6 中 P_2 上有权标,因此 t_2 也可以被激发。当 t_2 被激发时,P_2 上将移走一个权标,而 P_3 上新增加两个权标。Petri 网具有非确定性,也就是说,如果数个转换都达到了激发条件,则其中任意一个都可以被激发。图 4.6 所示 Petri 网的标记为 $(1,2,0,1)$,t_1 和 t_2 都可以被激发。假设 t_1 被激发了,则结果如图 4.7 所示,标记为 $(2,1,0,0)$。此时,只有 t_2 可以被激发。如果 t_2 也被激发了,则权标从 P_2 中移出,两个新权标被放在 P_3 上,结果如图 4.8 所示,标记为 $(2,0,2,0)$。

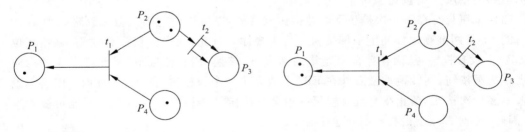

图 4.6　带标记的 Petri 网　　　　　　图 4.7　图 4.6 的 Petri 网在转换
　　　　　　　　　　　　　　　　　　　　　　t_1 被激发后的情况

更形式化地说,Petri 网 $C = (P, T, I, O)$ 中的标记 M,是由一组位置 P 到一组非负整数的映射:

$$M: P \rightarrow \{0, 1, 2, \cdots\}$$

这样,带有标记的 Petri 网成为一个五元组 (P, T, I, O, M)。

对 Petri 网的一个重要扩充是加入禁止线。如图 4.9 所示,禁止线是用一个小圆圈而不是用箭头标记的输入线。通常,当每个输入线上至少有一个权标,而禁止线上没有权标的时候,相应的转换才是允许的。在图 4.9 中,P_3 上有一个权标而 P_2 上没有权标,因此

转换 t_1 可以被激发。

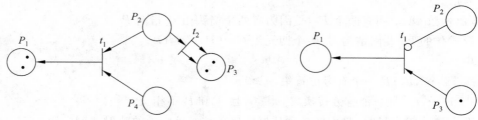

图 4.8   图 4.7 的 Petri 网在转换   图 4.9   含禁止线的 Petri 网
t_2 被激发后的情况

4.3.2　例　子

现在把 Petri 网应用于上一节讨论过的电梯问题。当用 Petri 网表示电梯系统的规格说明时，每个楼层用一个位置 F_f 代表（$1 \leqslant f \leqslant m$），在 Petri 网中电梯是用一个权标代表的。在位置 F_f 上有权标，表示在楼层 f 上有电梯。

1. 电梯按钮

电梯问题的第一个约束条件描述了电梯按钮的行为，现在复述一下这个约束条件。

第一条约束 C_1：每部电梯有 m 个按钮，每层对应一个按钮。当按下一个按钮时该按钮指示灯亮，指示电梯移往相应的楼层。当电梯到达指定的楼层时，按钮将熄灭。

为了用 Petri 网表达电梯按钮的规格说明，在 Petri 网中还必须设置其他的位置。电梯中楼层 f 的按钮，在 Petri 网中用位置 EB_f 表示（$1 \leqslant f \leqslant m$）。在 EB_f 上有一个权标，就表示电梯内楼层 f 的按钮被按下了。

电梯按钮只有在第一次被按下时才会由暗变亮，以后再按它则只会被忽略。图 4.10 所示的 Petri 网准确地描述了电梯按钮的行为规律。首先，假设按钮没有发亮，显然在位置 EB_f 上没有权标，从而在存在禁止线的情况下，转换"EB_f 被按下"是允许发生的。假设现在按下按钮，则转换被激发并在 EB_f 上放置了一个权标，如图 4.10 所示。以后不论再按下多少次按钮，禁止线与现有权标的组合都决定了转换"EB_f 被按下"不能再被激发了，因此，位置 EB_f 上的权标数不会多于 1。

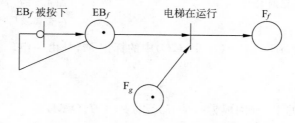

图 4.10　Petri 网表示的电梯按钮

假设电梯由 g 层驶向 f 层，因为电梯在 g 层，如图 4.10 所示，位置 F_g 上有一个权标。

由于每条输入线上各有一个权标,转换"电梯在运行"被激发,从而 EB_f 和 F_g 上的权标被移走,按钮 EB_f 被关闭,在位置 F_f 上出现一个新权标,即转换的激发使电梯由 g 层驶到 f 层。

事实上,电梯由 g 层移到 f 层是需要时间的,为处理这个情况及其他类似的问题(例如,由于物理上的原因按钮被按下后不能马上发亮),Petri 网模型中必须加入时限。也就是说,在标准 Petri 网中转换是瞬时完成的,而在现实情况下就需要时间控制 Petri 网,以使转换与非零时间相联系。

2. 楼层按钮

在第二个约束条件中描述了楼层按钮的行为。

第二条约束 C_2:除了第一层与顶层之外,每个楼层都有两个按钮,一个要求电梯上行,另一个要求电梯下行。这些按钮在按下时发亮,当电梯到达该层并将向指定方向移动时,相应的按钮才会熄灭。

在 Petri 网中楼层按钮用位置 FB_f^u 和 FB_f^d 表示,分别代表 f 楼层请求电梯上行和下行的按钮。底层的按钮为 FB_1^u,最高层的按钮为 FB_m^d,中间每一层有两个按钮 FB_f^u 和 $FB_f^d(1<f<m)$。

图 4.11 所示的情况为电梯由 g 层驶向 f 层。根据电梯乘客的要求,某一个楼层按钮亮或两个楼层按钮都亮。如果两个按钮都亮了,则只有一个按钮熄灭。图 4.11 所示的 Petri 网可以保证,当两个按钮都亮了的时候,只有一个按钮熄灭。但是要保证按钮熄灭正

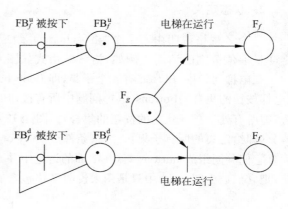

图 4.11　Petri 网表示楼层按钮

确,则需要更复杂的 Petri 网模型,对此本书不做更进一步的介绍。

最后,考虑第三条约束。

第三条约束 C_3:当电梯没有收到请求时,它将停留在当前楼层并关门。

这条约束很容易实现,如图 4.11 所示,当没有请求(FB_f^u 和 FB_f^d 上无权标)时,任何一个转换"电梯在运行"都不能被激发。

4.4　Z 语 言

在形式化的规格说明语言中,Z 语言赢得了广泛的赞誉。使用 Z 语言需要具备集合论、函数、数理逻辑等方面的知识。即使用户已经掌握了所需要的背景知识,Z 语言也是相当难学的,因为它除了使用常用的集合论和数理逻辑符号之外,还使用一些特殊符号。

4.4.1　简 介

本节结合电梯问题的例子,简要地介绍 Z 语言。

用 Z 语言描述的、最简单的形式化规格说明含有下述 4 个部分。

- 给定的集合、数据类型及常数。
- 状态定义。
- 初始状态。
- 操作。

现在依次介绍这 4 个部分。

1. 给定的集合

一个 Z 规格说明从一系列给定的初始化集合开始。所谓初始化集合就是不需要详细定义的集合，这种集合用带方括号的形式表示。对于电梯问题，给定的初始化集合称为 Button，即所有按钮的集合，因此，Z 规格说明开始于：

〔Button〕

2. 状态定义

一个 Z 规格说明由若干个"格（schema）"组成，每个格含有一组变量说明和一系列限定变量取值范围的谓词。例如，格 S 的格式如图 4.12 所示。

在电梯问题中，Button 有 4 个子集，即 floor_buttons（楼层按钮的集合）、elevator_buttons（电梯按钮的集合）、buttons（电梯问题中所有按钮的集合）以及 pushed（所有被按的按钮的集合，即所有处于打开状态的按钮的集合）。图 4.13 描述了格 Button_State，其中，符号 P 表示幂集（即给定集的所有子集）。约束条件声明，floor_buttons 集与 elevator_buttons 集不相交，而且它们共同组成 buttons 集（在下面的讨论中并不需要 floor_buttons 集和 elevator_buttons 集，把它们放于图 4.13 中只是用来说明 Z 格包含的内容）。

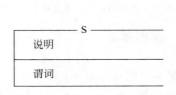

图 4.12　Z 格 S 的格式

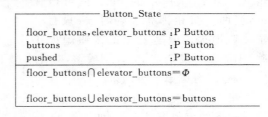

图 4.13　Z 格 Button_State

3. 初始状态

抽象的初始状态是指系统第一次开启时的状态。对于电梯问题来说，抽象的初始状态为：

Button_Init≙〔Button_State|pushed＝Φ〕

上式表示，当系统首次开启时 pushed 集为空，即所有按钮都处于关闭状态。

4. 操作

如果一个原来处于关闭状态的按钮被按下，则该按钮开启，这个按钮就被添加到

pushed 集中。图 4.14 定义了操作 Push_Button(按按钮)。Z 语言的语法规定,当一个格被用在另一个格中时,要在它的前面加上三角形符号△作为前缀,因此,格 Push_Button 的第一行最前面有一个三角形符号作为格 Button_State 的前缀。操作 Push_Button 有一个输入变量"button?"。问号"?"表示输入变量,而感叹号"!"代表输出变量。

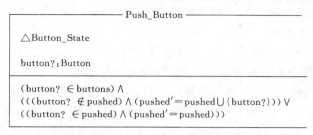

图 4.14　操作 Push_Button 的 Z 规格说明

　　操作的谓词部分,包含了一组调用操作的前置条件,以及操作完全结束后的后置条件。如果前置条件成立,则操作执行完成后可得到后置条件。但是,如果在前置条件不成立的情况下调用该操作,则不能得到指定的结果(因此结果无法预测)。

　　图 4.14 中的第一个前置条件规定,"button?"必须是 buttons 的一个元素,而 buttons 是电梯系统中所有按钮的集合。如果第二个前置条件 button? $\notin$ pushed 得到满足(即按钮没有开启),则更新 pushed 按钮集,使之包含刚开启的按钮"button?"。在 Z 语言中,当一个变量的值发生改变时,就用符号"′"表示。也就是说,后置条件是当执行完操作 Push_Button 之后,"button?"将被加入到 pushed 集中。无须直接打开按钮,只要使"button?"变成 pushed 中的一个元素即可。

　　还有一种可能性是,被按的按钮原先已经打开了。由于 button? $\in$ pushed,根据第 3 个前置条件,将没有任何事情发生,这可以用 pushed′＝pushed 来表示,即 pushed 的新状态和旧状态一样。注意,如果没有第 3 个前置条件,规格说明将不能说明在一个按钮已被按过之后又被按了一次的情况下将发生什么事,因此,结果将是不可预测的。

　　假设电梯到达了某楼层,如果相应的楼层按钮已经打开,则此时它会关闭;同样,如果相应的电梯按钮已经打开,则此时它也会关闭。也就是说,如果"button?"属于 pushed 集,则将它移出该集合,如图 4.15 所示(符号\表示集合差运算)。但是,如果按钮"button?"原先没有打开,则 pushed 集合不发生变化。

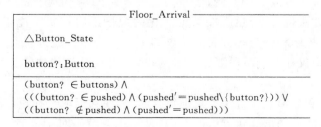

图 4.15　操作 Floor_Arrival 的 Z 规格说明

本节的讨论有所简化,没有区分上行和下行楼层按钮,但是,仍然讲清了使用 Z 语言说明电梯问题中按钮状态的方法。

4.4.2 评价

已经在许多软件开发项目中成功地运用了 Z 语言，目前，Z 也许是应用得最广泛的形式化语言，尤其是在大型项目中 Z 语言的优势更加明显。Z 语言之所以会获得如此多的成功，主要有以下几个原因。

（1）可以比较容易地发现用 Z 写的规格说明的错误，特别是在自己审查规格说明，及根据形式化的规格说明来审查设计与代码时，情况更是如此。

（2）用 Z 写规格说明时，要求作者十分精确地使用 Z 说明符。由于对精确性的要求很高，从而和非形式化规格说明相比，减少了模糊性、不一致性和遗漏。

（3）Z 是一种形式化语言，在需要时开发者可以严格地验证规格说明的正确性。

（4）虽然完全学会 Z 语言相当困难，但是，经验表明，只学过中学数学的软件开发人员仍然可以只用比较短的时间就学会编写 Z 规格说明，当然，这些人还没有能力证明规格说明的结果是否正确。

（5）使用 Z 语言可以降低软件开发费用。虽然用 Z 写规格说明所需用的时间比使用非形式化技术要多，但开发过程所需要的总时间却减少了。

（6）虽然用户无法理解用 Z 写的规格说明，但是，可以依据 Z 规格说明用自然语言重写规格说明。经验证明，这样得到的自然语言规格说明，比直接用自然语言写出的非形式化规格说明更清楚、更正确。

使用形式化规格说明是全球的总趋势，过去，主要是欧洲习惯于使用形式化规格说明技术，现在越来越多的美国公司也开始使用形式化规格说明技术。

4.5 小 结

基于数学的形式化规格说明技术，目前还没有在软件产业界广泛应用，但是，与欠形式化的方法比较起来，它确实有实质性的优点：形式化的规格说明可以用数学方法研究、验证（例如一个正确的程序可以被证明满足其规格说明，两个规格说明可以被证明是等价的，规格说明中存在的某些形式的不完整性和不一致性可以被自动地检测出来）。此外，形式化的规格说明消除了二义性，而且它鼓励软件开发者在软件工程过程的早期阶段使用更严格的方法，从而可以减少差错。

当然，形式化方法也有缺点：大多数形式化的规格说明主要关注于系统的功能和数据，而问题的时序、控制和行为等方面的需求却更难于表示。此外，形式化方法比欠形式化方法更难学习，不仅在培训阶段要花大量的投资，而且对某些软件工程师来说，它代表了一种"文化冲击"。

把形式化方法和欠形式化方法有机地结合起来，使它们取长补短，应该能获得更理想的效果。本章讲述的应用形式化方法的准则（见 4.1.3 节），对于读者今后在实际工作中更好地利用形式化方法，可能是有帮助的。

本章简要地介绍了有穷状态机、Petri 网和 Z 语言 3 种典型的形式化方法，目的是使读者对它们有初步的、概括的了解。当然,要想在实际工作中使用这些方法,还需要进一步研读有关的专著。

习 题 4

1. 举例对比形式化方法和欠形式化方法的优缺点。

2. 在什么情况下应该使用形式化说明技术? 使用形式化说明技术时应遵守哪些准则?

3. 一个浮点二进制数的构成是:一个可选的符号(+或-),后跟一个或多个二进制位,再跟上一个字符 E,再加上另一个可选符号(+或-)及一个或多个二进制位。例如,下列的字符串都是浮点二进制数:

110101E-101

-100111E11101

+1E0

更形式化地,浮点二进制数定义如下:

⟨floating-point binary⟩::=[⟨sign⟩]⟨bitstring⟩E[⟨sign⟩]⟨bitstring⟩

⟨sign⟩   ::=+|-

⟨bitstring⟩   ::=⟨bit⟩[⟨bitstring⟩]

⟨bit⟩   ::=0|1

其中:

符号::=表示定义为;

符号[...]表示可选项;

符号 $a|b$ 表示 a 或 b。

假设有这样一个有穷状态机:以一串字符为输入,判断字符串中是否含有合法的浮点二进制数。试对这个有穷状态机进行规格说明。

4. 考虑下述的自动化图书馆流通系统:每本书都有一个条形码,每个借阅人都有一个带有条形码的卡片。当一个借阅人想借一本书时,图书管理员扫描书上的条形码和借阅人卡片上的条形码,然后在计算机终端上输入 C;当归还一本书时,图书管理员将再做一次扫描,并输入 R。图书管理员可以把一些书加到(+)图书集合中,也可以删除(-)它们。借阅人可以在终端上查找到某个作者所有的书(输入"A="和作者名字),或具有指定标题的所有书籍(输入"T="和标题),或属于特定主题范围内的所有图书(输入"S="加主题范围)。最后,如果借阅人想借的书已被别人借走,图书管理员将给这本书设置一个预约,以便书归还时把书留给预约的借阅人(输入"H="加书号)。

试用有穷状态机说明上述的图书流通系统。

5. 试用 Petri 网说明第 4 题所述图书馆中一本书的循环过程。在规格说明中应该包括操作 H、C 及 R。

6. 试用 Z 语言对第 4 题所述图书馆图书流通系统做一个完整的规格说明。

第5章 总体设计

经过需求分析阶段的工作,系统必须"做什么"已经清楚了,现在是决定"怎样做"的时候了。总体设计的基本目的就是回答"概括地说,系统应该如何实现"这个问题,因此,总体设计又称为概要设计或初步设计。通过这个阶段的工作将划分出组成系统的物理元素——程序、文件、数据库、人工过程和文档等,但是每个物理元素仍然处于黑盒子级,这些黑盒子里的具体内容将在以后仔细设计。总体设计阶段的另一项重要任务是设计软件的结构,也就是要确定系统中每个程序是由哪些模块组成的,以及这些模块相互间的关系。

总体设计过程首先寻找实现目标系统的各种不同的方案,需求分析阶段得到的数据流图是设想各种可能方案的基础。然后分析员从这些供选择的方案中选取若干个合理的方案,为每个合理的方案都准备一份系统流程图,列出组成系统的所有物理元素,进行成本/效益分析,并且制定实现这个方案的进度计划。分析员应该综合分析比较这些合理的方案,从中选出一个最佳方案向用户和使用部门负责人推荐。如果用户和使用部门的负责人接受了推荐的方案,分析员应该进一步为这个最佳方案设计软件结构,通常,设计出初步的软件结构后还要多方改进,从而得到更合理的结构,进行必要的数据库设计,确定测试要求并且制定测试计划。

从上面的叙述中不难看出,在详细设计之前先进行总体设计的必要性:可以站在全局高度上,花较少成本,从较抽象的层次上分析对比多种可能的系统实现方案和软件结构,从中选出最佳方案和最合理的软件结构,从而用较低成本开发出较高质量的软件系统。

5.1 设计过程

总体设计过程通常由两个主要阶段组成:系统设计阶段,确定系统的具体实现方案;结构设计阶段,确定软件结构。典型的总体设计过程包括下述9个步骤。

1. 设想供选择的方案

如何实现要求的系统呢？在总体设计阶段分析员应该考虑各种可能的实现方案，并且力求从中选出最佳方案。在总体设计阶段开始时只有系统的逻辑模型，分析员有充分的自由分析比较不同的物理实现方案，一旦选出了最佳的方案，将能大大提高系统的性能/价格比。

需求分析阶段得出的数据流图是总体设计的极好的出发点。

设想供选择的方案的一种常用的方法是，设想把数据流图中的处理分组的各种可能的方法，抛弃在技术上行不通的分组方法（例如，组内不同处理的执行时间不相容），余下的分组方法代表可能的实现策略，并且可以启示供选择的物理系统。

2. 选取合理的方案

应该从前一步得到的一系列供选择的方案中选取若干个合理的方案，通常至少选取低成本、中等成本和高成本的 3 种方案。在判断哪些方案合理时应该考虑在问题定义和可行性研究阶段确定的工程规模和目标，有时可能还需要进一步征求用户的意见。

对每个合理的方案，分析员都应该准备下列 4 份资料。

（1）系统流程图。

（2）组成系统的物理元素清单。

（3）成本/效益分析。

（4）实现这个系统的进度计划。

3. 推荐最佳方案

分析员应该综合分析对比各种合理方案的利弊，推荐一个最佳的方案，并且为推荐的方案制定详细的实现计划。制定详细实现计划的关键技术是本书第 13 章中将要介绍的工程网络。

用户和有关的技术专家应该认真审查分析员所推荐的最佳系统，如果该系统确实符合用户的需要，并且是在现有条件下完全能够实现的，则应该提请使用部门负责人进一步审批。在使用部门的负责人也接受了分析员所推荐的方案之后，将进入总体设计过程的下一个重要阶段——结构设计。

4. 功能分解

为了最终实现目标系统，必须设计出组成这个系统的所有程序和文件（或数据库）。对程序（特别是复杂的大型程序）的设计，通常分为两个阶段完成：首先进行结构设计，然后进行过程设计。结构设计确定程序由哪些模块组成，以及这些模块之间的关系；过程设计确定每个模块的处理过程。结构设计是总体设计阶段的任务，过程设计是详细设计阶段的任务。

为确定软件结构，首先需要从实现角度把复杂的功能进一步分解。分析员结合算法描述仔细分析数据流图中的每个处理，如果一个处理的功能过分复杂，必须把它的功能适当地分解成一系列比较简单的功能。一般说来,经过分解之后应该使每个功能对大多数程序员而言都是明显易懂的。功能分解导致数据流图的进一步细化,同时还应该用 IPO 图或其他适当的工具简要描述细化后每个处理的算法。

5．设计软件结构

通常程序中的一个模块完成一个适当的子功能。应该把模块组织成良好的层次系统,顶层模块调用它的下层模块以实现程序的完整功能,每个下层模块再调用更下层的模块,从而完成程序的一个子功能,最下层的模块完成最具体的功能。软件结构(即由模块组成的层次系统)可以用层次图或结构图来描绘,第 5.4 节将介绍这些图形工具。

如果数据流图已经细化到适当的层次,则可以直接从数据流图映射出软件结构,这就是第 5.5 节中将要讲述的面向数据流的设计方法。

6．设计数据库

对于需要使用数据库的那些应用系统,软件工程师应该在需求分析阶段所确定的系统数据需求的基础上,进一步设计数据库。

在数据库课中已经详细讲述了设计数据库的方法,本书不再赘述。

7．制定测试计划

在软件开发的早期阶段考虑测试问题,能促使软件设计人员在设计时注意提高软件的可测试性。本书第 7 章将仔细讨论软件测试的目的和设计测试方案的各种技术方法。

8．书写文档

应该用正式的文档记录总体设计的结果,在这个阶段应该完成的文档通常有下述几种。

(1) **系统说明**　主要内容包括用系统流程图描绘的系统构成方案,组成系统的物理元素清单,成本/效益分析;对最佳方案的概括描述,精化的数据流图,用层次图或结构图描绘的软件结构,用 IPO 图或其他工具(例如,PDL 语言)简要描述的各个模块的算法,模块间的接口关系,以及需求、功能和模块三者之间的交叉参照关系等。

(2) **用户手册**　根据总体设计阶段的结果,修改更正在需求分析阶段产生的初步的用户手册。

(3) **测试计划**　包括测试策略,测试方案,预期的测试结果,测试进度计划等。

(4) **详细的实现计划**

(5) **数据库设计结果**

9．审查和复审

最后应该对总体设计的结果进行严格的技术审查,在技术审查通过之后再由客户从管理角度进行复审。

5.2 设 计 原 理

本节讲述在软件设计过程中应该遵循的基本原理和相关概念。

5.2.1 模 块 化

模块是由边界元素限定的相邻程序元素（例如，数据说明，可执行的语句）的序列，而且有一个总体标识符代表它。像 PASCAL 或 Ada 这样的块结构语言中的 Begin…End 对，或者 C、C++和 Java 语言中的{…}对，都是边界元素的例子。按照模块的定义，过程、函数、子程序和宏等，都可作为模块。面向对象方法学中的对象（见第 9 章）是模块，对象内的方法（或称为服务）也是模块。模块是构成程序的基本构件。

模块化就是把程序划分成独立命名且可独立访问的模块，每个模块完成一个子功能，把这些模块集成起来构成一个整体，可以完成指定的功能满足用户的需求。

有人说，模块化是为了使一个复杂的大型程序能被人的智力所管理，是软件应该具备的唯一属性。如果一个大型程序仅由一个模块组成，它将很难被人所理解。下面根据人类解决问题的一般规律，论证上面的结论。

设函数 $C(x)$ 定义问题 x 的复杂程度，函数 $E(x)$ 确定解决问题 x 需要的工作量（时间）。对于两个问题 P_1 和 P_2，如果

$$C(P_1) > C(P_2)$$

显然

$$E(P_1) > E(P_2)$$

根据人类解决一般问题的经验，另一个有趣的规律是

$$C(P_1 + P_2) > C(P_1) + C(P_2)$$

也就是说，如果一个问题由 P_1 和 P_2 两个问题组合而成，那么它的复杂程度大于分别考虑每个问题时的复杂程度之和。

综上所述，得到下面的不等式

$$E(P_1 + P_2) > E(P_1) + E(P_2)$$

这个不等式导致"各个击破"的结论——把复杂的问题分解成许多容易解决的小问题，原来的问题也就容易解决了。这就是模块化的根据。

由上面的不等式似乎还能得出下述结论：如果无限地分割软件，最后为了开发软件而需要的工作量也就小得可以忽略了。事实上，还有另一个因素在起作用，从而使得上述结论不能成立。参看图 5.1，当模块数目增加时每个模块的规模将减小，开发单个模块需要的成本（工作量）确实减少了；但是，随着模块数目增加，设计模块间接口所需要的工作量也将增加。根据这两个因素，得出了图中的总成本曲线。每个程序都相应地有一个

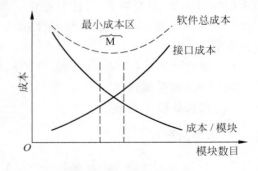

图 5.1　模块化和软件成本

最适当的模块数目 M，使得系统的开发成本最小。

虽然目前还不能精确地决定 M 的数值，但是在考虑模块化的时候总成本曲线确实是有用的指南。本书第 6 章将讲述的程序复杂程度的定量度量和第 5.3 节将介绍的启发式规则，可以在一定程度上帮助人们决定合适的模块数目。

采用模块化原理可以使软件结构清晰，不仅容易设计也容易阅读和理解。因为程序错误通常局限在有关的模块及它们之间的接口中，所以模块化使软件容易测试和调试，因而有助于提高软件的可靠性。因为变动往往只涉及少数几个模块，所以模块化能够提高软件的可修改性。模块化也有助于软件开发工程的组织管理，一个复杂的大型程序可以由许多程序员分工编写不同的模块，并且可以进一步分配技术熟练的程序员编写困难的模块。

5.2.2　抽象

人类在认识复杂现象的过程中使用的最强有力的思维工具是抽象。人们在实践中认识到，在现实世界中一定事物、状态或过程之间总存在着某些相似的方面（共性）。把这些相似的方面集中和概括起来，暂时忽略它们之间的差异，这就是抽象。或者说抽象就是抽出事物的本质特性而暂时不考虑它们的细节。

由于人类思维能力的限制，如果每次面临的因素太多，是不可能产生精确思维的。处理复杂系统的唯一有效的方法是用层次的方式构造和分析它。一个复杂的动态系统首先可以用一些高级的抽象概念构造和理解，这些高级概念又可以用一些较低级的概念构造和理解，如此进行下去，直至最低层次的具体元素。

这种层次的思维和解题方式必须反映在定义动态系统的程序结构之中，每级的一个概念将以某种方式对应于程序的一组成分。

当考虑对任何问题的模块化解法时，可以提出许多抽象的层次。在抽象的最高层次使用问题环境的语言，以概括的方式叙述问题的解法；在较低抽象层次采用更过程化的方法，把面向问题的术语和面向实现的术语结合起来叙述问题的解法；最后，在最低的抽象层次用可以直接实现的方式叙述问题的解法。

软件工程过程的每一步都是对软件解法的抽象层次的一次精化。在可行性研究阶段，软件作为系统的一个完整部件；在需求分析期间，软件解法是使用在问题环境内熟悉的方式描述的；当由总体设计向详细设计过渡时，抽象的程度也就随之减少了；最后，当源程序写出来以后，也就达到了抽象的最低层。

逐步求精和模块化的概念，与抽象是紧密相关的。随着软件开发工程的进展，在软件结构每一层中的模块，表示了对软件抽象层次的一次精化。事实上，软件结构顶层的模块，控制了系统的主要功能并且影响全局；在软件结构底层的模块，完成对数据的一个具体处理。用自顶向下由抽象到具体的方式分配控制，简化了软件的设计和实现，提高了软件的可理解性和可测试性，并且使软件更容易维护。

5.2.3　逐步求精

逐步求精是人类解决复杂问题时采用的基本方法，也是许多软件工程技术（例如，规格说明技术，设计和实现技术）的基础。可以把逐步求精定义为：“为了能集中精力解决主要问题而尽量推迟对问题细节的考虑。"

逐步求精之所以如此重要，是因为人类的认知过程遵守 Miller 法则：一个人在任何时候都只能把注意力集中在(7 ± 2)个知识块上。

但是，在开发软件的过程中，软件工程师在一段时间内需要考虑的知识块数远远多于7。例如，一个程序通常不止使用 7 个数据，一个用户也往往有不止 7 个方面的需求。逐步求精方法的强大作用就在于，它能帮助软件工程师把精力集中在与当前开发阶段最相关的那些方面上，而忽略那些对整体解决方案来说虽然是必要的，然而目前还不需要考虑的细节，这些细节将留到以后再考虑。Miller 法则是人类智力的基本局限，人们不可能战胜自己的自然本性，只能接受这个事实，承认自身的局限性，并在这个前提下尽自己的最大努力工作。

事实上，可以把逐步求精看作是一项把一个时期内必须解决的种种问题按优先级排序的技术。逐步求精方法确保每个问题都将被解决，而且每个问题都将在适当的时候被解决，但是，在任何时候一个人都不需要同时处理 7 个以上知识块。

逐步求精最初是由 Niklaus Wirth 提出的一种自顶向下的设计策略。按照这种设计策略，程序的体系结构是通过逐步精化处理过程的层次而设计出来的。通过逐步分解对功能的宏观陈述而开发出层次结构，直至最终得出用程序设计语言表达的程序。

Wirth 本人对逐步求精策略曾做过如下的概括说明。

"我们对付复杂问题的最重要的办法是抽象，因此，对一个复杂的问题不应该立刻用计算机指令、数字和逻辑符号来表示，而应该用较自然的抽象语句来表示，从而得出抽象程序。抽象程序对抽象的数据进行某些特定的运算并用某些合适的记号（可能是自然语言）来表示。对抽象程序做进一步的分解，并进入下一个抽象层次，这样的精细化过程一直进行下去，直到程序能被计算机接受为止。这时的程序可能是用某种高级语言或机器指令书写的。"

求精实际上是细化过程。人们从在高抽象级别定义的功能陈述（或信息描述）开始，也就是说，该陈述仅仅概念性地描述了功能或信息，但是并没有提供功能的内部工作情况或信息的内部结构。求精要求设计者细化原始陈述，随着每个后续求精（即细化）步骤的完成而提供越来越多的细节。

抽象与求精是一对互补的概念。抽象使得设计者能够说明过程和数据，同时却忽略了低层细节。事实上，可以把抽象看作是一种通过忽略多余的细节同时强调有关的细节，而实现逐步求精的方法。求精则帮助设计者在设计过程中逐步揭示出低层细节。这两个概念都有助于设计者在设计演化过程中创造出完整的设计模型。

5.2.4　信息隐藏和局部化

应用模块化原理时，自然会产生的一个问题是："为了得到最好的一组模块，应该怎样分解软件呢？"信息隐藏原理指出：应该这样设计和确定模块，使得一个模块内包含的信息（过程和数据）对于不需要这些信息的模块来说，是不能访问的。

局部化的概念和信息隐藏概念是密切相关的。所谓局部化是指把一些关系密切的软件元素物理地放得彼此靠近。在模块中使用局部数据元素是局部化的一个例子。显然，局部化有助于实现信息隐藏。

实际上,应该隐藏的不是有关模块的一切信息,而是模块的实现细节。因此,有人主张把这条原理称为"细节隐藏"。

"隐藏"意味着有效的模块化可以通过定义一组独立的模块而实现,这些独立的模块彼此间仅仅交换那些为了完成系统功能而必须交换的信息。

如果在测试期间和以后的软件维护期间需要修改软件,那么使用信息隐藏原理作为模块化系统设计的标准就会带来极大好处。因为绝大多数数据和过程对于软件的其他部分而言是隐藏的(也就是"看"不见的),在修改期间由于疏忽而引入的错误就很少可能传播到软件的其他部分。

5.2.5 模块独立

模块独立的概念是模块化、抽象、信息隐藏和局部化概念的直接结果。

开发具有独立功能而且和其他模块之间没有过多的相互作用的模块,就可以做到模块独立。换句话说,希望这样设计软件结构,使得每个模块完成一个相对独立的特定子功能,并且和其他模块之间的关系很简单。

为什么模块的独立性很重要呢? 主要有两条理由:第一,有效的模块化(即具有独立的模块)的软件比较容易开发出来。这是由于能够分割功能而且接口可以简化,当许多人分工合作开发同一个软件时,这个优点尤其重要。第二,独立的模块比较容易测试和维护。这是因为相对说来,修改设计和程序需要的工作量比较小,错误传播范围小,需要扩充功能时能够"插入"模块。总之,模块独立是好设计的关键,而设计又是决定软件质量的关键环节。

模块的独立程度可以由两个定性标准度量,这两个标准分别称为内聚和耦合。耦合衡量不同模块彼此间互相依赖(连接)的紧密程度;内聚衡量一个模块内部各个元素彼此结合的紧密程度。以下分别详细阐述。

1. 耦合

耦合是对一个软件结构内不同模块之间互连程度的度量。耦合强弱取决于模块间接口的复杂程度,进入或访问一个模块的点,以及通过接口的数据。

在软件设计中应该追求尽可能松散耦合的系统。在这样的系统中可以研究、测试或维护任何一个模块,而不需要对系统的其他模块有很多了解。此外,由于模块间联系简单,发生在一处的错误传播到整个系统的可能性就很小。因此,模块间的耦合程度强烈影响着系统的可理解性、可测试性、可靠性和可维护性。

怎样具体区分模块间耦合程度的强弱呢?

如果两个模块中的每一个都能独立地工作而不需要另一个模块的存在,那么它们彼此完全独立,这意味着模块间无任何连接,耦合程度最低。但是,在一个软件系统中不可能所有模块之间都没有任何连接。

如果两个模块彼此间通过参数交换信息,而且交换的信息仅仅是数据,那么这种耦合称为数据耦合。如果传递的信息中有控制信息(尽管有时这种控制信息以数据的形式出现），则这种耦合称为控制耦合。

数据耦合是低耦合。系统中至少必须存在这种耦合，因为只有当某些模块的输出数据作为另一些模块的输入数据时，系统才能完成有价值的功能。一般说来，一个系统内可以只包含数据耦合。控制耦合是中等程度的耦合，它增加了系统的复杂程度。控制耦合往往是多余的，在把模块适当分解之后通常可以用数据耦合代替它。

如果被调用的模块需要使用作为参数传递进来的数据结构中的所有元素，那么，把整个数据结构作为参数传递就是完全正确的。但是，当把整个数据结构作为参数传递而被调用的模块只需要使用其中一部分数据元素时，就出现了特征耦合。在这种情况下，被调用的模块可以使用的数据多于它确实需要的数据，这将导致对数据的访问失去控制，从而给计算机犯罪提供了机会。

当两个或多个模块通过一个公共数据环境相互作用时，它们之间的耦合称为公共环境耦合。公共环境可以是全程变量、共享的通信区、内存的公共覆盖区、任何存储介质上的文件、物理设备等。

公共环境耦合的复杂程度随耦合的模块个数而变化，当耦合的模块个数增加时复杂程度显著增加。如果只有两个模块有公共环境，那么这种耦合有下面两种可能。

（1）一个模块往公共环境送数据，另一个模块从公共环境取数据。这是数据耦合的一种形式，是比较松散的耦合。

（2）两个模块都既往公共环境送数据又从里面取数据，这种耦合比较紧密，介于数据耦合和控制耦合之间。

如果两个模块共享的数据很多，都通过参数传递可能很不方便，这时可以利用公共环境耦合。

最高程度的耦合是内容耦合。如果出现下列情况之一，两个模块间就发生了内容耦合。

- 一个模块访问另一个模块的内部数据。
- 一个模块不通过正常入口而转到另一个模块的内部。
- 两个模块有一部分程序代码重叠（只可能出现在汇编程序中）。
- 一个模块有多个入口（这意味着一个模块有几种功能）。

应该坚决避免使用内容耦合。事实上许多高级程序设计语言已经设计成不允许在程序中出现任何形式的内容耦合。

总之，耦合是影响软件复杂程度的一个重要因素。应该采取下述设计原则：

尽量使用数据耦合，少用控制耦合和特征耦合，限制公共环境耦合的范围，完全不用内容耦合。

2. 内聚

内聚标志着一个模块内各个元素彼此结合的紧密程度，它是信息隐藏和局部化概念的自然扩展。简单地说，理想内聚的模块只做一件事情。

设计时应该力求做到高内聚，通常中等程度的内聚也是可以采用的，而且效果和高内聚相差不多。

内聚和耦合是密切相关的，模块内的高内聚往往意味着模块间的松耦合。内聚和耦合都是进行模块化设计的有力工具,但是实践表明内聚更重要,应该把更多注意力集中到提高模块的内聚程度上。

低内聚有如下几类:如果一个模块完成一组任务,这些任务彼此间即使有关系,关系也是很松散的,就叫做偶然内聚。有时在写完一个程序之后,发现一组语句在两处或多处出现,于是把这些语句作为一个模块以节省内存,这样就出现了偶然内聚的模块。如果一个模块完成的任务在逻辑上属于相同或相似的一类(例如一个模块产生各种类型的全部输出),则称为逻辑内聚。如果一个模块包含的任务必须在同一段时间内执行(例如,模块完成各种初始化工作),就叫时间内聚。

在偶然内聚的模块中,各种元素之间没有实质性联系,很可能在一种应用场合需要修改这个模块,而在另一种应用场合又不允许这种修改,从而陷入困境。事实上,偶然内聚的模块出现修改错误的概率比其他类型的模块高得多。

在逻辑内聚的模块中,不同功能混在一起,合用部分程序代码,即使局部功能的修改有时也会影响全局。因此,这类模块的修改也比较困难。

时间关系在一定程度上反映了程序的某些实质,所以时间内聚比逻辑内聚好一些。

中内聚主要有两类:如果一个模块内的处理元素是相关的,而且必须以特定次序执行,则称为过程内聚。使用程序流程图作为工具设计软件时,常常通过研究流程图确定模块的划分,这样得到的往往是过程内聚的模块。如果模块中所有元素都使用同一个输入数据和(或)产生同一个输出数据,则称为通信内聚。

高内聚也有两类:如果一个模块内的处理元素和同一个功能密切相关,而且这些处理必须顺序执行(通常一个处理元素的输出数据作为下一个处理元素的输入数据),则称为顺序内聚。根据数据流图划分模块时,通常得到顺序内聚的模块,这种模块彼此间的连接往往比较简单。如果模块内所有处理元素属于一个整体,完成一个单一的功能,则称为功能内聚。功能内聚是最高程度的内聚。

耦合和内聚的概念是 Constantine,Yourdon,Myers 和 Stevens 等人提出来的。按照他们的观点,如果给上述 7 种内聚的优劣评分,将得到如下结果:

功能内聚	10 分	时间内聚	3 分
顺序内聚	9 分	逻辑内聚	1 分
通信内聚	7 分	偶然内聚	0 分
过程内聚	5 分		

事实上,没有必要精确确定内聚的级别。重要的是设计时力争做到高内聚,并且能够辨认出低内聚的模块,有能力通过修改设计提高模块的内聚程度并且降低模块间的耦合程度,从而获得较高的模块独立性。

5.3 启 发 规 则

人们在开发计算机软件的长期实践中积累了丰富的经验,总结这些经验得出了一些启发式规则。这些启发式规则虽然不像上一节讲述的基本原理和概念那样普遍适用,但是在许多场合仍然能给软件工程师以有益的启示,往往能帮助他们找到改进软件设计提高软件质量的途径。下面介绍几条启发式规则。

1. 改进软件结构提高模块独立性

设计出软件的初步结构以后,应该审查分析这个结构,通过模块分解或合并,力求降低耦合提高内聚。例如,多个模块公有的一个子功能可以独立成一个模块,由这些模块调用;有时可以通过分解或合并模块以减少控制信息的传递及对全程数据的引用,并且降低接口的复杂程度。

2. 模块规模应该适中

经验表明,一个模块的规模不应过大,最好能写在一页纸内(通常不超过60行语句)。有人从心理学角度研究得知,当一个模块包含的语句数超过30以后,模块的可理解程度迅速下降。

过大的模块往往是由于分解不充分,但是进一步分解必须符合问题结构,一般说来,分解后不应该降低模块独立性。

过小的模块开销大于有效操作,而且模块数目过多将使系统接口复杂。因此过小的模块有时不值得单独存在,特别是只有一个模块调用它时,通常可以把它合并到上级模块中去而不必单独存在。

3. 深度、宽度、扇出和扇入都应适当

深度表示软件结构中控制的层数,它往往能粗略地标志一个系统的大小和复杂程度。深度和程序长度之间应该有粗略的对应关系,当然这个对应关系是在一定范围内变化的。如果层数过多则应该考虑是否有许多管理模块过分简单了,能否适当合并。

宽度是软件结构内同一个层次上的模块总数的最大值。一般说来,宽度越大系统越复杂。对宽度影响最大的因素是模块的扇出。

扇出是一个模块直接控制(调用)的模块数目,扇出过大意味着模块过分复杂,需要控制和协调过多的下级模块;扇出过小(例如总是1)也不好。经验表明,一个设计得好的典型系统的平均扇出通常是3或4(扇出的上限通常是5~9)。

扇出太大一般是因为缺乏中间层次,应该适当增加中间层次的控制模块。扇出太小时可以把下级模块进一步分解成若干个子功能模块,或者合并到它的上级模块中去。当然分解模块或合并模块必须符合问题结构,不能违背模块独立原理。

一个模块的扇入表明有多少个上级模块直接调用它,扇入越大则共享该模块的上级模块数目越多,这是有好处的,但是,不能违背模块独立原理单纯追求高扇入。

观察大量软件系统后发现,设计得很好的软件结构通常顶层扇出比较高,中层扇出较少,底层扇入到公共的实用模块中去(底层模块有高扇入)。

4. 模块的作用域应该在控制域之内

模块的作用域定义为受该模块内一个判定影响的所有模块的集合。模块的控制域是这个模块本身以及所有直接或间接从属于它的模块的集合。例如,在图5.2中模块A的

控制域是 A、B、C、D、E、F 等模块的集合。

在一个设计得很好的系统中,所有受判定影响的模块应该都从属于做出判定的那个模块,最好局限于做出判定的那个模块本身及它的直属下级模块。例如,如果图 5.2 中模块 A 做出的判定只影响模块 B,那么是符合这条规则的。但是,如果模块 A 做出的判定同时还影响模块 G 中的处理过程,又会有什么坏处呢? 首先,这样的结构使得软件难于理解。其次,为了使得 A 中的判定能影响 G 中的处理过程,通常需要在 A 中给一个标记设置状态以指示判定的结果,并且应该把这个标记传递给 A 和 G 的公共上级模块 M,再由 M

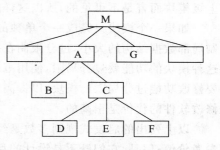

图 5.2　模块的作用域和控制域

把它传给 G。这个标记是控制信息而不是数据,因此将使模块间出现控制耦合。

怎样修改软件结构才能使作用域是控制域的子集呢? 一个方法是把做判定的点往上移,例如,把判定从模块 A 中移到模块 M 中。另一个方法是把那些在作用域内但不在控制域内的模块移到控制域内,例如,把模块 G 移到模块 A 的下面,成为它的直属下级模块。

到底采用哪种方法改进软件结构,需要根据具体问题统筹考虑。一方面应该考虑哪种方法更现实,另一方面应该使软件结构能最好地体现问题原来的结构。

5．力争降低模块接口的复杂程度

模块接口复杂是软件发生错误的一个主要原因。应该仔细设计模块接口,使得信息传递简单并且和模块的功能一致。

例如,求一元二次方程的根的模块 QUAD_ROOT(TBL,X),其中用数组 TBL 传送方程的系数,用数组 X 回送求得的根。这种传递信息的方法不利于对这个模块的理解,不仅在维护期间容易引起混淆,在开发期间也可能发生错误。下面这种接口可能是比较简单的:

QUAD_ROOT(A,B,C,ROOT1,ROOT2)

其中 A、B、C 是方程的系数,ROOT1 和 ROOT2 是算出的两个根。

接口复杂或不一致(即看起来传递的数据之间没有联系),是紧耦合或低内聚的征兆,应该重新分析这个模块的独立性。

6．设计单入口单出口的模块

这条启发式规则警告软件工程师不要使模块间出现内容耦合。当从顶部进入模块并且从底部退出来时,软件是比较容易理解的,因此也是比较容易维护的。

7．模块功能应该可以预测

模块的功能应该能够预测,但也要防止模块功能过分局限。

如果一个模块可以当做一个黑盒子,也就是说,只要输入的数据相同就产生同样的输出，这个模块的功能就是可以预测的。带有内部"存储器"的模块的功能可能是不可预测的，因为它的输出可能取决于内部存储器（例如某个标记）的状态。由于内部存储器对于上级模块而言是不可见的，所以这样的模块既不易理解又难于测试和维护。

如果一个模块只完成一个单独的子功能，则呈现高内聚；但是，如果一个模块任意限制局部数据结构的大小，过分限制在控制流中可以做出的选择或者外部接口的模式，那么这种模块的功能就过分局限，使用范围也就过分狭窄了。在使用过程中将不可避免地需要修改功能过分局限的模块，以提高模块的灵活性，扩大它的使用范围；但是，在使用现场修改软件的代价是很高的。

以上列出的启发式规则多数是经验规律，对改进设计，提高软件质量，往往有重要的参考价值；但是，它们既不是设计的目标也不是设计时应该普遍遵循的原理。

5.4　描绘软件结构的图形工具

5.4.1　*层次图和* HIPO *图*

层次图用来描绘软件的层次结构。在图 5.2 中已经非正式地使用了层次图。虽然层次图的形式和第 3.7 节中介绍的描绘数据结构的层次方框图相同，但是表现的内容却完全不同。层次图中的一个矩形框代表一个模块，方框间的连线表示调用关系而不像层次方框图那样表示组成关系。图 5.3 是层次图的一个例子，最顶层的方框代表正文加工系统的主控模块，它调用下层模块完成正文加工的全部功能；第二层的每个模块控制完成正文加工的一个主要功能，例如"编辑"模块通过调用它的下属模块可以完成 6 种编辑功能中的任何一种。

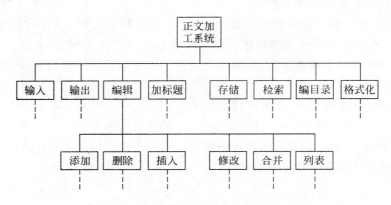

图 5.3　正文加工系统的层次图

层次图很适于在自顶向下设计软件的过程中使用。

HIPO 图是美国 IBM 公司发明的"层次图加输入/处理/输出图"的英文缩写。为了能使 HIPO 图具有可追踪性，在 H 图（层次图）里除了最顶层的方框之外，每个方框都加了编号。编号规则和第 2.4 节中介绍的数据流图的编号规则相同，例如，图 5.3 加了编号后得到图 5.4。

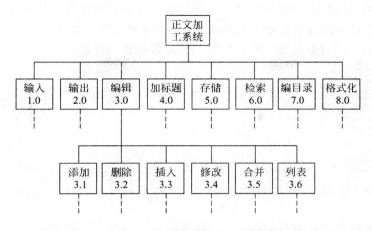

图 5.4　带编号的层次图（H 图）

和 H 图中每个方框相对应,应该有一张 IPO 图描绘这个方框代表的模块的处理过程。第 3.7 节已经详细介绍过 IPO 图,此处不再重复。但是,有一点应该着重指出,那就是 HIPO 图中的每张 IPO 图内都应该明显地标出它所描绘的模块在 H 图中的编号,以便追踪了解这个模块在软件结构中的位置。

5.4.2　结构图

Yourdon 提出的结构图是进行软件结构设计的另一个有力工具。结构图和层次图类似,也是描绘软件结构的图形工具,图中一个方框代表一个模块,框内注明模块的名字或主要功能;方框之间的箭头(或直线)表示模块的调用关系。因为按照惯例总是图中位于上方的方框代表的模块调用下方的模块,即使不用箭头也不会产生二义性,为了简单起见,可以只用直线而不用箭头表示模块间的调用关系。

在结构图中通常还用带注释的箭头表示模块调用过程中来回传递的信息。如果希望进一步标明传递的信息是数据还是控制信息,则可以利用注释箭头尾部的形状来区分:尾部是空心圆表示传递的是数据,实心圆表示传递的是控制信息。图 5.5 是结构图的一个例子。

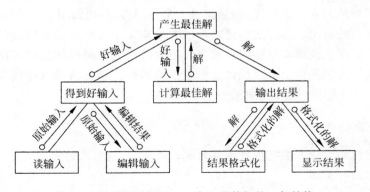

图 5.5　结构图的例子——产生最佳解的一般结构

以上介绍的是结构图的基本符号，也就是最经常使用的符号。此外还有一些附加的符号，可以表示模块的选择调用或循环调用。图 5.6 表示当模块 M 中某个判定为真时调用模块 A，为假时调用模块 B。图 5.7 表示模块 M 循环调用模块 A、B 和 C。

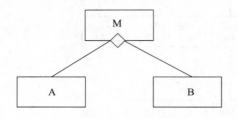

图 5.6 判定为真时调用 A，为假时调用 B

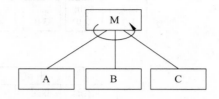

图 5.7 模块 M 循环调用模块 A、B、C

注意，层次图和结构图并不严格表示模块的调用次序。虽然多数人习惯于按调用次序从左到右画模块，但并没有这种规定，出于其他方面的考虑（例如为了减少交叉线），也完全可以不按这种次序画。此外，层次图和结构图并不指明什么时候调用下层模块。通常上层模块中除了调用下层模块的语句之外还有其他语句，究竟是先执行调用下层模块的语句还是先执行其他语句，在图中丝毫没有指明。事实上，层次图和结构图只表明一个模块调用那些模块，至于模块内还有没有其他成分则完全没有表示。

通常用层次图作为描绘软件结构的文档。结构图作为文档并不很合适，因为图上包含的信息太多有时反而降低了清晰程度。但是，利用 IPO 图或数据字典中的信息得到模块调用时传递的信息，从而由层次图导出结构图的过程，却可以作为检查设计正确性和评价模块独立性的好方法。传送的每个数据元素都是完成模块功能所必需的吗？反之，完成模块功能必需的每个数据元素都传送来了吗？所有数据元素都只和单一的功能有关吗？如果发现结构图上模块间的联系不容易解释，则应该考虑是否设计上有问题。

5.5   面向数据流的设计方法

面向数据流的设计方法的目标是给出设计软件结构的一个系统化的途径。

在软件工程的需求分析阶段，信息流是一个关键考虑，通常用数据流图描绘信息在系统中加工和流动的情况。面向数据流的设计方法定义了一些不同的"映射"，利用这些映射可以把数据流图变换成软件结构。因为任何软件系统都可以用数据流图表示，所以面向数据流的设计方法理论上可以设计任何软件的结构。通常所说的结构化设计方法（简称 SD 方法），也就是基于数据流的设计方法。

5.5.1   概念

面向数据流的设计方法把信息流映射成软件结构，信息流的类型决定了映射的方法。信息流有下述两种类型。

1. 变换流

根据基本系统模型,信息通常以"外部世界"的形式进入软件系统,经过处理以后再以"外部世界"的形式离开系统。

参看图 5.8,信息沿输入通路进入系统,同时由外部形式变换成内部形式,进入系统的信息通过变换中心,经加工处理以后再沿输出通路变换成外部形式离开软件系统。当数据流图具有这些特征时,这种信息流就叫作变换流。

2. 事务流

基本系统模型意味着变换流,因此,原则上所有信息流都可以归结为这一类。但是,当数据流图具有和图 5.9 类似的形状时,这种数据流是"以事务为中心的",也就是说,数据沿输入通路到达一个处理 T,这个处理根据输入数据的类型在若干个动作序列中选出一个来执行。这类数据流应该划为一类特殊的数据流,称为事务流。图 5.9 中的处理 T 称为事务中心,它完成下述任务。

(1) 接收输入数据(输入数据又称为事务)。

(2) 分析每个事务以确定它的类型。

(3) 根据事务类型选取一条活动通路。

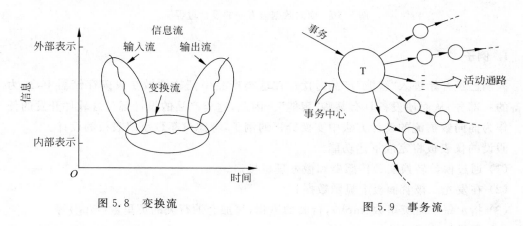

图 5.8 变换流　　　　　　　　　　图 5.9 事务流

3. 设计过程

图 5.10 说明了使用面向数据流方法逐步设计的过程。

应该注意,任何设计过程都不是机械的一成不变的,设计首先需要人的判断力和创造精神,这往往会凌驾于方法的规则之上。

5.5.2 变换分析

变换分析是一系列设计步骤的总称,经过这些步骤把具有变换流特点的数据流图按预先确定的模式映射成软件结构。下面通过一个例子说明变换分析的方法。

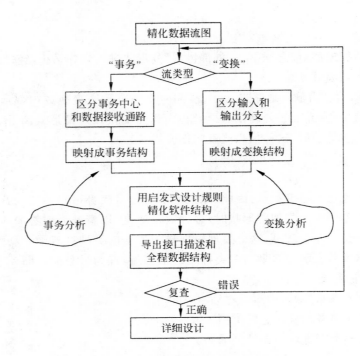

图 5.10 面向数据流方法的设计过程

1. 例子

人们已经开始进入"智能"产品时代。在这类产品中把软件做在只读存储器中，成为设备的一部分，从而使设备具有某些"智能"。因此，这类产品的设计都包含软件开发的任务。作为面向数据流的设计方法中变换分析的例子，考虑汽车数字仪表板的设计。

假设的仪表板将完成下述功能。

（1）通过模数转换实现传感器和微处理机接口。

（2）在发光二极管面板上显示数据。

（3）指示每小时英里数（mph），行驶的里程，每加仑油行驶的英里数（mpg）等。

（4）指示加速或减速。

（5）超速警告：如果车速超过 55 英里/小时，则发出超速警告铃声。

在软件需求分析阶段应该对上述每条要求以及系统的其他特点进行全面的分析评价，建立起必要的文档资料，特别是数据流图。

2. 设计步骤

第 1 步 复查基本系统模型。

复查的目的是确保系统的输入数据和输出数据符合实际。

第 2 步 复查并精化数据流图。

应该对需求分析阶段得出的数据流图认真复查，并且在必要时进行精化。不仅要确保数据流图给出了目标系统的正确的逻辑模型,而且应该使数据流图中每个处理都代表一个规模适中相对独立的子功能。

假设在需求分析阶段产生的数字仪表板系统的数据流图如图 5.11 所示。

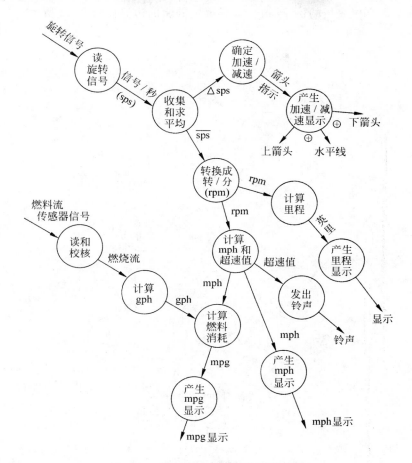

图 5.11 数字仪表板系统的数据流图

这个数据流图对于软件结构设计的"第一次分割"而言已经足够详细了,因此不需要精化就可以进行下一个设计步骤。

第 3 步 确定数据流图具有变换特性还是事务特性。

一般地说,一个系统中的所有信息流都可以认为是变换流,但是,当遇到有明显事务特性的信息流时,建议采用事务分析方法进行设计。在这一步,设计人员应该根据数据流图中占优势的属性,确定数据流的全局特性。此外还应该把具有和全局特性不同的特点的局部区域孤立出来,以后可以按照这些子数据流的特点精化根据全局特性得出的软件结构。

从图 5.11 可以看出,数据沿着两条输入通路进入系统,然后沿着 5 条通路离开,没有明显的事务中心。因此可以认为这个信息流具有变换流的总特征。

第 4 步 确定输入流和输出流的边界,从而孤立出变换中心。

　　输入流和输出流的边界和对它们的解释有关，也就是说，不同设计人员可能会在流内选取稍微不同的点作为边界的位置。当然在确定边界时应该仔细认真，但是把边界沿着数据流通路移动一个处理框的距离，通常对最后的软件结构只有很小的影响。

　　对于汽车数字仪表板的例子，设计人员确定的流的边界如图 5.12 所示。

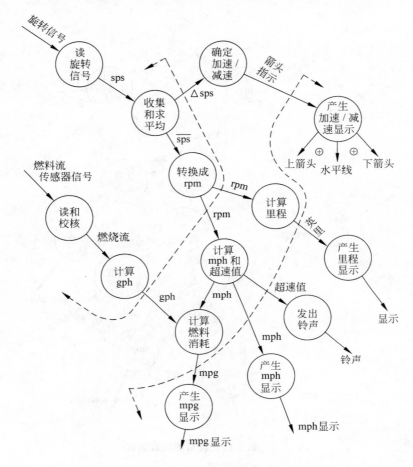

图 5.12　具有边界的数据流图

第 5 步　完成"第一级分解"。

　　软件结构代表对控制的自顶向下的分配，所谓分解就是分配控制的过程。

　　对于变换流的情况，数据流图被映射成一个特殊的软件结构，这个结构控制输入、变换和输出等信息处理过程。图 5.13 说明了第一级分解的方法。位于软件结构最顶层的控制模块 Cm 协调下述从属的控制功能。

- 输入信息处理控制模块 Ca，协调对所有输入数据的接收。
- 变换中心控制模块 Ct，管理对内部形式的数据的所有操作。
- 输出信息处理控制模块 Ce，协调输出信息的产生过程。

虽然图 5.13 意味着一个三叉的控制结构，但是，对一个大型系统中的复杂数据流可以用两个或多个模块完成上述一个模块的控制功能。应该在能够完成控制功能并且保持好的耦合和内聚特性的前提下,尽量使第一级控制中的模块数目取最小值。

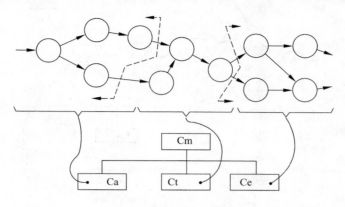

图 5.13　第一级分解的方法

对于数字仪表板的例子,第一级分解得出的结构如图 5.14 所示。每个控制模块的名字表明了为它所控制的那些模块的功能。

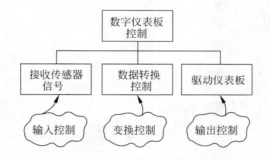

图 5.14　数字仪表板系统的第一级分解

第 6 步　完成“第二级分解”。

所谓第二级分解就是把数据流图中的每个处理映射成软件结构中一个适当的模块。完成第二级分解的方法是,从变换中心的边界开始逆着输入通路向外移动,把输入通路中每个处理映射成软件结构中 Ca 控制下的一个低层模块;然后沿输出通路向外移动,把输出通路中每个处理映射成直接或间接受模块 Ce 控制的一个低层模块;最后把变换中心内的每个处理映射成受 Ct 控制的一个模块。图 5.15 表示进行第二级分解的普遍途径。

虽然图 5.15 描绘了在数据流图中的处理和软件结构中的模块之间的一对一的映射关系,但是,不同的映射经常出现。应该根据实际情况以及“好”设计的标准,进行实际的第二级分解。

对于数字仪表板系统的例子,第二级分解的结果分别用图 5.16、图 5.17 和图 5.18 描绘。这三张图表示对软件结构的初步设计结果。虽然图中每个模块的名字表明了它的基本功能,但是仍然应该为每个模块写一个简要说明,描述以下内容。

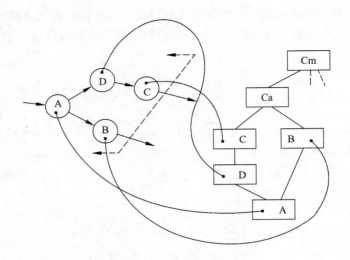

图 5.15　第二级分解的方法

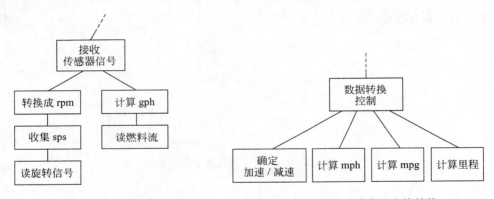

图 5.16　未经精化的输入结构　　　　　图 5.17　未经精化的变换结构

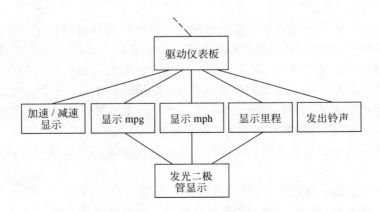

图 5.18　未经精化的输出结构

- 进出该模块的信息(接口描述)。
- 模块内部的信息。
- 过程陈述,包括主要判定点及任务等。
- 对约束和特殊特点的简短讨论。

这些描述是第一代的设计规格说明,在这个设计时期进一步的精化和补充是经常发生的。

第 7 步 使用设计度量和启发式规则对第一次分割得到的软件结构进一步精化。

对第一次分割得到的软件结构,总可以根据模块独立原理进行精化。为了产生合理的分解,得到尽可能高的内聚、尽可能松散的耦合,最重要的是,为了得到一个易于实现、易于测试和易于维护的软件结构,应该对初步分割得到的模块进行再分解或合并。

具体到数字仪表板的例子,对于从前面的设计步骤得到的软件结构,还可以做许多修改。下面是某些可能的修改。

- 输入结构中的模块"转换成 rpm"和"收集 sps"可以合并。
- 模块"确定加速/减速"可以放在模块"计算 mph"下面,以减少耦合。
- 模块"加速/减速显示"可以相应地放在模块"显示 mph"的下面。

经过上述修改后的软件结构画在图 5.19 中。

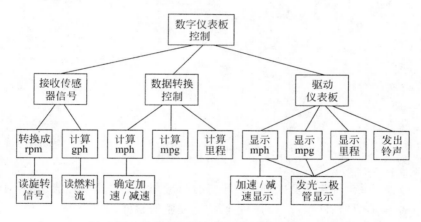

图 5.19 精化后的数字仪表板系统的软件结构

上述 7 个设计步骤的目的是,开发出软件的整体表示。也就是说,一旦确定了软件结构,就可以把它作为一个整体来复查,从而能够评价和精化软件结构。在这个时期进行修改只需要很少的附加工作,但是却能够对软件的质量特别是软件的可维护性产生深远的影响。

至此读者应该暂停片刻,思考上述设计途径和"写程序"的差别。如果程序代码是对软件的唯一描述,那么软件开发人员将很难站在全局的高度来评价和精化软件,而且事实上也不能做到"既见树木又见森林。"

5.5.3 事务分析

虽然在任何情况下都可以使用变换分析方法设计软件结构,但是在数据流具有明显的事务特点时，也就是有一个明显的"发射中心"（事务中心）时，还是以采用事务分析方法为宜。

事务分析的设计步骤和变换分析的设计步骤大部分相同或类似，主要差别仅在于由数据流图到软件结构的映射方法不同。

由事务流映射成的软件结构包括一个接收分支和一个发送分支。映射出接收分支结构的方法和变换分析映射出输入结构的方法很相像，即从事务中心的边界开始，把沿着接收流通路的处理映射成模块。发送分支的结构包含一个调度模块，它控制下层的所有活动模块；然后把数据流图中的每个活动流通路映射成与它的流特征相对应的结构。图5.20说明了上述映射过程。

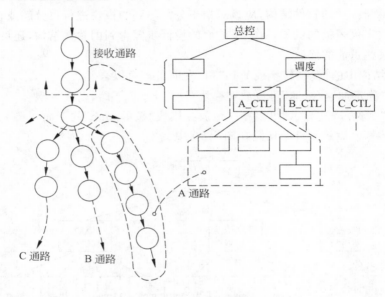

图 5.20 事务分析的映射方法

对于一个大系统，常常把变换分析和事务分析应用到同一个数据流图的不同部分，由此得到的子结构形成"构件"，可以利用它们构造完整的软件结构。

一般说来，如果数据流不具有显著的事务特点，最好使用变换分析；反之，如果具有明显的事务中心，则应该采用事务分析技术。但是，机械地遵循变换分析或事务分析的映射规则，很可能会得到一些不必要的控制模块，如果它们确实用处不大，那么可以而且应该把它们合并。反之，如果一个控制模块功能过分复杂，则应该分解为两个或多个控制模块，或者增加中间层次的控制模块。

5.5.4 设计优化

考虑设计优化问题时应该记住，"一个不能工作的'最佳设计'的价值是值得怀疑的"。软件设计人员应该致力于开发能够满足所有功能和性能要求，而且按照设计原理和启发式设计规则衡量是值得接收的软件。

应该在设计的早期阶段尽量对软件结构进行精化。可以导出不同的软件结构，然后对它们进行评价和比较,力求得到"最好"的结果。这种优化的可能,是把软件结构设计和过程设计分开的真正优点之一。

注意,结构简单通常既表示设计风格优雅,又表明效率高。设计优化应该力求做到在有效的模块化的前提下使用最少量的模块,以及在能够满足信息要求的前提下使用最简单的数据结构。

对于时间是决定性因素的应用场合,可能有必要在详细设计阶段,也可能在编写程序的过程中进行优化。软件开发人员应该认识到,程序中相对说比较小的部分(典型地,10%~20%),通常占用全部处理时间的大部分(50%~80%)。用下述方法对时间起决定性作用的软件进行优化是合理的。

(1) 在不考虑时间因素的前提下开发并精化软件结构。

(2) 在详细设计阶段选出最耗费时间的那些模块,仔细地设计它们的处理过程(算法),以求提高效率。

(3) 使用高级程序设计语言编写程序。

(4) 在软件中孤立出那些大量占用处理机资源的模块。

(5) 必要时重新设计或用依赖于机器的语言重写上述大量占用资源的模块的代码,以求提高效率。

上述优化方法遵守了一句格言:"先使它能工作,然后再使它快起来。"

5.6 小 结

总体设计阶段的基本目的是用比较抽象概括的方式确定系统如何完成预定的任务,也就是说,应该确定系统的物理配置方案,并且进而确定组成系统的每个程序的结构。因此,总体设计阶段主要由两个小阶段组成。首先需要进行系统设计,从数据流图出发设想完成系统功能的若干种合理的物理方案,分析员应该仔细分析比较这些方案,并且和用户共同选定一个最佳方案。然后进行软件结构设计,确定软件由哪些模块组成以及这些模块之间的动态调用关系。层次图和结构图是描绘软件结构的常用工具。

在进行软件结构设计时应该遵循的最主要的原理是模块独立原理,也就是说,软件应该由一组完成相对独立的子功能的模块组成,这些模块彼此之间的接口关系应该尽量简单。

抽象和求精是一对互补的概念,也是人类解决复杂问题时最常用、最有效的方法。在进行软件结构设计时一种有效的方法就是,由抽象到具体地构造出软件的层次结构。

软件工程师在开发软件的长期实践中积累了丰富的经验,总结这些经验得出一些很有参考价值的启发式规则,它们往往能对如何改进软件设计给出宝贵的提示。在软件开发过程中既要充分重视和利用这些启发式规则,又要从实际情况出发避免生搬硬套。

自顶向下逐步求精是进行软件结构设计的常用途径;但是,如果已经有了详细的数据流图,也可以使用面向数据流的设计方法,用形式化的方法由数据流图映射出软件结构。应该记住,这样映射出来的只是软件的初步结构,还必须根据设计原理并且参考启发式规则,认真分析和改进软件的初步结构,以得到质量更高的模块和更合理的软件结构。

在进行详细的过程设计和编写程序之前,首先进行结构设计,其好处正在于可以在软件开发的早期站在全局高度对软件结构进行优化。在这个时期进行优化付出的代价不高,却可以使软件质量得到重大改进。

习 题 5

1. 为每种类型的模块耦合举一个具体例子。

2. 为每种类型的模块内聚举一个具体例子。

3. 用面向数据流的方法设计下列系统的软件结构。

(1) 储蓄系统(参见习题 2 第 2 题)。

(2) 机票预订系统(参见习题 2 第 3 题)。

(3) 患者监护系统(参见习题 2 第 4 题)。

4. 美国某大学共有 200 名教师,校方与教师工会刚刚签订一项协议。按照协议,所有年工资超过 \$26 000(含 \$26 000)的教师工资将保持不变,年工资少于 \$26 000 的教师将增加工资,所增加的工资数按下述方法计算:给每个由此教师所赡养的人(包括教师本人)每年补助 \$100,此外,教师有一年工龄每年再多补助 \$50,但是,增加后的年工资总额不能多于 \$26 000。

教师的工资档案储存在行政办公室的光盘上,档案中有目前的年工资、赡养的人数、雇用日期等信息。需要写一个程序计算并印出每名教师的原有工资和调整后的新工资。要求:

(1) 画出此系统的数据流图。

(2) 写出需求说明。

(3) 设计上述的工资调整程序(要求用 HIPO 图描绘设计结果),设计时分别采用下述两种算法,并比较这两种算法的优缺点:

(a) 搜索工资档案数据,找出年工资少于 \$26 000 的人,计算新工资,校核是否超过 \$26 000,储存新工资,印出新旧工资对照表;

(b) 把工资档案数据按工资从最低到最高的次序排序,当工资数额超过 \$26 000时即停止排序,计算新工资,校核是否超过限额,储存新工资,印出结果。

(4) 所画出的数据流图适用于哪种算法?

5. 下面将给出两个人玩的扑克牌游戏的一种玩法,试设计一个模拟程序,它的基本功能是:

(1) 发两手牌(利用随机数产生器)。

(2) 确定赢者和赢牌的类型。

(3) 模拟 N 次游戏,计算每种类型牌赢或平局的概率。要求用 HIPO 图描绘设计结果并且画出高层控制流程图。

扑克牌游戏规则如下:

(1) 有两个人玩,分别称为 A 和 B。

(2) 一副扑克牌有 52 张牌,4 种花色(方块、梅花、红桃和黑桃),每种花色的牌的点数按升序排列有 2,3,4,…,10,J,Q,K,A 等 13 种。

（3）给每个人发 3 张牌，牌面向上（即，亮牌），赢者立即可以确定。

（4）最高等级的一手牌称为同花，即 3 张牌均为同一种花色，最大的同花牌是同一种花色的 Q、K、A。

（5）第二等级的牌称为顺子，即点数连续的 3 张牌，最大的顺子是花色不同的 Q、K、A。

（6）第三等级的牌是同点，即点数相同的 3 张牌，最大的同点是 A、A、A。

（7）第四等级的牌是对子，即 3 张牌中有两张点数相同，最大的对子是 A、A、K。

（8）第五等级的牌是杂牌，即除去上列 4 等之外的任何一手牌，最大的杂牌是不同花色的 A、K、J。

（9）若两人的牌类型不同，则等级高者胜；若等级相同，则点数高者胜；若点数也相同，则为平局。

第**6**章　详 细 设 计

　　详细设计阶段的根本目标是确定应该怎样具体地实现所要求的系统，也就是说，经过这个阶段的设计工作，应该得出对目标系统的精确描述，从而在编码阶段可以把这个描述直接翻译成用某种程序设计语言书写的程序。

　　详细设计阶段的任务还不是具体地编写程序，而是要设计出程序的"蓝图"，以后程序员将根据这个"蓝图"写出实际的程序代码。因此，详细设计的结果基本上决定了最终的程序代码的质量。考虑程序代码的质量时必须注意，程序的"读者"有两个，那就是计算机和人。在软件的生命周期中，设计测试方案、诊断程序错误、修改和改进程序等都必须首先读懂程序。实际上对于长期使用的软件系统而言，人读程序的时间可能比写程序的时间还要长得多。因此，衡量程序的质量不仅要看它的逻辑是否正确，性能是否满足要求，更主要的是要看它是否容易阅读和理解。详细设计的目标不仅仅是逻辑上正确地实现每个模块的功能，更重要的是设计出的处理过程应该尽可能简明易懂。结构程序设计技术是实现上述目标的关键技术，因此是详细设计的逻辑基础。

6.1　结构程序设计

　　结构程序设计的概念最早由 E. W. Dijkstra 提出。1965 年他在一次会议上指出："可以从高级语言中取消 GO TO 语句"，"程序的质量与程序中所包含的 GO TO 语句的数量成反比"。1966 年 Böhm 和 Jacopini 证明了，只用 3 种基本的控制结构就能实现任何单入口单出口的程序。这 3 种基本的控制结构是"顺序"、"选择"和"循环"，它们的流程图分别为图 6.1(a)，6.1(b) 和 6.1(c)。

　　实际上用顺序结构和循环结构（又称 DO_WHILE 结构）完全可以实现选择结构（又称 IF_THEN_ELSE 结构），因此，理论上最基本的控制结构只有两种。

Böhm 和 Jacopini 的证明给结构程序设计技术奠定了理论基础。

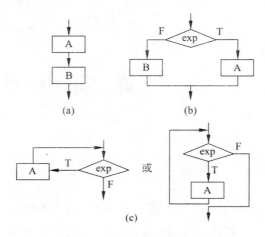

图 6.1　3 种基本的控制结构

(a) 顺序结构,先执行 A 再执行 B；(b) IF_THEN_ELSE 型选择(分支)结构；(c) DO_WHILE 型循环结构

1968 年 Dijkstra 再次建议从一切高级语言中取消 GO TO 语句,只使用 3 种基本控制结构写程序。他的建议引起了激烈争论,经过讨论人们认识到,不是简单地去掉 GO TO 语句的问题,而是要创立一种新的程序设计思想、方法和风格,以显著地提高软件生产率和降低软件维护代价。

1971 年 IBM 公司在纽约时报信息库管理系统的设计中成功地使用了结构程序设计技术,随后在美国宇航局空间实验室飞行模拟系统的设计中,结构程序设计技术再次获得圆满成功。这两个系统都相当庞大,前者包含 83 000 行高级语言源程序,后者包含 40 万行源程序,而且在设计过程中用户需求又曾有过很多改变,然而两个系统的开发工作都按时并且高质量地完成了。这表明,软件生产率比以前提高了一倍,结构程序设计技术成功地经受了实践的检验。

1972 年 IBM 公司的 Mills 进一步提出,程序应该只有一个入口和一个出口,从而补充了结构程序设计的规则。

那么,什么是结构程序设计呢?

结构程序设计的经典定义如下所述:"如果一个程序的代码块仅仅通过顺序、选择和循环这 3 种基本控制结构进行连接,并且每个代码块只有一个入口和一个出口,则称这个程序是结构化的。"

上述经典定义过于狭隘了,结构程序设计本质上并不是无 GO TO 语句的编程方法,而是一种使程序代码容易阅读、容易理解的编程方法。在多数情况下,无 GO TO 语句的代码确实是容易阅读、容易理解的代码,但是,在某些情况下,为了达到容易阅读和容易理解的目的,反而需要使用 GO TO 语句。例如,当出现了错误条件时,重要的是在数据库崩溃或栈溢出之前,尽可能快地从当前程序转到一个出错处理程序,实现这个目标的最好方法就是使用前向 GO TO 语句(或与之等效的专用语句),机械地使用 3 种基本控制结构实现这个目标,反而会使程序晦涩难懂。因此,下述的结构程序设计的定义可能更全面一些："结构程序设计是尽可能少用 GO TO 语句的程序设计方法。最好仅在检测出错误时才使用 GO TO 语句,而且应该总是使用前向 GO TO 语句。"

虽然从理论上说只用上述 3 种基本控制结构就可以实现任何单入口单出口的程序,但是为了实际使用方便起见,常常还允许使用 DO_UNTIL 和 DO_CASE 两种控制结构,它们的流程图分别是图 6.2(a)和图 6.2(b)。

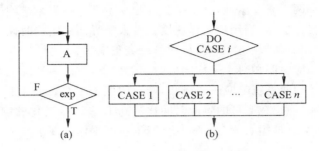

图 6.2　其他常用的控制结构

(a) DO_UNTIL 型循环结构;(b) 多分支结构

有时需要立即从循环(甚至嵌套的循环)中转移出来,如果允许使用 LEAVE(或BREAK)结构,则不仅方便而且会使效率提高很多。LEAVE 或 BREAK 结构实质上是受限制的前向 GO TO 语句,用于转移到循环结构后面的语句。

如果只允许使用顺序、IF_THEN_ELSE 型分支和 DO_WHILE 型循环这 3 种基本控制结构,则称为经典的结构程序设计;如果除了上述 3 种基本控制结构之外,还允许使用 DO_CASE 型多分支结构和 DO_UNTIL 型循环结构,则称为扩展的结构程序设计;如果再允许使用 LEAVE(或 BREAK)结构,则称为修正的结构程序设计。

6.2　人机界面设计

人机界面设计是接口设计的一个重要的组成部分。对于交互式系统来说,人机界面设计和数据设计、体系结构设计及过程设计一样重要。近年来,人机界面在系统中所占的比例越来越大,在个别系统中人机界面的设计工作量甚至占总设计量的一半以上。

人机界面的设计质量,直接影响用户对软件产品的评价,从而影响软件产品的竞争力和寿命,因此,必须对人机界面设计给予足够重视。

6.2.1　设计问题

在设计人机界面的过程中,几乎总会遇到下述 4 个问题:系统响应时间、用户帮助设施、出错信息处理和命令交互。不幸的是,许多设计者直到设计过程后期才开始考虑这些问题,这样做往往导致出现不必要的设计反复、项目延期和用户产生挫折感。最好在设计初期就把这些问题作为重要的设计问题来考虑,这时修改比较容易,代价也低。下面讨论这 4 个设计问题。

1. 系统响应时间

系统响应时间是许多交互式系统用户经常抱怨的问题。一般说来，系统响应时间指从用户完成某个控制动作（例如，按回车键或单击鼠标），到软件给出预期的响应（输出信息或做动作）之间的这段时间。

系统响应时间有两个重要属性，分别是长度和易变性。如果系统响应时间过长，用户就会感到紧张和沮丧。但是，当用户工作速度是由人机界面决定的时候，系统响应时间过短也不好，这会迫使用户加快操作节奏，从而可能会犯错误。

易变性指系统响应时间相对于平均响应时间的偏差，在许多情况下，这是系统响应时间的更重要的属性。即使系统响应时间较长，响应时间易变性低也有助于用户建立起稳定的工作节奏。例如，稳定在 1 秒的响应时间比从 0.1s～2.5s 变化的响应时间要好。用户往往比较敏感，他们总是担心响应时间变化暗示系统工作出现了异常。

2. 用户帮助设施

几乎交互式系统的每个用户都需要帮助，当遇到复杂问题时甚至需要查看用户手册以寻找答案。大多数现代软件都提供联机帮助设施，这使得用户无须离开用户界面就能解决自己的问题。

常见的帮助设施可分为集成的和附加的两类。集成的帮助设施从一开始就设计在软件里面，通常，它对用户工作内容是敏感的，因此用户可以从与刚刚完成的操作有关的主题中选择一个请求帮助。显然，这可以缩短用户获得帮助的时间，增加界面的友好性。附加的帮助设施是在系统建成后再添加到软件中的，在多数情况下它实际上是一种查询能力有限的联机用户手册。人们普遍认为，集成的帮助设施优于附加的帮助设施。

具体设计帮助设施时，必须解决下述的一系列问题。

（1）在用户与系统交互期间，是否在任何时候都能获得关于系统任何功能的帮助信息？有两种选择：提供部分功能的帮助信息和提供全部功能的帮助信息。

（2）用户怎样请求帮助？有 3 种选择：帮助菜单，特殊功能键和 HELP 命令。

（3）怎样显示帮助信息？有 3 种选择：在独立的窗口中，指出参考某个文档（不理想）和在屏幕固定位置显示简短提示。

（4）用户怎样返回到正常的交互方式中？有两种选择：屏幕上的返回按钮和功能键。

（5）怎样组织帮助信息？有 3 种选择：平面结构（所有信息都通过关键字访问），信息的层次结构（用户可在该结构中查到更详细的信息）和超文本结构。

3. 出错信息处理

出错信息和警告信息，是出现问题时交互式系统给出的"坏消息"。出错信息设计得不好，将向用户提供无用的甚至误导的信息，反而会加重用户的挫折感。

一般说来，交互式系统给出的出错信息或警告信息，应该具有下述属性。

（1）信息应该用用户可以理解的术语描述问题。

（2）信息应该提供有助于从错误中恢复的建设性意见。

（3）信息应该指出错误可能导致哪些负面后果（例如，破坏数据文件），以便用户检查是否出现了这些问题，并在确实出现问题时及时解决。

（4）信息应该伴随着听觉上或视觉上的提示，例如，在显示信息时同时发出警告铃声，或者信息用闪烁方式显示，或者信息用明显表示出错的颜色显示。

（5）信息不能带有指责色彩，也就是说，不能责怪用户。

当确实出现了问题的时候，有效的出错信息能提高交互式系统的质量，减轻用户的挫折感。

4. 命令交互

命令行曾经是用户和系统软件交互的最常用的方式，并且也曾经广泛地用于各种应用软件中。现在，面向窗口的、单击和拾取方式的界面已经减少了用户对命令行的依赖，但是，许多高级用户仍然偏爱面向命令行的交互方式。在多数情况下，用户既可以从菜单中选择软件功能，也可以通过键盘命令序列调用软件功能。

在提供命令交互方式时，必须考虑下列设计问题。

（1）是否每个菜单选项都有对应的命令？

（2）采用何种命令形式？有 3 种选择：控制序列（例如，Ctrl＋P），功能键和输入命令。

（3）学习和记忆命令的难度有多大？忘记了命令怎么办？

（4）用户是否可以定制或缩写命令？

在越来越多的应用软件中，人机界面设计者都提供了"命令宏机制"，利用这种机制，用户可以用自己定义的名字代表一个常用的命令序列。需要使用这个命令序列时，用户无须依次输入每个命令，只需输入命令宏的名字就可以顺序执行它所代表的全部命令。

在理想的情况下，所有应用软件都有一致的命令使用方法。如果在一个应用软件中命令 Ctrl＋D 表示复制一个图形对象，而在另一个应用软件中 Ctrl＋D 命令的含义是删除一个图形对象，显然会使用户感到困惑，并且往往会导致用错命令。

6.2.2 设计过程

用户界面设计是一个迭代的过程，也就是说，通常先创建设计模型，再用原型实现这个设计模型，并由用户试用和评估，然后根据用户意见进行修改。为了支持上述迭代过程，各种用于界面设计和原型开发的软件工具应运而生。这些工具被称为用户界面工具箱或用户界面开发系统，它们为简化窗口、菜单、设备交互、出错信息、命令及交互环境的许多其他元素的创建，提供了各种例程或对象。这些工具所提供的功能，既可以用基于语言的方式也可以用基于图形的方式来实现。

一旦建立起用户界面的原型，就必须对它进行评估，以确定其是否满足用户的需求。评估可以是非正式的，例如，用户即兴发表一些反馈意见；评估也可以十分正式，例如，运用统计学方法评价全体终端用户填写的调查表。

用户界面的评估周期如下所述：完成初步设计之后就创建第一级原型；用户试用并评估该原型，直接向设计者表述对界面的评价；设计者根据用户意见修改设计并实现下一级原型。上述评估过程持续进行下去，直到用户感到满意，不需要再修改界面设计时为止。

当然，也可以在创建原型之前就对用户界面的设计质量进行初步评估。如果能及早发现并改正潜在的问题，就可以减少评估周期的执行次数，从而缩短软件的开发时间。在创建了用户界面的设计模型之后，可以运用下述评估标准对设计进行早期复审。

（1）系统及其界面的规格说明书的长度和复杂程度，预示了用户学习使用该系统所需要的工作量。

（2）命令或动作的数量、命令的平均参数个数或动作中单个操作的个数，预示了系统的交互时间和总体效率。

（3）设计模型中包含的动作、命令和系统状态的数量，预示了用户学习使用该系统时需要记忆的内容的多少。

（4）界面风格、帮助设施和出错处理协议，预示了界面的复杂程度及用户接受该界面的程度。

6.2.3　人机界面设计指南

用户界面设计主要依靠设计者的经验。总结众多设计者的经验得出的设计指南，有助于设计者设计出友好、高效的人机界面。下面介绍 3 类人机界面设计指南。

1.　一般交互指南

一般交互指南涉及信息显示、数据输入和系统整体控制，因此，这类指南是全局性的，忽略它们将承担较大风险。下面讲述一般交互指南。

（1）保持一致性。应该为人机界面中的菜单选择、命令输入、数据显示以及众多的其他功能，使用一致的格式。

（2）提供有意义的反馈。应向用户提供视觉的和听觉的反馈，以保证在用户和系统之间建立双向通信。

（3）在执行有较大破坏性的动作之前要求用户确认。如果用户要删除一个文件，或覆盖一些重要信息，或终止一个程序的运行，应该给出"您是否确实要……"的信息，以请求用户确认他的命令。

（4）允许取消绝大多数操作。UNDO 或 REVERSE 功能曾经使众多终端用户避免了大量时间浪费。每个交互式系统都应该能方便地取消已完成的操作。

（5）减少在两次操作之间必须记忆的信息量。不应该期望用户能记住在下一步操作中需使用的一大串数字或标识符。应该尽量减少记忆量。

（6）提高对话、移动和思考的效率。应该尽量减少用户按键的次数，设计屏幕布局时应该考虑尽量减少鼠标移动的距离，应该尽量避免出现用户问"这是什么意思"的情况。

（7）允许犯错误。系统应该能保护自己不受严重错误的破坏。

（8）按功能对动作分类，并据此设计屏幕布局。下拉菜单的一个主要优点就是能按动作类型组织命令。实际上，设计者应该尽力提高命令和动作组织的"内聚性"。

（9）提供对用户工作内容敏感的帮助设施（参见 6.2.1 节）。

（10）用简单动词或动词短语作为命令名。过长的命令名难于识别和记忆，也会占用过多的菜单空间。

2. 信息显示指南

如果人机界面显示的信息是不完整的、含糊的或难于理解的,则该应用系统显然不能满足用户的需求。可以用多种不同方式"显示"信息:用文字、图形和声音;按位置、移动和大小;使用颜色、分辨率和省略。下面是关于信息显示的设计指南。

(1) 只显示与当前工作内容有关的信息。用户在获得有关系统的特定功能的信息时,不必看到与之无关的数据、菜单和图形。

(2) 不要用数据淹没用户,应该用便于用户迅速吸取信息的方式来表示数据。例如,可以用图形或图表来取代庞大的表格。

(3) 使用一致的标记、标准的缩写和可预知的颜色。显示的含义应该非常明确,用户无须参照其他信息源就能理解。

(4) 允许用户保持可视化的语境。如果对所显示的图形进行缩放,原始的图像应该一直显示着(以缩小的形式放在显示屏的一角),以使用户知道当前看到的图像部分在原图中所处的相对位置。

(5) 产生有意义的出错信息(参见 6.2.1 节)。

(6) 使用大小写、缩进和文本分组以帮助理解。人机界面显示的信息大部分是文字,文字的布局和形式对用户从中提取信息的难易程度有很大影响。

(7) 使用窗口分隔不同类型的信息。利用窗口用户能够方便地"保存"多种不同类型的信息。

(8) 使用"模拟"显示方式表示信息,以使信息更容易被用户提取。例如,显示炼油厂储油罐的压力时,如果简单地用数字表示压力,则不易引起用户的注意。但是,如果用类似温度计的形式来表示压力,用垂直移动和颜色变化来指示危险的压力状况,就容易引起用户的警觉,因为这样做为用户提供了绝对和相对两方面的信息。

(9) 高效率地使用显示屏。当使用多个窗口时,应该有足够的空间使得每个窗口至少都能显示出一部分。此外,屏幕大小应该选得和应用系统的类型相配套(这实际上是一个系统工程问题)。

3. 数据输入指南

用户的大部分时间用在选择命令、输入数据和向系统提供输入。在许多应用系统中,键盘仍然是主要的输入介质,但是,鼠标、数字化仪和语音识别系统正迅速地成为重要的输入手段。下面是关于数据输入的设计指南。

(1) 尽量减少用户的输入动作。最重要的是减少击键次数,这可以用下列方法实现:用鼠标从预定义的一组输入中选一个;用"滑动标尺"在给定的值域中指定输入值;利用宏把一次击键转变成更复杂的输入数据集合。

(2) 保持信息显示和数据输入之间的一致性。显示的视觉特征(例如,文字大小、颜色和位置)应该与输入域一致。

(3) 允许用户自定义输入。专家级的用户可能希望定义自己专用的命令或略去某些类型的警告信息和动作确认，人机界面应该为用户提供这样做的机制。

（4）交互应该是灵活的，并且可调整成用户最喜欢的输入方式。用户类型与喜好的输入方式有关，例如，秘书可能非常喜欢键盘输入，而经理可能更喜欢使用鼠标之类的点击设备。

（5）使在当前动作语境中不适用的命令不起作用。这可使得用户不去做那些肯定会导致错误的动作。

（6）让用户控制交互流。用户应该能够跳过不必要的动作，改变所需做的动作的顺序（在应用环境允许的前提下），以及在不退出程序的情况下从错误状态中恢复正常。

（7）对所有输入动作都提供帮助（参见 6.2.1 节）。

（8）消除冗余的输入。除非可能发生误解，否则不要要求用户指定输入数据的单位；尽可能提供默认值；绝对不要要求用户提供程序可以自动获得或计算出来的信息。

6.3 过程设计的工具

描述程序处理过程的工具称为过程设计的工具，它们可以分为图形、表格和语言 3 类。不论是哪类工具，对它们的基本要求都是能提供对设计的无歧义的描述，也就是应该能指明控制流程、处理功能、数据组织以及其他方面的实现细节，从而在编码阶段能把对设计的描述直接翻译成程序代码。

6.3.1 程序流程图

程序流程图又称为程序框图，它是历史最悠久、使用最广泛的描述过程设计的方法，然而它也是用得最混乱的一种方法。

在 6.1 节中已经用程序流程图描绘了一些常用的控制结构，相信读者对程序流程图中使用的基本符号已经有了一些了解。图 6.3 中列出了程序流程图中使用的各种符号。

从 20 世纪 40 年代末到 70 年代中期，程序流程图一直是软件设计的主要工具。它的主要优点是对控制流程的描绘很直观，便于初学者掌握。由于程序流程图历史悠久，为最广泛的人所熟悉，尽管它有种种缺点，许多人建议停止使用它，但至今仍在广泛使用着。不过总的趋势是越来越多的人不再使用程序流程图了。

程序流程图的主要缺点如下。

（1）程序流程图本质上不是逐步求精的好工具，它诱使程序员过早地考虑程序的控制流程，而不去考虑程序的全局结构。

（2）程序流程图用箭头代表控制流，因此程序员不受任何约束，可以完全不顾结构程序设计的精神，随意转移控制。

（3）程序流程图不易表示数据结构。

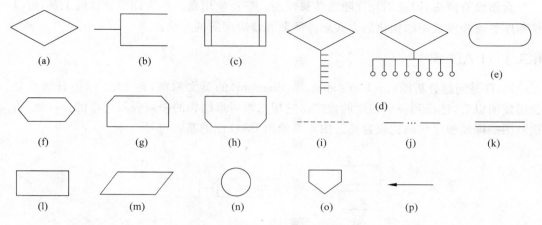

图 6.3　程序流程图中使用的符号

(a) 选择(分支)；(b) 注释；(c) 预先定义的处理；(d) 多分支；(e) 开始或停止；(f) 准备；

(g) 循环上界限；(h) 循环下界限；(i) 虚线；(j) 省略符；(k) 并行方式；(l) 处理；

(m) 输入输出；(n) 连接；(o) 换页连接；(p) 控制流

6.3.2　盒图

出于要有一种不允许违背结构程序设计精神的图形工具的考虑，Nassi 和 Shneiderman 提出了盒图，又称为 N-S 图。它有下述特点。

(1) 功能域(即一个特定控制结构的作用域)明确，可以从盒图上一眼就看出来。

(2) 不可能任意转移控制。

(3) 很容易确定局部和全程数据的作用域。

(4) 很容易表现嵌套关系，也可以表示模块的层次结构。

图 6.4 给出了结构化控制结构的盒图表示，也给出了调用子程序的盒图表示方法。

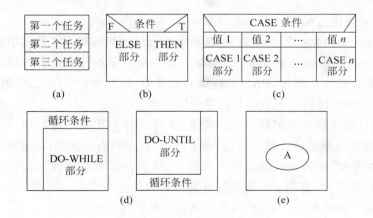

图 6.4　盒图的基本符号

(a) 顺序；(b) IF_THEN_ELSE 型分支；(c) CASE 型多分支；(d) 循环；(e) 调用子程序 A

盒图没有箭头，因此不允许随意转移控制。坚持使用盒图作为详细设计的工具，可以使程序员逐步养成用结构化的方式思考问题和解决问题的习惯。

6.3.3　PAD 图

PAD 是问题分析图（problem analysis diagram）的英文缩写，自 1973 年由日本日立公司发明以后，已得到一定程度的推广。它用二维树形结构的图来表示程序的控制流，将这种图翻译成程序代码比较容易。图 6.5 给出 PAD 图的基本符号。

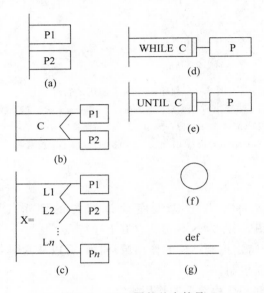

图 6.5　PAD 图的基本符号

(a) 顺序（先执行 P1 后执行 P2）；(b) 选择（IF C THEN P1 ELSE P2）；(c) CASE 型多分支；
(d) WHILE 型循环（WHILE C DO P）；(e) UNTIL 型循环（REPEAT P UNTIL C）；(f) 语句标号；(g) 定义

PAD 图的主要优点如下：

(1) 使用表示结构化控制结构的 PAD 符号所设计出来的程序必然是结构化程序。

(2) PAD 图所描绘的程序结构十分清晰。图中最左面的竖线是程序的主线，即第一层结构。随着程序层次的增加，PAD 图逐渐向右延伸，每增加一个层次，图形向右扩展一条竖线。PAD 图中竖线的总条数就是程序的层次数。

(3) 用 PAD 图表现程序逻辑，易读、易懂、易记。PAD 图是二维树形结构的图形，程序从图中最左竖线上端的结点开始执行，自上而下，从左向右顺序执行，遍历所有结点。

(4) 容易将 PAD 图转换成高级语言源程序，这种转换可用软件工具自动完成，从而可省去人工编码的工作，有利于提高软件可靠性和软件生产率。

(5) 即可用于表示程序逻辑，也可用于描绘数据结构。

(6) PAD 图的符号支持自顶向下、逐步求精方法的使用。开始时设计者可以定义一个抽象的程序，随着设计工作的深入而使用 def 符号逐步增加细节，直至完成详细设计，如图 6.6 所示。

- 形象直观可读性好。
- 既能表示数据结构也能表示程序结构(因为结构程序设计也只使用上述 3 种基本控制结构)。

图 6.10 A 由 B 出现 N 次($N \geqslant 0$)组成
(注意,在 B 的右上角有星号标记)

6.4.2 改进的 Jackson 图

上一小节介绍的 Jackson 图的缺点是,用这种图形工具表示选择或重复结构时,选择条件或循环结束条件不能直接在图上表示出来,影响了图的表达能力,也不易直接把图翻译成程序,此外,框间连线为斜线,不易在行式打印机上输出。为了解决上述问题,本书建议使用图 6.11 中给出的改进的 Jackson 图。

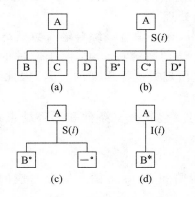

图 6.11 改进的 Jackson 图

(a) 顺序结构,B、C、D 中任一个都不能是选择出现或重复出现的数据元素(即不能是右上角有小圆圈或星号标记的元素);

(b) 选择结构,S 右面括号中的数字 i 是分支条件的编号;

(c) 可选结构,A 或者是元素 B 或者不出现(可选结构是选择结构的一种常见的特殊形式);

(d) 重复结构,循环结束条件的编号为 i。

Jackson 图实质上是对第 3.7 节中介绍的层次方框图的一种精化。读者需要注意的是,虽然 Jackson 图和描绘软件结构的层次图形式相当类似,但是含义却很不相同,即层次图中的一个方框通常代表一个模块;而 Jackson 图即使在描绘程序结构时,一个方框也并不代表一个模块,通常一个方框只代表几个语句。层次图表现的是调用关系,通常一个模块除了调用下级模块外,还完成其他操作;而 Jackson 图表现的是组成关系,也就是说,一个方框中包括的操作仅仅由它下层框中的那些操作组成。

6.4.3 Jackson 方法

Jackson 结构程序设计方法基本上由下述 5 个步骤组成。

（1）分析并确定输入数据和输出数据的逻辑结构，并用 Jackson 图描绘这些数据结构。

（2）找出输入数据结构和输出数据结构中有对应关系的数据单元。所谓有对应关系是指有直接的因果关系，在程序中可以同时处理的数据单元（对于重复出现的数据单元，重复的次序和次数必须都相同才可能有对应关系）。

（3）用下述 3 条规则从描绘数据结构的 Jackson 图导出描绘程序结构的 Jackson 图。

① 为每对有对应关系的数据单元，按照它们在数据结构图中的层次在程序结构图的相应层次画一个处理框（注意，如果这对数据单元在输入数据结构和输出数据结构中所处的层次不同，则和它们对应的处理框在程序结构图中所处的层次与它们之中在数据结构图中层次低的那个对应）。

② 根据输入数据结构中剩余的每个数据单元所处的层次，在程序结构图的相应层次分别为它们画上对应的处理框。

③ 根据输出数据结构中剩余的每个数据单元所处的层次，在程序结构图的相应层次分别为它们画上对应的处理框。

总之，描绘程序结构的 Jackson 图应该综合输入数据结构和输出数据结构的层次关系而导出来。在导出程序结构图的过程中，由于改进的 Jackson 图规定在构成顺序结构的元素中不能有重复出现或选择出现的元素，因此可能需要增加中间层次的处理框。

（4）列出所有操作和条件（包括分支条件和循环结束条件），并且把它们分配到程序结构图的适当位置。

（5）用伪码表示程序。

Jackson 方法中使用的伪码和 Jackson 图是完全对应的，下面是和 3 种基本结构对应的伪码。

和图 6.11(a)所示的顺序结构对应的伪码，其中 seq 和 end 是关键字：

A seq
  B
  C
  D
A end

和图 6.11(b)所示的选择结构对应的伪码，其中 select、or 和 end 是关键字，cond1、cond2 和 cond3 分别是执行 B、C 或 D 的条件：

A select cond1
  B

A or cond2

 C

A or cond3

 D

A end

和图 6.11(d)所示的重复结构对应的伪码,其中 iter、until、while 和 end 是关键字(重复结构有 until 和 while 两种形式),cond 是条件:

A iter until(或 while) cond

 B

A end

下面结合一个具体例子进一步说明 Jackson 结构程序设计方法。

〔例〕　一个正文文件由若干个记录组成,每个记录是一个字符串。要求统计每个记录中空格字符的个数,以及文件中空格字符的总个数。要求的输出数据格式是,每复制一行输入字符串之后,另起一行印出这个字符串中的空格数,最后印出文件中空格的总个数。

对于这个简单例子而言,输入和输出数据的结构很容易确定。图 6.12 是用 Jackson 图描绘的输入输出数据结构。

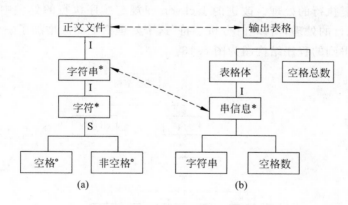

图 6.12　表示输入输出数据结构的 Jackson 图
(a) 输入数据结构;(b) 输出数据结构

确定了输入输出数据结构之后,第二步是分析确定在输入数据结构和输出数据结构中有对应关系的数据单元。在这个例子中哪些数据单元有对应关系呢?输出数据总是通过对输入数据的处理而得到的,因此在输入输出数据结构最高层次的两个单元(在这个例子中是"正文文件"和"输出表格")总是有对应关系的。这一对单元将和程序结构图中最顶层的方框(代表程序)相对应,也就是说经过程序的处理由正文文件得到输出表格。下面还有哪些有对应关系的单元呢?因为每处理输入数据中一个"字符串"之后,就可以得到输出数据中一个"串信息",它们都是重复出现的数据单元,而且出现次序和重复次数都完全相同,因此,"字符串"和"串信息"也是一对有对应关系的单元。

还有其他有对应关系的单元吗？为了回答这个问题，依次考察输入数据结构中余下的每个数据单元。"字符"不可能和多个字符组成的"字符串"对应，和输出数据结构中其他数据单元也不能对应。"空格"能和"空格数"对应吗？显然，单个空格并不能决定一个记录中包含的空格个数，因此没有对应关系。通过类似的考察发现，输入数据结构中余下的任何一个单元在输出数据结构中都找不到对应的单元，也就是说，在这个例子中输入输出数据结构中只有上述两对有对应关系的单元。在图6.12中用一对虚线箭头把有对应关系的数据单元连接起来，以突出表明这种对应关系。

Jackson程序设计方法的第三步是从数据结构图导出程序结构图。按照前面已经讲述过的规则，这个步骤的大致过程如下：

首先，在描绘程序结构的Jackson图的最顶层画一个处理框"统计空格"，它与"正文文件"和"输出表格"这对最顶层的数据单元相对应。但是接下来还不能立即画与另一对数据单元（"字符串"和"串信息"）相对应的处理框，因为在输出数据结构中"串信息"的上层还有"表格体"和"空格总数"两个数据单元，在程序结构图的第二层应该有与这两个单元对应的处理框——"程序体"和"印总数"。因此，在程序结构图的第三层才是与"字符串"和"串信息"相对应的处理框——"处理字符串"。在程序结构图的第四层似乎应该是和"字符串"、"字符"及"空格数"等数据单元对应的处理框"印字符串"、"分析字符"及"印空格数"，这3个处理是顺序执行的。但是，"字符"是重复出现的数据单元，因此"分析字符"也应该是重复执行的处理。改进的Jackson图规定顺序执行的处理中不允许混有重复执行或选择执行的处理，所以在"分析字符"这个处理框上面又增加了一个处理框"分析字符串"。最后得到的程序结构图为图6.13。

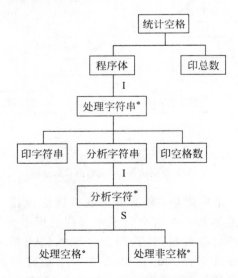

图6.13 描绘统计空格程序结构的Jackson图

Jackson程序设计方法的第四步是列出所有操作和条件，并且把它们分配到程序结构图的适当位置。首先，列出统计空格个数需要的全部操作和条件如下：

(1) 停止　　　　　　　　　　　(2) 打开文件

(3) 关闭文件　　　　　　　　　(4) 印出字符串

(5) 印出空格数目　　　　　　　(6) 印出空格总数

(7) sum ≔ sum＋1　　　　　　(8) totalsum ≔ totalsum＋sum

(9) 读入字符串　　　　　　　　(10) sum ≔ 0

(11) totalsum ≔ 0　　　　　　(12) pointer ≔ 1

(13) pointer ≔ pointer＋1　　 I(1) 文件结束

I(2) 字符串结束　　　　　　　　S(3) 字符是空格

在上面的操作表中，sum 是保存空格个数的变量，totalsum 是保存空格总数的变量，而 pointer 是用来指示当前分析的字符在字符串中的位置的变量。

经过简单分析不难把这些操作和条件分配到程序结构图的适当位置，结果为图 6.14。

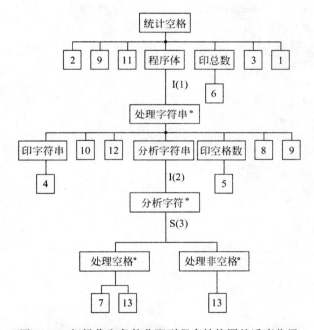

图 6.14 把操作和条件分配到程序结构图的适当位置

Jackson 方法的最后一步是用伪码表示程序处理过程。因为 Jackson 使用的伪码和 Jackson 图之间存在简单的对应关系，所以从图 6.14 很容易得出下面的伪码：

```
统计空格 seq
    打开文件
    读入字符串
    totalsum ≔ 0
    程序体 iter until 文件结束
      处理字符串 seq
```

```
        印字符串 seq
          印出字符串
        印字符串 end
        sum := 0
        pointer := 1
        分析字符串 iter until 字符串结束
          分析字符 select 字符是空格
            处理空格 seq
              sum := sum＋1
              pointer := pointer＋1
            处理空格 end
          分析字符 or 字符不是空格
            处理非空格 seq
              pointer := pointer＋1
            处理非空格 end
          分析字符 end
        分析字符串 end
        印空格数 seq
            印出空格数目
        印空格数 end
        totalsum := totalsum＋sum
        读入字符串
      处理字符串 end
    程序体 end
    印总数 seq
      印出空格总数
    印总数 end
    关闭文件
    停止
  统计空格 end
```

以上简单介绍了由英国人 M. Jackson 提出的结构程序设计方法。这个方法在设计比较简单的数据处理系统时特别方便，当设计比较复杂的程序时常常遇到输入数据可能有错、条件不能预先测试、数据结构冲突等问题。为了克服上述困难，把 Jackson 方法应用到更广阔的领域，需要采用一系列比较复杂的辅助技术，详细介绍这些技术已经超出本书的范围。

6.5 程序复杂程度的定量度量

详细设计阶段设计出的模块质量如何呢？第 5 章中曾经讲述了软件设计的基本原理和概念，经过详细设计之后每个模块的内容都非常具体了，因此可以使用这些原理进一步仔细衡量它们的质量。但是,这种衡量毕竟只能是定性的,人们希望能进一步定量度量软件的性质。由于软件工程还是一门很年轻的学科,目前许多定量度量方法还处在研究过程中,本节将要介绍的程序复杂程度定量度量方法是其中比较成熟的一种。

定量度量程序复杂程度的方法很有价值:把程序的复杂程度乘以适当常数即可估算出软件中错误的数量以及软件开发需要用的工作量,定量度量的结果可以用来比较两个不同的设计或两个不同算法的优劣;程序的定量的复杂程度可以作为模块规模的精确限度。

下面着重介绍使用得比较广泛的 McCabe 方法和 Halstead 方法。

6.5.1 McCabe 方法

1. 流图

McCabe 方法根据程序控制流的复杂程度定量度量程序的复杂程度,这样度量出的结果称为程序的环形复杂度。

为了突出表示程序的控制流,人们通常使用流图(也称为程序图)。所谓流图实质上是"退化了的"程序流程图,它仅仅描绘程序的控制流程,完全不表现对数据的具体操作以及分支或循环的具体条件。

在流图中用圆表示结点,一个圆代表一条或多条语句。程序流程图中的一个顺序的处理框序列和一个菱形判定框,可以映射成流图中的一个结点。流图中的箭头线称为边,它和程序流程图中的箭头线类似,代表控制流。在流图中一条边必须终止于一个结点,即使这个结点并不代表任何语句(实际上相当于一个空语句)。由边和结点围成的面积称为区域,当计算区域数时应该包括图外部未被围起来的那个区域。

图 6.15 举例说明把程序流程图映射成流图的方法。

用任何方法表示的过程设计结果,都可以翻译成流图。图 6.16 是用 PDL 表示的处理过程及与之对应的流图。

当过程设计中包含复合条件时,生成流图的方法稍微复杂一些。所谓复合条件,就是在条件中包含了一个或多个布尔运算符(逻辑 OR,AND,NAND,NOR)。在这种情况下,应该把复合条件分解为若干个简单条件,每个简单条件对应流图中一个结点。包含条件的结点称为判定节点,从每个判定结点引出两条或多条边。图 6.17 是由包含复合条件的 PDL 片断翻译成的流图。

2. 计算环形复杂度的方法

环形复杂度定量度量程序的逻辑复杂度。有了描绘程序控制流的流图之后,可以用下述 3 种方法中的任何一种来计算环形复杂度。

(1) 流图中线性无关的区域数等于环形复杂度。

(2) 流图 G 的环形复杂度 $V(G) = E - N + 2$,其中,E 是流图中边的条数,N 是结点数。

(3) 流图 G 的环形复杂度 $V(G) = P + 1$,其中,P 是流图中判定结点的数目。

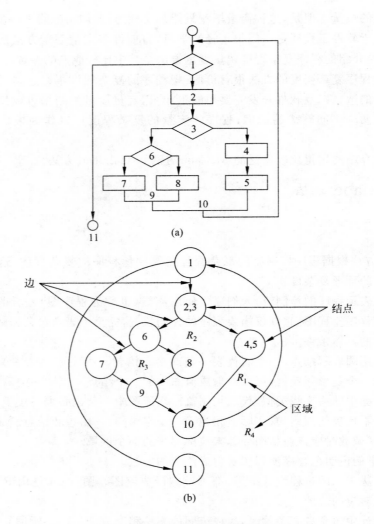

图 6.15　把程序流程图映射成流图
(a) 程序流程图；(b) 流图

例如，使用上述任何一种方法，都可以计算出图 6.16 所示流图的环形复杂度为 4。

3. 环形复杂度的用途

程序的环形复杂度取决于程序控制流的复杂程度，即取决于程序结构的复杂程度。当程序内分支数或循环个数增加时，环形复杂度也随之增加，因此它是对测试难度的一种定量度量，也能对软件最终的可靠性给出某种预测。

McCabe 研究大量程序后发现，环形复杂度高的程序往往是最困难、最容易出问题的程序。实践表明，模块规模以 $V(G) \leqslant 10$ 为宜，也就是说，$V(G) = 10$ 是模块规模的一个更科学更精确的上限。

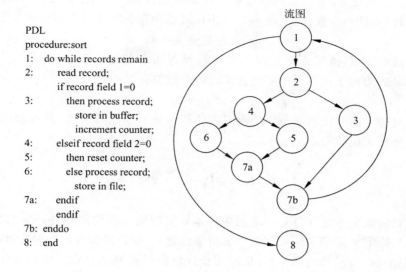

```
PDL
procedure:sort
1:   do while records remain
2:       read record;
         if record field 1=0
3:           then process record;
             store in buffer;
             incremert counter;
4:       elseif record field 2=0
5:           then reset counter;
6:           else process record;
             store in file;
7a:      endif
         endif
7b: enddo
8:   end
```

图 6.16　由 PDL 翻译成的流图

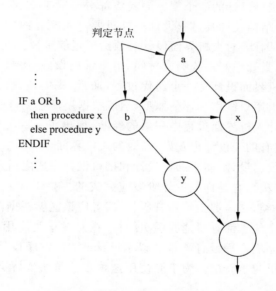

图 6.17　由包含复合条件的 PDL 映射成的流图

6.5.2　Halstead 方法

Halstead 方法是另一个著名的方法，它根据程序中运算符和操作数的总数来度量程序的复杂程度。

令 N_1 为程序中运算符出现的总次数，N_2 为操作数出现的总次数，程序长度 N 定义为：

$$N = N_1 + N_2$$

　　详细设计完成之后，可以知道程序中使用的不同运算符（包括关键字）的个数 n_1，以及不同操作数（变量和常数）的个数 n_2。Halstead 给出预测程序长度的公式如下：

$$H = n_1 \log_2 n_1 + n_2 \log_2 n_2$$

多次验证都表明，预测的长度 H 与实际长度 N 非常接近。

Halstead 还给出了预测程序中包含错误的个数的公式如下：

$$E = N \log_2(n_1 + n_2)/3\,000$$

有人曾对 300 条～12 000 条语句范围内的程序核实了上述公式，发现预测的错误数与实际错误数相比误差在 8% 之内。

6.6　小　　结

　　详细设计阶段的关键任务是确定怎样具体地实现用户需要的软件系统，也就是要设计出程序的"蓝图"。除了应该保证软件的可靠性之外，使将来编写出的程序可读性好、容易理解、容易测试、容易修改和维护，是详细设计阶段最重要的目标。结构程序设计技术是实现上述目标的基本保证，是进行详细设计的逻辑基础。

　　人机界面设计是接口设计的一个重要的组成部分。对于交互式系统来说，人机界面设计和数据设计、体系结构设计及过程设计一样重要。人机界面的质量直接影响用户对软件产品的接受程度，因此，对人机界面设计必须给予足够重视。在设计人机界面的过程中，必须充分重视并认真处理好系统响应时间、用户帮助设施、出错信息处理和命令交互这 4 个设计问题。人机界面设计是一个迭代过程，通常，先创建设计模型，接下来用原型实现这个设计模型并由用户试用和评估原型，然后根据用户意见修改原型，直到用户满意为止。总结人们在设计人机界面过程中积累的经验，得出了一些关于用户界面设计的指南，认真遵守这些指南有助于设计出友好、高效的人机界面。

　　过程设计应该在数据设计、体系结构设计和接口设计完成之后进行，它的任务是设计解题的详细步骤（即算法），它是详细设计阶段应完成的主要工作。过程设计的工具可分为图形、表格和语言 3 类，这 3 类工具各有所长，读者应该能够根据需要选用适当的工具。

　　在许多应用领域中信息都有清楚的层次结构，在开发这类应用系统时可以采用面向数据结构的设计方法完成过程设计。本章以 Jackson 结构程序设计技术为例，对面向数据结构的设计方法做了初步介绍。为了能使用这种方法解决实际问题，还需要进一步钻研有关的专著。

　　使用环形复杂度可以定量度量程序的复杂程度，实践表明，环形复杂度 $V(G)=10$ 是模块规模的合理上限。

习　题　6

　　1. 假设只有 SEQUENCE 和 DO_WHILE 两种控制结构，怎样利用它们完成IF_THEN_ELSE 操作？

　　2. 假设只允许使用 SEQUENCE 和 IF_THEN_ELSE 两种控制结构，怎样利用它们完成 DO_WHILE 操作？

3. 画出下列伪码程序的程序流程图和盒图：

```
START
IF  p  THEN
            WHILE  q  DO
                        f
            END DO
      ELSE
          BLOCK
              g
              n
          END BLOCK
END IF
STOP
```

4. 图 6.18 给出的程序流程图代表一个非结构化的程序，问：

（1）为什么说它是非结构化的？

（2）设计一个等价的结构化程序。

（3）在（2）题的设计中使用附加的标志变量 flag 了吗？ 若没用，再设计一个使用 flag 的程序；若用了，再设计一个不用 flag 的程序。

5. 研究下面的伪码程序：

```
LOOP：Set I to (START＋FINISH)/2
        If TABLE(I)＝ITEM goto FOUND
        If TABLE(I)＜ITEM Set START to (I＋1)
        If TABLE(I)＞ITEM Set FINISH to (I－1)
        If (FINISH－START)＞1 goto LOOP
        If TABLE(START)＝ITEM goto FOUND
        If TABLE (FINISH)＝ITEM goto FOUND
        Set FLAG to 0
        Goto DONE
FOUND：Set FLAG to 1
DONE：Exit
```

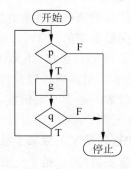

图 6.18　一个非结构化程序

要求：

（1）画出程序流程图。

（2）程序是结构化的吗？ 说明理由。

（3）若程序是非结构化的，设计一个等价的结构化程序并且画出程序流程图。

（4）此程序的功能是什么？ 它完成预定功能有什么隐含的前提条件吗？

6. 用 Ashcroft_Manna 技术可以将非结构化的程序转换为结构化程序，图 6.19 是一个转换的例子。

（1）能否从这个例子总结出 Ashcroft_Manna 技术的一些基本方法？

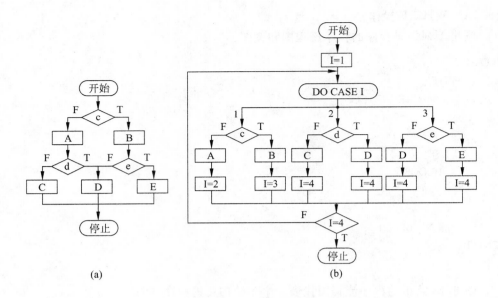

图 6.19　用 Ashcroft-Manna 技术的例子

(a) 非结构化设计；(b) 转换成的等价的结构化设计

(2) 进一步简化图 6.19(b)给出的结构化设计。

7. 某交易所规定给经纪人的手续费计算方法如下：总手续费等于基本手续费加上与交易中的每股价格和股数有关的附加手续费。如果交易总金额少于 1 000 元，则基本手续费为交易金额的 8.4%；如果交易总金额在 1 000 元～10 000 元之间，则基本手续费为交易金额的 5%，再加 34 元；如果交易总金额超过 10 000 元，则基本手续费为交易金额的 4%加上 134 元。当每股售价低于 14 元时，附加手续费为基本手续费的 5%，除非买进、卖出的股数不是 100 的倍数，在这种情况下附加手续费为基本手续费的 9%。当每股售价在 14 元到 25 元之间时，附加手续费为基本手续费的 2%，除非交易的股数不是 100 的倍数，在这种情况下附加手续费为基本手续费的 6%。当每股售价超过 25 元时，如果交易的股数零散（即不是 100 的倍数），则附加手续费为基本手续费的 4%，否则附加手续费为基本手续费的 1%。

要求：

(1) 用判定表表示手续费的计算方法。

(2) 用判定树表示手续费的计算方法。

8. 画出下列伪码程序的流图，计算它的环形复杂度。这个程序的逻辑有什么问题吗？

```
C     EXAMPLE
LOOP:DO WHILE Z>0
      A=B+1
      IF  A>10
         THEN X=A
```

```
        ELSE Y=Z
END IF
IF  Y<5
    THEN PRINT X,Y
    ELSE IF Y=2
            THEN GOTO LOOP
            ELSE C=3
            END IF
END IF
G=H+R
END DO
IF F>0
   THEN PRINT G
   ELSE PRINT K
END IF
STOP
```

9. 把统计空格程序的 Jackson 图(图 6.13)改画为等价的程序流程图和盒图。

10. 人机对话由操作员信息和系统信息交替组成。假设一段对话总是由操作员信息开始以系统信息结束,用 Jackson 图描绘这样的人机对话过程。

第 **7** 章　　　实　　现

通常把编码和测试统称为实现。

所谓编码就是把软件设计结果翻译成用某种程序设计语言书写的程序。作为软件工程过程的一个阶段,编码是对设计的进一步具体化,因此,程序的质量主要取决于软件设计的质量。但是,所选用的程序设计语言的特点及编码风格也将对程序的可靠性、可读性、可测试性和可维护性产生深远的影响。

无论怎样强调软件测试的重要性和它对软件可靠性的影响都不过分。在开发大型软件系统的漫长过程中,面对着极其错综复杂的问题,人的主观认识不可能完全符合客观现实,与工程密切相关的各类人员之间的通信和配合也不可能完美无缺,因此,在软件生命周期的每个阶段都不可避免地会产生差错。人们力求在每个阶段结束之前通过严格的技术审查,尽可能早地发现并纠正差错;但是,经验表明审查并不能发现所有差错,此外在编码过程中还不可避免地会引入新的错误。如果在软件投入生产性运行之前,没有发现并纠正软件中的大部分差错,则这些差错迟早会在生产过程中暴露出来,那时不仅改正这些错误的代价更高,而且往往会造成很恶劣的后果。测试的目的就是在软件投入生产性运行之前,尽可能多地发现软件中的错误。目前软件测试仍然是保证软件质量的关键步骤,它是对软件规格说明、设计和编码的最后复审。

软件测试在软件生命周期中横跨两个阶段。通常在编写出每个模块之后就对它做必要的测试(称为单元测试),模块的编写者和测试者是同一个人,编码和单元测试属于软件生命周期的同一个阶段。在这个阶段结束之后,对软件系统还应该进行各种综合测试,这是软件生命周期中的另一个独立的阶段,通常由专门的测试人员承担这项工作。

大量统计资料表明,软件测试的工作量往往占软件开发总工作量的40%以上,在极端情况,测试那种关系人的生命安全的软件所花费的成本,可能相当于软件工程其他开发步骤总成本的3~5倍。因此,必须高度重视软件测试工作,绝不要以为写出程序之后软件开发工作就接近完成了,实际上，大约还有同样多的开发工作量需要完成。

仅就测试而言，它的目标是发现软件中的错误，但是，发现错误并不是最终目的。软件工程的根本目标是开发出高质量的完全符合用户需要的软件，因此，通过测试发现错误之后还必须诊断并改正错误，这就是调试的目的。调试是测试阶段最困难的工作。

在对测试结果进行收集和评价的时候，软件所达到的可靠性也开始明朗了。软件可靠性模型使用故障率数据，估计软件将来出现故障的情况并预测软件的可靠性。

7.1 编　　码

7.1.1 选择程序设计语言

程序设计语言是人和计算机通信的最基本的工具，它的特点必然会影响人的思维和解题方式，会影响人和计算机通信的方式和质量，也会影响其他人阅读和理解程序的难易程度。因此，编码之前的一项重要工作就是选择一种适当的程序设计语言。

适宜的程序设计语言能使根据设计去完成编码时困难最少，可以减少需要的程序测试量，并且可以得出更容易阅读和更容易维护的程序。由于软件系统的绝大部分成本用在生命周期的测试和维护阶段，所以容易测试和容易维护是极端重要的。

使用汇编语言编码需要把软件设计翻译成机器操作的序列，由于这两种表示方法很不相同，因此汇编程序设计既困难又容易出差错。一般说来，高级语言的源程序语句和汇编代码指令之间有一句对多句的对应关系。统计资料表明，程序员在相同时间内可以写出的高级语言语句数和汇编语言指令数大体相同，因此用高级语言写程序比用汇编语言写程序生产率可以提高好几倍。高级语言一般都容许用户给程序变量和子程序赋予含义鲜明的名字，通过名字很容易把程序对象和它们所代表的实体联系起来；此外，高级语言使用的符号和概念更符合人的习惯。因此，用高级语言写的程序容易阅读、容易测试、容易调试、容易维护。

总地来说，高级语言明显优于汇编语言，因此，除了在很特殊的应用领域（例如，对程序执行时间和使用的空间都有很严格限制的情况；需要产生任意的甚至非法的指令序列；体系结构特殊的微处理机，以致在这类机器上通常不能实现高级语言编译程序），或者大型系统中执行时间非常关键的（或直接依赖于硬件的）一小部分代码需要用汇编语言书写之外，其他程序应该一律用高级语言书写。

为了使程序容易测试和维护以减少软件的总成本，所选用的高级语言应该有理想的模块化机制，以及可读性好的控制结构和数据结构；为了便于调试和提高软件可靠性，语言特点应该使编译程序能够尽可能多地发现程序中的错误；为了降低软件开发和维护的成本，选用的高级语言应该有良好的独立编译机制。

上述这些要求是选择程序设计语言的理想标准，但是，在实际选择语言时不能仅仅使用理论上的标准，还必须同时考虑实用方面的各种限制。下面是主要的实用标准。

（1）系统用户的要求。如果所开发的系统由用户负责维护，用户通常要求用他们熟悉的语言书写程序。

（2）可以使用的编译程序。运行目标系统的环境中可以提供的编译程序往往限制了可以选用的语言的范围。

（3）可以得到的软件工具。如果某种语言有支持程序开发的软件工具可以利用，则目标系统的实现和验证都变得比较容易。

（4）工程规模。如果工程规模很庞大，现有的语言又不完全适用，那么设计并实现一种供这个工程项目专用的程序设计语言，可能是一个正确的选择。

（5）程序员的知识。虽然对于有经验的程序员来说，学习一种新语言并不困难，但是要完全掌握一种新语言却需要实践。如果和其他标准不矛盾，那么应该选择一种已经为程序员所熟悉的语言。

（6）软件可移植性要求。如果目标系统将在几台不同的计算机上运行，或者预期的使用寿命很长，那么选择一种标准化程度高、程序可移植性好的语言就是很重要的。

（7）软件的应用领域。所谓的通用程序设计语言实际上并不是对所有应用领域都同样适用，例如，FORTRAN 语言特别适合于工程和科学计算，COBOL 语言适合于商业领域应用，C 语言和 Ada 语言适用于系统和实时应用领域，LISP 语言适用于组合问题领域，PROLOG 语言适于表达知识和推理。因此，选择语言时应该充分考虑目标系统的应用范围。

7.1.2　编码风格

源程序代码的逻辑简明清晰、易读易懂是好程序的一个重要标准，为了做到这一点，应该遵循下述规则。

1. 程序内部的文档

所谓程序内部的文档包括恰当的标识符、适当的注解和程序的视觉组织等。

选取含义鲜明的名字，使它能正确地提示程序对象所代表的实体，这对于帮助阅读者理解程序是很重要的。如果使用缩写，那么缩写规则应该一致，并且应该给每个名字加注解。

注解是程序员和程序读者通信的重要手段，正确的注解非常有助于对程序的理解。通常在每个模块开始处有一段序言性的注解，简要描述模块的功能、主要算法、接口特点、重要数据以及开发简史。插在程序中间与一段程序代码有关的注解，主要解释包含这段代码的必要性。对于用高级语言书写的源程序，不需要用注解的形式把每个语句翻译成自然语言，应该利用注解提供一些额外的信息。应该用空格或空行清楚地区分注解和程序。注解的内容一定要正确，错误的注解不仅对理解程序毫无帮助，反而会妨碍对程序的理解。

程序清单的布局对于程序的可读性也有很大影响，应该利用适当的阶梯形式使程序的层次结构清晰明显。

2. 数据说明

虽然在设计期间已经确定了数据结构的组织和复杂程度，然而数据说明的风格却是在写程序时确定的。为了使数据更容易理解和维护，有一些比较简单的原则应该遵循。

数据说明的次序应该标准化（例如按照数据结构或数据类型确定说明的次序）。有次序就容易查阅，因此能够加速测试、调试和维护的过程。

当多个变量名在一个语句中说明时，应该按字母顺序排列这些变量。

如果设计时使用了一个复杂的数据结构，则应该用注解说明用程序设计语言实现这个数据结构的方法和特点。

3．语句构造

设计期间确定了软件的逻辑结构，然而个别语句的构造却是编写程序的一个主要任务。构造语句时应该遵循的原则是，每个语句都应该简单而直接，不能为了提高效率而使程序变得过分复杂。下述规则有助于使语句简单明了。

- 不要为了节省空间而把多个语句写在同一行。
- 尽量避免复杂的条件测试。
- 尽量减少对"非"条件的测试。
- 避免大量使用循环嵌套和条件嵌套。
- 利用括号使逻辑表达式或算术表达式的运算次序清晰直观。

4．输入输出

在设计和编写程序时应该考虑下述有关输入输出风格的规则。

- 对所有输入数据都进行检验。
- 检查输入项重要组合的合法性。
- 保持输入格式简单。
- 使用数据结束标记，不要要求用户指定数据的数目。
- 明确提示交互式输入的请求，详细说明可用的选择或边界数值。
- 当程序设计语言对格式有严格要求时，应保持输入格式一致。
- 设计良好的输出报表。
- 给所有输出数据加标志。

5．效率

效率主要指处理机时间和存储器容量两个方面。虽然值得提出提高效率的要求，但是在进一步讨论这个问题之前应该记住 3 条原则：首先，效率是性能要求，因此应该在需求分析阶段确定效率方面的要求。软件应该像对它要求的那样有效，而不应该如同人类可能做到的那样有效。其次，效率是靠好设计来提高的。最后，程序的效率和程序的简单程度是一致的，不要牺牲程序的清晰性和可读性来不必要地提高效率。下面从 3 个方面进一步讨论效率问题。

（1）程序运行时间

源程序的效率直接由详细设计阶段确定的算法的效率决定，但是，写程序的风格也能对程序的执行速度和存储器要求产生影响。在把详细设计结果翻译成程序时，总可以应用下述规则。

- 写程序之前先简化算术的和逻辑的表达式。
- 仔细研究嵌套的循环,以确定是否有语句可以从内层往外移。
- 尽量避免使用多维数组。
- 尽量避免使用指针和复杂的表。
- 使用执行时间短的算术运算。
- 不要混合使用不同的数据类型。
- 尽量使用整数运算和布尔表达式。

在效率是决定性因素的应用领域,尽量使用有良好优化特性的编译程序,以自动生成高效目标代码。

（2）存储器效率

在大型计算机中必须考虑操作系统页式调度的特点,一般说来,使用能保持功能域的结构化控制结构,是提高效率的好方法。

在微处理机中如果要求使用最少的存储单元,则应选用有紧缩存储器特性的编译程序,在非常必要时可以使用汇编语言。

提高执行效率的技术通常也能提高存储器效率。提高存储器效率的关键同样是"简单"。

（3）输入输出的效率

如果用户为了给计算机提供输入信息或为了理解计算机输出的信息,所需花费的脑力劳动是经济的,那么人和计算机之间通信的效率就高。因此,简单清晰同样是提高人机通信效率的关键。

硬件之间的通信效率是很复杂的问题,但是,从写程序的角度看,却有些简单的原则可以提高输入输出的效率。例如:

- 所有输入输出都应该有缓冲,以减少用于通信的额外开销。
- 对二级存储器(如磁盘)应选用最简单的访问方法。
- 二级存储器的输入输出应该以信息组为单位进行。
- 如果"超高效的"输入输出很难被人理解,则不应采用这种方法。

这些简单原则对于软件工程的设计和编码两个阶段都适用。

7.2　软件测试基础

本节讲述软件测试的基本概念和基础知识。

表面看来,软件测试的目的与软件工程所有其他阶段的目的都相反。软件工程的其他阶段都是"建设性"的:软件工程师力图从抽象的概念出发,逐步设计出具体的软件系统,直到用一种适当的程序设计语言写出可以执行的程序代码。但是,在测试阶段测试人员努力设计出一系列测试方案,目的却是为了"破坏"已经建造好的软件系统——竭力证明程序中有错误,不能按照预定要求正确工作。

当然,这种反常仅仅是表面的,或者说是心理上的。暴露问题并不是软件测试的最终目的，发现问题是为了解决问题，测试阶段的根本目标是尽可能多地发现并排除软件中潜藏的错误，最终把一个高质量的软件系统交给用户使用。但是，仅就测试本身而言，它的目标可能和许多人原来设想的很不相同。

7.2.1　软件测试的目标

什么是测试？它的目标是什么？G. Myers 给出了关于测试的一些规则，这些规则也可以看作是测试的目标或定义。

（1）测试是为了发现程序中的错误而执行程序的过程。

（2）好的测试方案是极可能发现迄今为止尚未发现的错误的测试方案。

（3）成功的测试是发现了至今为止尚未发现的错误的测试。

从上述规则可以看出，测试的正确定义是"为了发现程序中的错误而执行程序的过程"。这和某些人通常想象的"测试是为了表明程序是正确的"，"成功的测试是没有发现错误的测试"等是完全相反的。正确认识测试的目标是十分重要的，测试目标决定了测试方案的设计。如果为了表明程序是正确的而进行测试，就会设计一些不易暴露错误的测试方案；相反，如果测试是为了发现程序中的错误，就会力求设计出最能暴露错误的测试方案。

由于测试的目标是暴露程序中的错误，从心理学角度看，由程序的编写者自己进行测试是不恰当的。因此，在综合测试阶段通常由其他人员组成测试小组来完成测试工作。

此外，应该认识到测试决不能证明程序是正确的。即使经过了最严格的测试之后，仍然可能还有没被发现的错误潜藏在程序中。测试只能查找出程序中的错误，不能证明程序中没有错误。关于这个结论下面还要讨论。

7.2.2　软件测试准则

怎样才能达到软件测试的目标呢？为了能设计出有效的测试方案，软件工程师必须深入理解并正确运用指导软件测试的基本准则。下面讲述主要的测试准则。

（1）所有测试都应该能追溯到用户需求。正如上一小节讲过的，软件测试的目标是发现错误。从用户的角度看，最严重的错误是导致程序不能满足用户需求的那些错误。

（2）应该远在测试开始之前就制定出测试计划。实际上，一旦完成了需求模型就可以着手制定测试计划，在建立了设计模型之后就可以立即开始设计详细的测试方案。因此，在编码之前就可以对所有测试工作进行计划和设计。

（3）把 Pareto 原理应用到软件测试中。Pareto 原理说明，测试发现的错误中的 80% 很可能是由程序中 20% 的模块造成的。当然，问题是怎样找出这些可疑的模块并彻底地测试它们。

（4）应该从"小规模"测试开始，并逐步进行"大规模"测试。通常，首先重点测试单个程序模块，然后把测试重点转向在集成的模块簇中寻找错误，最后在整个系统中寻找错误。

（5）穷举测试是不可能的。所谓穷举测试就是把程序所有可能的执行路径都检查一遍的测试。即使是一个中等规模的程序，其执行路径的排列数也十分庞大，由于受时间、人力以及其他资源的限制,在测试过程中不可能执行每个可能的路径。因此,测试只能证明程序中有错误,不能证明程序中没有错误。但是,精心地设计测试方案,有可能充分覆盖程序逻辑并使程序达到所要求的可靠性。

(6) 为了达到最佳的测试效果,应该由独立的第三方从事测试工作。所谓"最佳效果"是指有最大可能性发现错误的测试。由于前面已经讲过的原因,开发软件的软件工程师并不是完成全部测试工作的最佳人选(通常他们主要承担模块测试工作)。

7.2.3　测试方法

测试任何产品都有两种方法:如果已经知道了产品应该具有的功能,可以通过测试来检验是否每个功能都能正常使用;如果知道产品的内部工作过程,可以通过测试来检验产品内部动作是否按照规格说明书的规定正常进行。前一种方法称为黑盒测试,后一种方法称为白盒测试。

对于软件测试而言,黑盒测试法把程序看作一个黑盒子,完全不考虑程序的内部结构和处理过程。也就是说,黑盒测试是在程序接口进行的测试,它只检查程序功能是否能按照规格说明书的规定正常使用,程序是否能适当地接收输入数据并产生正确的输出信息,程序运行过程中能否保持外部信息(例如数据库或文件)的完整性。黑盒测试又称为功能测试。

白盒测试法与黑盒测试法相反,它的前提是可以把程序看成装在一个透明的白盒子里,测试者完全知道程序的结构和处理算法。这种方法按照程序内部的逻辑测试程序,检测程序中的主要执行通路是否都能按预定要求正确工作。白盒测试又称为结构测试。

7.2.4　测试步骤

除非是测试一个小程序,否则一开始就把整个系统作为一个单独的实体来测试是不现实的。根据第 4 条测试准则,测试过程也必须分步骤进行,后一个步骤在逻辑上是前一个步骤的继续。大型软件系统通常由若干个子系统组成,每个子系统又由许多模块组成,因此,大型软件系统的测试过程基本上由下述几个步骤组成。

1. 模块测试

在设计得好的软件系统中,每个模块完成一个清晰定义的子功能,而且这个子功能和同级其他模块的功能之间没有相互依赖关系。因此,有可能把每个模块作为一个单独的实体来测试,而且通常比较容易设计检验模块正确性的测试方案。模块测试的目的是保证每个模块作为一个单元能正确运行,所以模块测试通常又称为单元测试。在这个测试步骤中所发现的往往是编码和详细设计的错误。

2. 子系统测试

子系统测试是把经过单元测试的模块放在一起形成一个子系统来测试。模块相互间的协调和通信是这个测试过程中的主要问题,因此,这个步骤着重测试模块的接口。

3. 系统测试

系统测试是把经过测试的子系统装配成一个完整的系统来测试。在这个过程中不仅应该发现设计和编码的错误，还应该验证系统确实能提供需求说明书中指定的功能，而且系统的动态特性也符合预定要求。在这个测试步骤中发现的往往是软件设计中的错误，也可能发现需求说明中的错误。

不论是子系统测试还是系统测试，都兼有检测和组装两重含义，通常称为集成测试。

4. 验收测试

验收测试把软件系统作为单一的实体进行测试，测试内容与系统测试基本类似，但是它是在用户积极参与下进行的，而且可能主要使用实际数据（系统将来要处理的信息）进行测试。验收测试的目的是验证系统确实能够满足用户的需要，在这个测试步骤中发现的往往是系统需求说明书中的错误。验收测试也称为确认测试。

5. 平行运行

关系重大的软件产品在验收之后往往并不立即投入生产性运行，而是要再经过一段平行运行时间的考验。所谓平行运行就是同时运行新开发出来的系统和将被它取代的旧系统，以便比较新旧两个系统的处理结果。这样做的具体目的有如下几点。

（1）可以在准生产环境中运行新系统而又不冒风险。

（2）用户能有一段熟悉新系统的时间。

（3）可以验证用户指南和使用手册之类的文档。

（4）能够以准生产模式对新系统进行全负荷测试，可以用测试结果验证性能指标。

以上集中讨论了与测试有关的概念，但是，测试作为软件工程的一个阶段，它的根本任务是保证软件的质量，因此除了进行测试之外，还有另外一些与测试密切相关的工作应该完成。这就是下一小节要讨论的内容。

7.2.5　测试阶段的信息流

图7.1描绘了测试阶段的信息流，这个阶段的输入信息有两类：（1）软件配置，包括需求说明书、设计说明书和源程序清单等；（2）测试配置，包括测试计划和测试方案。所

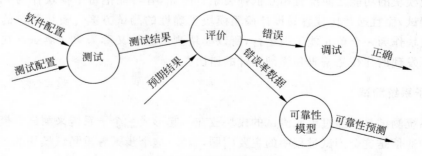

图 7.1　测试阶段的信息流

谓测试方案不仅仅是测试时使用的输入数据(称为测试用例),还应该包括每组输入数据预定要检验的功能,以及每组输入数据预期应该得到的正确输出。实际上测试配置是软件配置的一个子集,最终交出的软件配置应该包括上述测试配置以及测试的实际结果和调试的记录。

比较测试得出的实际结果和预期的结果,如果两者不一致则很可能是程序中有错误。设法确定错误的准确位置并且改正它,这就是调试的任务。与测试不同,通常由程序的编写者负责调试。

在对测试结果进行收集和评价的时候,软件可靠性所达到的定性指标也开始明朗了。如果经常出现要求修改设计的严重错误,那么软件的质量和可靠性是值得怀疑的,应该进一步仔细测试。反之,如果看起来软件功能完成得很正常,遇到的错误也很容易改正,则仍然应该考虑两种可能:(1)软件的可靠性是可以接受的;(2)所进行的测试尚不足以发现严重的错误。最后,如果经过测试,一个错误也没有被发现,则很可能是因为对测试配置思考不充分,以致不能暴露软件中潜藏的错误。这些错误最终将被用户发现,而且需要在维护阶段改正它们(但是改正同一个错误需要付出的代价比在开发阶段高出许多倍)。

在测试阶段积累的结果,也可以用更形式化的方法进行评价。软件可靠性模型使用错误率数据估计将来出现错误的情况,并进而对软件可靠性进行预测。

7.3　单元测试

单元测试集中检测软件设计的最小单元——模块。通常,单元测试和编码属于软件过程的同一个阶段。在编写出源程序代码并通过了编译程序的语法检查之后,就可以用详细设计描述作指南,对重要的执行通路进行测试,以便发现模块内部的错误。可以应用人工测试和计算机测试这样两种不同类型的测试方法,完成单元测试工作。这两种测试方法各有所长,互相补充。通常,单元测试主要使用白盒测试技术,而且对多个模块的测试可以并行地进行。

7.3.1　测试重点

在单元测试期间着重从下述 5 个方面对模块进行测试。

1. 模块接口

首先应该对通过模块接口的数据流进行测试,如果数据不能正确地进出,所有其他测试都是不切实际的。

在对模块接口进行测试时主要检查下述几个方面:参数的数目、次序、属性或单位系统与变元是否一致;是否修改了只作输入用的变元;全局变量的定义和用法在各个模块中是否一致。

2. 局部数据结构

对于模块来说,局部数据结构是常见的错误来源。应该仔细设计测试方案,以便发现局部数据说明、初始化、默认值等方面的错误。

3. 重要的执行通路

由于通常不可能进行穷尽测试，因此，在单元测试期间选择最有代表性、最可能发现错误的执行通路进行测试就是十分关键的。应该设计测试方案用来发现由于错误的计算、不正确的比较或不适当的控制流而造成的错误。

4. 出错处理通路

好的设计应该能预见出现错误的条件，并且设置适当的处理错误的通路，以便在真的出现错误时执行相应的出错处理通路或干净地结束处理。不仅应该在程序中包含出错处理通路，而且应该认真测试这种通路。当评价出错处理通路时，应该着重测试下述一些可能发生的错误。

（1）对错误的描述是难以理解的。

（2）记下的错误与实际遇到的错误不同。

（3）在对错误进行处理之前，错误条件已经引起系统干预。

（4）对错误的处理不正确。

（5）描述错误的信息不足以帮助确定造成错误的位置。

5. 边界条件

边界测试是单元测试中最后的也可能是最重要的任务。软件常常在它的边界上失效，例如，处理 n 元数组的第 n 个元素时，或做到 i 次循环中的第 i 次重复时，往往会发生错误。使用刚好小于、刚好等于和刚好大于最大值或最小值的数据结构、控制量和数据值的测试方案，非常可能发现软件中的错误。

7.3.2 代码审查

人工测试源程序可以由程序的编写者本人非正式地进行，也可以由审查小组正式进行。后者称为代码审查，它是一种非常有效的程序验证技术，对于典型的程序来说，可以查出 30%～70%的逻辑设计错误和编码错误。审查小组最好由下述 4 人组成。

（1）组长，应该是一个很有能力的程序员，而且没有直接参与这项工程。

（2）程序的设计者。

（3）程序的编写者。

（4）程序的测试者。

如果一个人既是程序的设计者又是编写者，或既是编写者又是测试者，则审查小组中应该再增加一个程序员。

审查之前，小组成员应该先研究设计说明书，力求理解这个设计。为了帮助理解，可以先由设计者扼要地介绍他的设计。在审查会上由程序的编写者解释他是怎样用程序代码实现这个设计的，通常是逐个语句地讲述程序的逻辑，小组其他成员仔细倾听他的讲解，并力图发现其中的错误。审查会上进行的另外一项工作，是对照类似于上一小节中介绍的程序设计常见错误清单,分析审查这个程序。当发现错误时由组长记录下来,审查会继续进行(审查小组的任务是发现错误而不是改正错误)。

　　审查会还有另外一种常见的进行方法,称为预排:由一个人扮演"测试者",其他人扮演"计算机"。会前测试者准备好测试方案,会上由扮演计算机的成员模拟计算机执行被测试的程序。当然,由于人执行程序速度极慢,因此测试数据必须简单,测试方案的数目也不能过多。但是,测试方案本身并不十分关键,它只起一种促进思考引起讨论的作用。在大多数情况下,通过向程序员提出关于他的程序的逻辑和他编写程序时所做的假设的疑问,可以发现的错误比由测试方案直接发现的错误还多。

　　代码审查比计算机测试优越的是:一次审查会上可以发现许多错误;用计算机测试的方法发现错误之后,通常需要先改正这个错误才能继续测试,因此错误是一个一个地发现并改正的。也就是说,采用代码审查的方法可以减少系统验证的总工作量。

　　实践表明,对于查找某些类型的错误来说,人工测试比计算机测试更有效;对于其他类型的错误来说则刚好相反。因此,人工测试和计算机测试是互相补充,相辅相成的,缺少其中任何一种方法都会使查找错误的效率降低。

7.3.3　计算机测试

　　模块并不是一个独立的程序,因此必须为每个单元测试开发驱动软件和(或)存根软件。通常驱动程序也就是一个"主程序",它接收测试数据,把这些数据传送给被测试的模块,并且印出有关的结果。存根程序代替被测试的模块所调用的模块。因此存根程序也可以称为"虚拟子程序"。它使用被它代替的模块的接口,可能做最少量的数据操作,印出对入口的检验或操作结果,并且把控制归还给调用它的模块。

　　例如,图 7.2 是一个正文加工系统的部分层次图,假定要测试其中编号为 3.0 的关键模块——正文编辑模块。因为正文编辑模块不是一个独立的程序,所以需要有一个测试驱动程序来调用它。这个驱动程序说明必要的变量,接收测试数据——字符串,并且设置正文编辑模块的编辑功能。因为在原来的软件结构中,正文编辑模块通过调用它的下层

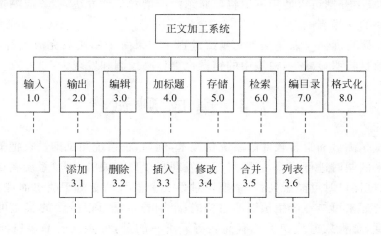

图 7.2　正文加工系统的层次图

模块来完成具体的编辑功能,所以需要有存根程序简化地模拟这些下层模块。为了简单起见,测试时可以设置的编辑功能只有修改(CHANGE)和添加(APPEND)两种,用控制变量 CFUNCT 标记要求的编辑功能,而且只用一个存根程序模拟正文编辑模块的所有下层模块。下面是用伪码书写的存根程序和驱动程序。

```
Ⅰ. TEST   STUB( * 测试正文编辑模块用的存根程序 * )
             初始化;
             输出信息"进入了正文编辑程序";
             输出"输入的控制信息是"CFUNCT;
             输出缓冲区中的字符串;
        IF   CFUNCT=CHANGE
             THEN
             把缓冲区中第二个字改为 * * *
             ELSE
             在缓冲区的尾部加???
        END   IF;
             输出缓冲区中的新字符串;
        END TEST STUB
Ⅱ. TEST   DRIVER( * 测试正文编辑模块用的驱动程序 * )
             说明长度为 2 500 个字符的一个缓冲区;
             把 CFUNCT 置为希望测试的状态;
             输入字符串;
             调用正文编辑模块;
             停止或再次初启;
        END   TEST   DRIVER
```

驱动程序和存根程序代表开销,也就是说,为了进行单元测试必须编写测试软件,但是通常并不把它们作为软件产品的一部分交给用户。许多模块不能用简单的测试软件充分测试,为了减少开销可以使用下节将要介绍的渐增式测试方法,在集成测试的过程中同时完成对模块的详尽测试。

模块的内聚程度高可以简化单元测试过程。如果每个模块只完成一种功能,则需要的测试方案数目将明显减少,模块中的错误也更容易预测和发现。

7.4 集 成 测 试

集成测试是测试和组装软件的系统化技术,例如,子系统测试即是在把模块按照设计要求组装起来的同时进行测试,主要目标是发现与接口有关的问题(系统测试与此类似)。例如,数据穿过接口时可能丢失;一个模块对另一个模块可能由于疏忽而造成有害影响;把子功能组合起来可能不产生预期的主功能;个别看来是可以接受的误差可能积累到不能接受的程度;全程数据结构可能有问题等。不幸的是,可能发生的接口问题多得不胜枚举。

　　由模块组装成程序时有两种方法。一种方法是先分别测试每个模块,再把所有模块按设计要求放在一起结合成所要的程序,这种方法称为非渐增式测试方法;另一种方法是把下一个要测试的模块同已经测试好的那些模块结合起来进行测试,测试完以后再把下一个应该测试的模块结合进来测试。这种每次增加一个模块的方法称为渐增式测试,这种方法实际上同时完成单元测试和集成测试。这两种方法哪种更好一些呢?下面对比它们的主要优缺点。

　　非渐增式测试一下子把所有模块放在一起,并把庞大的程序作为一个整体来测试,测试者面对的情况十分复杂。测试时会遇到许许多多的错误,改正错误更是极端困难,因为在庞大的程序中想要诊断定位一个错误是非常困难的。而且一旦改正一个错误之后,马上又会遇到新的错误,这个过程将继续下去,看起来好像永远也没有尽头。

　　渐增式测试与"一步到位"的非渐增式测试相反,它把程序划分成小段来构造和测试,在这个过程中比较容易定位和改正错误;对接口可以进行更彻底的测试;可以使用系统化的测试方法。因此,目前在进行集成测试时普遍采用渐增式测试方法。

　　当使用渐增方式把模块结合到程序中去时,有自顶向下和自底向上两种集成策略。

7.4.1　自顶向下集成

　　自顶向下集成方法是一个日益为人们广泛采用的测试和组装软件的途径。从主控制模块开始,沿着程序的控制层次向下移动,逐渐把各个模块结合起来。在把附属于(及最终附属于)主控制模块的那些模块组装到程序结构中去时,或者使用深度优先的策略,或者使用宽度优先的策略。

　　参看图 7.3,深度优先的结合方法先组装在软件结构的一条主控制通路上的所有模块。选择一条主控制通路取决于应用的特点,并且有很大任意性。例如,选取左通路,首先结合模块 M_1、M_2 和 M_5;其次,M_8 或 M_6(如果为了使 M_2 具有适当功能需要 M_6)将被结合进来。然后构造中央的和右侧的控制通路。而宽度优先的结合方法是沿软件结构水平地移动,把处于同一个控制层次上的所有模块组装起来。对于图 7.3 来说,首先结合模块 M_2、M_3 和 M_4(代替存根程序 S_4),然后结合下一个控制层次中的模块 M_5、M_6 和 M_7;如此继续进行下去,直到所有模块都被结合进来为止。

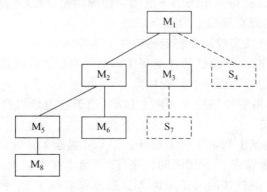

图 7.3　自顶向下结合

把模块结合进软件结构的具体过程由下述 4 个步骤完成。

① 对主控制模块进行测试，测试时用存根程序代替所有直接附属于主控制模块的模块。

② 根据选定的结合策略（深度优先或宽度优先），每次用一个实际模块代换一个存根程序（新结合进来的模块往往又需要新的存根程序）。

③ 在结合进一个模块的同时进行测试。

④ 为了保证加入模块没有引进新的错误，可能需要进行回归测试（即全部或部分地重复以前做过的测试）。

从②开始不断地重复进行上述过程，直到构造起完整的软件结构为止。图 7.3 描绘了这个过程。假设选取深度优先的结合策略，软件结构已经部分地构造起来了，下一步存根程序 S_7 将被模块 M_7 取代。M_7 可能本身又需要存根程序，以后这些存根程序也将被相应的模块所取代。

自顶向下的结合策略能够在测试的早期对主要的控制或关键的抉择进行检验。在一个分解得好的软件结构中，关键的抉择位于层次系统的较上层，因此首先碰到。如果主要控制确实有问题，早期认识到这类问题是很有好处的，可以及早想办法解决。如果选择深度优先的结合方法，可以在早期实现软件的一个完整的功能并且验证这个功能。早期证实软件的一个完整的功能，可以增强开发人员和用户双方的信心。

自顶向下的方法讲起来比较简单，但是实际使用时可能遇到逻辑上的问题。这类问题中最常见的是，为了充分地测试软件系统的较高层次，需要在较低层次上的处理。然而在自顶向下测试的初期，存根程序代替了低层次的模块，因此，在软件结构中没有重要的数据自下往上流。为了解决这个问题，测试人员有两种选择：①把许多测试推迟到用真实模块代替了存根程序以后再进行；②从层次系统的底部向上组装软件。方法①失去了在特定的测试和组装特定的模块之间的精确对应关系，这可能导致在确定错误的位置和原因时发生困难。方法②称为自底向上的测试，下面讨论这种方法。

7.4.2 自底向上集成

自底向上测试从"原子"模块（即在软件结构最低层的模块）开始组装和测试。因为是从底部向上结合模块，总能得到所需的下层模块处理功能，所以不需要存根程序。

用下述步骤可以实现自底向上的结合策略。

① 把低层模块组合成实现某个特定的软件子功能的族。

② 写一个驱动程序（用于测试的控制程序），协调测试数据的输入和输出。

③ 对由模块组成的子功能族进行测试。

④ 去掉驱动程序，沿软件结构自下向上移动，把子功能族组合起来形成更大的子功能族。

上述第②～④步实质上构成了一个循环。图 7.4 描绘了自底向上的结合过程。首先把模块组合成族 1、族 2 和族 3，使用驱动程序（图中用虚线方框表示）对每个子功能族进行测试。族 1 和族 2 中的模块附属于模块 M_a，去掉驱动程序 D_1 和 D_2，把这两个族直接同 M_a 连接起来。类似地，在和模块 M_b 结合之前去掉族 3 的驱动程序 D_3。最终 M_a 和

M_b 这两个模块都与模块 M_c 结合起来。

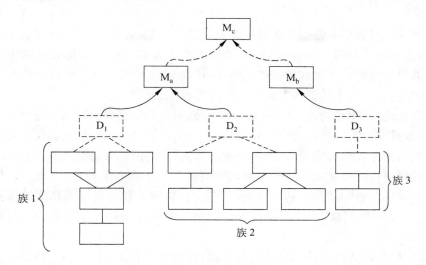

图 7.4　自底向上结合

随着结合向上移动,对测试驱动程序的需要也减少了。事实上,如果软件结构的顶部两层用自顶向下的方法组装,可以明显减少驱动程序的数目,而且族的结合也将大大简化。

7.4.3　不同集成测试策略的比较

上面介绍了集成测试的两种策略,到底哪种方法更好一些呢? 一般说来,一种方法的优点正好对应于另一种方法的缺点。自顶向下测试方法的主要优点是不需要测试驱动程序,能够在测试阶段的早期实现并验证系统的主要功能,而且能在早期发现上层模块的接口错误。自顶向下测试方法的主要缺点是需要存根程序,可能遇到与此相联系的测试困难,低层关键模块中的错误发现较晚,而且用这种方法在早期不能充分展开人力。可以看出,自底向上测试方法的优缺点与上述自顶向下测试方法的优缺点刚好相反。

在测试实际的软件系统时,应该根据软件的特点以及工程进度安排,选用适当的测试策略。一般说来,纯粹自顶向下或纯粹自底向上的策略可能都不实用,人们在实践中创造出许多混合策略。

(1) 改进的自顶向下测试方法。基本上使用自顶向下的测试方法,但是在早期使用自底向上的方法测试软件中的少数关键模块。一般的自顶向下方法所具有的优点在这种方法中也都有,而且能在测试的早期发现关键模块中的错误;但是,它的缺点也比自顶向下方法多一条,即测试关键模块时需要驱动程序。

(2) 混合法。对软件结构中较上层使用的自顶向下方法与对软件结构中较下层使用的自底向上方法相结合。这种方法兼有两种方法的优点和缺点,当被测试的软件中关键模块比较多时,这种混合法可能是最好的折衷方法。

7.4.4　回归测试

在集成测试过程中每当一个新模块结合进来时，程序就发生了变化：建立了新的数据流路径，可能出现了新的 I/O 操作，激活了新的控制逻辑。这些变化有可能使原来工作正常的功能出现问题。在集成测试的范畴中，所谓回归测试是指重新执行已经做过的测试的某个子集，以保证上述这些变化没有带来非预期的副作用。

更广义地说，任何成功的测试都会发现错误，而且错误必须被改正。每当改正软件错误的时候，软件配置的某些成分（程序、文档或数据）也被修改了。回归测试就是用于保证由于调试或其他原因引起的变化，不会导致非预期的软件行为或额外错误的测试活动。

回归测试可以通过重新执行全部测试用例的一个子集人工地进行，也可以使用自动化的捕获回放工具自动进行。利用捕获回放工具，软件工程师能够捕获测试用例和实际运行结果，然后可以回放（即重新执行测试用例），并且比较软件变化前后所得到的运行结果。

回归测试集（已执行过的测试用例的子集）包括下述 3 类不同的测试用例。

(1) 检测软件全部功能的代表性测试用例。

(2) 专门针对可能受修改影响的软件功能的附加测试。

(3) 针对被修改过的软件成分的测试。

在集成测试过程中，回归测试用例的数量可能变得非常大。因此，应该把回归测试集设计成只包括可以检测程序每个主要功能中的一类或多类错误的那样一些测试用例。一旦修改了软件之后就重新执行检测程序每个功能的全部测试用例，是低效而且不切实际的。

7.5　确认测试

确认测试也称为验收测试，它的目标是验证软件的有效性。

上面这句话中使用了确认（validation）和验证（verification）这样两个不同的术语，为了避免混淆，首先扼要地解释一下这两个术语的含义。通常，验证指的是保证软件正确地实现了某个特定要求的一系列活动，而确认指的是为了保证软件确实满足了用户需求而进行的一系列活动。

那么，什么样的软件才是有效的呢？软件有效性的一个简单定义是：如果软件的功能和性能如同用户所合理期待的那样，软件就是有效的。

需求分析阶段产生的软件需求规格说明书，准确地描述了用户对软件的合理期望，因此是软件有效性的标准，也是进行确认测试的基础。

7.5.1　确认测试的范围

确认测试必须有用户积极参与，或者以用户为主进行。用户应该参与设计测试方案，使用用户界面输入测试数据并且分析评价测试的输出结果。为了使得用户能够积极主动地参与确认测试，特别是为了使用户能有效地使用这个系统，通常在验收之前由开发单位对用户进行培训。

确认测试通常使用黑盒测试法。应该仔细设计测试计划和测试过程,测试计划包括要进行的测试的种类及进度安排,测试过程规定了用来检测软件是否与需求一致的测试方案。通过测试和调试要保证软件能满足所有功能要求,能达到每个性能要求,文档资料是准确而完整的,此外,还应该保证软件能满足其他预定的要求(例如安全性、可移植性、兼容性和可维护性等)。

确认测试有下述两种可能的结果。

(1) 功能和性能与用户要求一致,软件是可以接受的。

(2) 功能和性能与用户要求有差距。

在这个阶段发现的问题往往和需求分析阶段的差错有关,涉及的面通常比较广,因此解决起来也比较困难。为了制定解决确认测试过程中发现的软件缺陷或错误的策略,通常需要和用户充分协商。

7.5.2　软件配置复查

确认测试的一个重要内容是复查软件配置。复查的目的是保证软件配置的所有成分都齐全,质量符合要求,文档与程序完全一致,具有完成软件维护所必须的细节,而且已经编好目录。

除了按合同规定的内容和要求,由人工审查软件配置之外,在确认测试过程中还应该严格遵循用户指南及其他操作程序,以便检验这些使用手册的完整性和正确性。必须仔细记录发现的遗漏或错误,并且适当地补充和改正。

7.5.3　Alpha 和 Beta 测试

如果软件是专为某个客户开发的,可以进行一系列验收测试,以便用户确认所有需求都得到满足了。验收测试是由最终用户而不是系统的开发者进行的。事实上,验收测试可以持续几个星期甚至几个月,因此能够发现随着时间流逝可能会降低系统质量的累积错误。

如果一个软件是为许多客户开发的(例如,向大众公开出售的盒装软件产品),那么,让每个客户都进行正式的验收测试是不现实的。在这种情况下,绝大多数软件开发商都使用被称为 Alpha 测试和 Beta 测试的过程,来发现那些看起来只有最终用户才能发现的错误。

Alpha 测试由用户在开发者的场所进行,并且在开发者对用户的“指导”下进行测试。开发者负责记录发现的错误和使用中遇到的问题。总之,Alpha 测试是在受控的环境中进行的。

Beta 测试由软件的最终用户们在一个或多个客户场所进行。与 Alpha 测试不同,开发者通常不在 Beta 测试的现场,因此,Beta 测试是软件在开发者不能控制的环境中的“真实”应用。用户记录在 Beta 测试过程中遇到的一切问题(真实的或想象的),并且定期把这些问题报告给开发者。接收到在 Beta 测试期间报告的问题之后,开发者对软件产品进行必要的修改,并准备向全体客户发布最终的软件产品。

7.6　白盒测试技术

设计测试方案是测试阶段的关键技术问题。所谓测试方案包括具体的测试目的（例如，预定要测试的具体功能），应该输入的测试数据和预期的结果。通常又把测试数据和预期的输出结果称为测试用例。其中最困难的问题是设计测试用的输入数据。

不同的测试数据发现程序错误的能力差别很大，为了提高测试效率降低测试成本，应该选用高效的测试数据。因为不可能进行穷尽的测试，所以选用少量"最有效的"测试数据，做到尽可能完备的测试就更重要了。

设计测试方案的基本目标是，确定一组最可能发现某个错误或某类错误的测试数据。已经研究出许多设计测试数据的技术，这些技术各有优缺点，没有哪一种是最好的，更没有哪一种可以代替其余所有技术；同一种技术在不同的应用场合效果可能相差很大，因此，通常需要联合使用多种设计测试数据的技术。

本节讲述在用白盒方法测试软件时设计测试数据的典型技术，下一节讲述在用黑盒方法测试软件时设计测试数据的典型技术。

7.6.1　逻辑覆盖

有选择地执行程序中某些最有代表性的通路是对穷尽测试的唯一可行的替代办法。所谓逻辑覆盖是对一系列测试过程的总称，这组测试过程逐渐进行越来越完整的通路测试。测试数据执行（或叫覆盖）程序逻辑的程度可以划分成哪些不同的等级呢？从覆盖源程序语句的详尽程度分析，大致有以下一些不同的覆盖标准。

1. 语句覆盖

为了暴露程序中的错误，至少每个语句应该执行一次。语句覆盖的含义是，选择足够多的测试数据，使被测程序中每个语句至少执行一次。例如，图 7.5 所示的程序流程图描绘了一个被测模块的处理算法。

为了使每个语句都执行一次，程序的执行路径应该是 sacbed，为此只需要输入下面的测试数据（实际上 X 可以是任意实数）：

$$A = 2, B = 0, X = 4$$

语句覆盖对程序的逻辑覆盖很少，在上面例子中两个判定条件都只测试了条件为真的情况，如果条件为假时处理有错误，显然不能发现。此外，语句覆盖只关心判定表达式的值，而没有分别测试判定表达式中每个条件取不同值时的情况。在上面的例子中，为了执行 sacbed 路径，以测试每个语句，只需两个判定表达式 $(A>1)$ AND $(B=0)$ 和 $(A=2)$ OR $(X>1)$ 都取真值，因此使用上述一组测试数据就够了。但是，如果程序中把第一个判定表达式中的逻辑运算符 AND 错写成 OR，或把第二个判定表达式中的条件 $X>1$ 误写成 $X<1$，使用上面的测试数据并不能查出这些错误。

综上所述，可以看出语句覆盖是很弱的逻辑覆盖标准，为了更充分地测试程序，可以采用下述的逻辑覆盖标准。

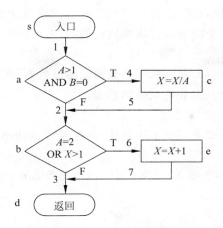

图 7.5　被测试模块的流程图

2. 判定覆盖

判定覆盖又叫分支覆盖,它的含义是,不仅每个语句必须至少执行一次,而且每个判定的每种可能的结果都应该至少执行一次,也就是每个判定的每个分支都至少执行一次。

对于上述例子来说,能够分别覆盖路径 sacbed 和 sabd 的两组测试数据,或者可以分别覆盖路径 sacbd 和 sabed 的两组测试数据,都满足判定覆盖标准。例如,用下面两组测试数据就可做到判定覆盖:

① $A=3, B=0, X=3$　　(覆盖 sacbd)

② $A=2, B=1, X=1$　　(覆盖 sabed)

判定覆盖比语句覆盖强,但是对程序逻辑的覆盖程度仍然不高,例如,上面的测试数据只覆盖了程序全部路径的一半。

3. 条件覆盖

条件覆盖的含义是,不仅每个语句至少执行一次,而且使判定表达式中的每个条件都取到各种可能的结果。

图 7.5 的例子中共有两个判定表达式,每个表达式中有两个条件,为了做到条件覆盖,应该选取测试数据使得在 a 点有下述各种结果出现:

$A>1, A\leqslant 1, B=0, B\neq 0$

在 b 点有下述各种结果出现:

$A=2, A\neq 2, X>1, X\leqslant 1$

只需要使用下面两组测试数据就可以达到上述覆盖标准:

① $A=2, B=0, X=4$

(满足 $A>1, B=0, A=2$ 和 $X>1$ 的条件,执行路径 sacbed)

② $A=1, B=1, X=1$

(满足 $A\leqslant 1, B\neq 0, A\neq 2$ 和 $X\leqslant 1$ 的条件,执行路径 sabd)

条件覆盖通常比判定覆盖强，因为它使判定表达式中每个条件都取到了两个不同的结果，判定覆盖却只关心整个判定表达式的值。例如，上面两组测试数据也同时满足判定覆盖标准。但是，也可能有相反的情况：虽然每个条件都取到了两个不同的结果，判定表达式却始终只取一个值。例如，如果使用下面两组测试数据，则只满足条件覆盖标准并不满足判定覆盖标准（第二个判定表达式的值总为真）：

① $A=2, B=0, X=1$

（满足 $A>1, B=0, A=2$ 和 $X \leqslant 1$ 的条件，执行路径 sacbed）

② $A=1, B=1, X=2$

（满足 $A \leqslant 1, B \neq 0, A \neq 2$ 和 $X>1$ 的条件，执行路径 sabed）

4. 判定/条件覆盖

既然判定覆盖不一定包含条件覆盖，条件覆盖也不一定包含判定覆盖，自然会提出一种能同时满足这两种覆盖标准的逻辑覆盖，这就是判定/条件覆盖。它的含义是，选取足够多的测试数据，使得判定表达式中的每个条件都取到各种可能的值，而且每个判定表达式也都取到各种可能的结果。

对于图 7.5 的例子而言，下述两组测试数据满足判定/条件覆盖标准：

① $A=2, B=0, X=4$

② $A=1, B=1, X=1$

但是，这两组测试数据也就是为了满足条件覆盖标准最初选取的两组数据，因此，有时判定/条件覆盖也并不比条件覆盖更强。

5. 条件组合覆盖

条件组合覆盖是更强的逻辑覆盖标准，它要求选取足够多的测试数据，使得每个判定表达式中条件的各种可能组合都至少出现一次。

对于图 7.5 的例子，共有 8 种可能的条件组合，它们分别是：

(1) $A>1, B=0$

(2) $A>1, B \neq 0$

(3) $A \leqslant 1, B=0$

(4) $A \leqslant 1, B \neq 0$

(5) $A=2, X>1$

(6) $A=2, X \leqslant 1$

(7) $A \neq 2, X>1$

(8) $A \neq 2, X \leqslant 1$

和其他逻辑覆盖标准中的测试数据一样，条件组合(5)～(8)中的 X 值是指在程序流程图第二个判定框（b 点）的 X 值。

下面的 4 组测试数据可以使上面列出的 8 种条件组合每种至少出现一次：

① $A=2, B=0, X=4$

（针对(1)和(5)两种组合，执行路径 sacbed）

② $A=2, B=1, X=1$

（针对(2)和(6)两种组合，执行路径 sabed）

③ $A=1, B=0, X=2$

（针对(3)和(7)两种组合，执行路径 sabed）

④ $A=1, B=1, X=1$

（针对(4)和(8)两种组合，执行路径 sabd）

　　显然，满足条件组合覆盖标准的测试数据，也一定满足判定覆盖、条件覆盖和判定/条件覆盖标准。因此，条件组合覆盖是前述几种覆盖标准中最强的。但是，满足条件组合覆盖标准的测试数据并不一定能使程序中的每条路径都执行到，例如，上述 4 组测试数据都没有测试到路径 sacbd。

　　以上根据测试数据对源程序语句检测的详尽程度，简单讨论了几种逻辑覆盖标准。在上面的分析过程中常常谈到测试数据执行的程序路径，显然，测试数据可以检测的程序路径的多少，也反映了对程序测试的详尽程度。从对程序路径的覆盖程度分析，能够提出下述一些主要的逻辑覆盖标准。

6. 点覆盖

　　图论中点覆盖的概念定义如下：如果连通图 G 的子图 G′是连通的，而且包含 G 的所有结点，则称 G′是 G 的点覆盖。

　　在第 6.5 节中已经讲述了从程序流程图导出流图的方法。在正常情况下流图是连通的有向图。满足点覆盖标准要求选取足够多的测试数据，使得程序执行路径至少经过流图的每个结点一次，由于流图的每个结点与一条或多条语句相对应，显然，点覆盖标准和语句覆盖标准是相同的。

7. 边覆盖

　　图论中边覆盖的定义是：如果连通图 G 的子图 G″是连通的，而且包含 G 的所有边，则称 G″是 G 的边覆盖。为了满足边覆盖的测试标准，要求选取足够多测试数据，使得程序执行路径至少经过流图中每条边一次。通常边覆盖和判定覆盖是一致的。

8. 路径覆盖

　　路径覆盖的含义是，选取足够多测试数据，使程序的每条可能路径都至少执行一次（如果程序图中有环，则要求每个环至少经过一次）。

　　作为一个练习，读者可以自己设计用路径覆盖标准测试图 7.5 所示模块的测试数据。

7.6.2　控制结构测试

　　现有的很多种白盒测试技术，是根据程序的控制结构设计测试数据的技术，下面介绍几种常用的控制结构测试技术。

1. 基本路径测试

基本路径测试是 Tom McCabe 提出的一种白盒测试技术。使用这种技术设计测试用例时，首先计算程序的环形复杂度，并用该复杂度为指南定义执行路径的基本集合，从该基本集合导出的测试用例可以保证程序中的每条语句至少执行一次，而且每个条件在执行时都将分别取真、假两种值。

使用基本路径测试技术设计测试用例的步骤如下。

① 根据过程设计结果画出相应的流图。

例如，为了用基本路径测试技术测试下列的用 PDL 描述的求平均值过程，首先画出图 7.6 所示的流图。注意，为了正确地画出流图，这里把被映射为流图结点的 PDL 语句编了序号。

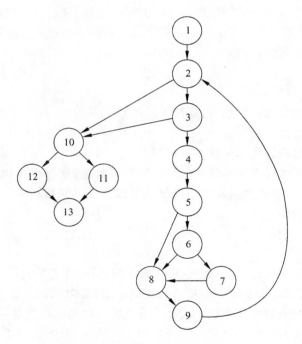

图 7.6 求平均值过程的流图

```
PROCEDURE average;
    /* 这个过程计算不超过 100 个在规定值域内的有效数字的平均值；
        同时计算有效数字的总和及个数。     */
    INTERFACE RETURNS average, total. input, total. valid;
    INTERFACE ACCEPTS value, minimum, maximum;

    TYPE value[1…100] IS SCALAR ARRAY;
    TYPE average, total. input, total. valid;
        minimum, maximum, sum IS SCALAR;
```

```
          TYPE i IS INTEGER；

1：       i＝1；
          total. input＝total. valid＝0；
          sum＝0；
2：     DO WHILE value[i] <> -999
3：         AND total. input<100
4：     increment total. input by1；
5：     IF value[i]>＝minimum
6：         AND value[i]<＝maximum
7：     THEN increment total. valid by 1；
           sum＝sum＋value[i]；
8：       ENDIF
         increment i by 1；
9：     ENDDO
10：    IF total. valid>0
11：    THEN average＝sum/total. valid；
12：    ELSE average＝-999；
13：    ENDIF
       END average
```

② 计算流图的环形复杂度。

环形复杂度定量度量程序的逻辑复杂性。有了描绘程序控制流的流图之后，可以用第 6.5.1 小节讲述的 3 种方法之一计算环形复杂度。经计算，图 7.6 所示流图的环形复杂度为 6。

③ 确定线性独立路径的基本集合。

所谓独立路径是指至少引入程序的一个新处理语句集合或一个新条件的路径，用流图术语描述，独立路径至少包含一条在定义该路径之前不曾用过的边。

使用基本路径测试法设计测试用例时，程序的环形复杂度决定了程序中独立路径的数量，而且这个数是确保程序中所有语句至少被执行一次所需的测试数量的上界。

对于图 7.6 所描述的求平均值过程来说，由于环形复杂度为 6，因此共有 6 条独立路径。例如，下面列出了 6 条独立路径。

路径 1：1—2—10—11—13
路径 2：1—2—10—12—13
路径 3：1—2—3—10—11—13
路径 4：1—2—3—4—5—8—9—2—…
路径 5：1—2—3—4—5—6—8—9—2—…
路径 6：1—2—3—4—5—6—7—8—9—2—…

路径 4、5、6 后面的省略号（…）表示，可以后接通过控制结构其余部分的任意路径（例如，10—11—13）。

通常在设计测试用例时，识别出判定结点是很有必要的。本例中结点 2、3、5、6 和 10

是判定结点。

④ 设计可强制执行基本集合中每条路径的测试用例。

应该选取测试数据使得在测试每条路径时都适当地设置好了各个判定结点的条件。例如，可以测试第③步得出的基本集合的测试用例如下。

路径 1 的测试用例：

value[k]＝有效输入值，其中 $k<i$（i 的定义在下面）

value[i]＝－999，其中 $2{\leqslant}i{\leqslant}100$

预期结果：基于 k 的正确平均值和总数

注意，路径 1 无法独立测试，必须作为路径 4 或 5 或 6 的一部分来测试。

路径 2 的测试用例：

value[1]＝－999

预期结果：average＝－999，其他都保持初始值

路径 3 的测试用例：

试图处理 101 个或更多个值

前 100 个数值应该是有效输入值

预期结果：前 100 个数的平均值，总数为 100

注意，路径 3 也无法独立测试，必须作为路径 4 或 5 或 6 的一部分来测试。

路径 4 的测试用例：

value[i]＝有效输入值，其中 $i<100$

value[k]＜minimum，其中 $k<i$

预期结果：基于 k 的正确平均值和总数

路径 5 的测试用例：

value[i]＝有效输入值，其中 $i<100$

value[k]＞maximum，其中 $k<i$

预期结果：基于 k 的正确平均值和总数

路径 6 的测试用例：

value[i]＝有效输入值，其中 $i<100$

预期结果：正确的平均值和总数

在测试过程中，执行每个测试用例并把实际输出结果与预期结果相比较。一旦执行完所有测试用例，就可以确保程序中所有语句都至少被执行了一次，而且每个条件都分别取过 true 值和 false 值。

应该注意，某些独立路径（例如，本例中的路径 1 和路径 3）不能以独立的方式测试，也就是说，程序的正常流程不能形成独立执行该路径所需要的数据组合（例如，为了执行本例中的路径 1，需要满足条件 total.valid＞0）。在这种情况下，这些路径必须作为另一个路径的一部分来测试。

2. 条件测试

尽管基本路径测试技术简单而且高效，但是仅有这种技术还不够，还需要使用其他控

制结构测试技术,才能进一步提高白盒测试的质量。

用条件测试技术设计出的测试用例,能够检查程序模块中包含的逻辑条件。一个简单条件是一个布尔变量或一个关系表达式,在布尔变量或关系表达式之前还可能有一个NOT(┐)算符。关系表达式的形式如下:

$$E_1 <关系算符> E_2$$

其中,E_1 和 E_2 是算术表达式,而<关系算符>是下列算符之一:$<,\leqslant,=,\neq,>$ 或 $\geqslant$。复合条件由两个或多个简单条件、布尔算符和括弧组成。布尔算符有 OR($|$),AND($\&$)和 NOT(┐)。不包含关系表达式的条件称为布尔表达式。

因此,条件成分的类型包括布尔算符、布尔变量、布尔括弧(括住简单条件或复合条件)、关系算符及算术表达式。

如果条件不正确,则至少条件的一个成分不正确。因此,条件错误的类型如下:

- 布尔算符错(布尔算符不正确,遗漏布尔算符或有多余的布尔算符)
- 布尔变量错
- 布尔括弧错
- 关系算符错
- 算术表达式错

条件测试方法着重测试程序中的每个条件。本节下面将讲述的条件测试策略有两个优点:①容易度量条件的测试覆盖率;②程序内条件的测试覆盖率可指导附加测试的设计。

条件测试的目的不仅是检测程序条件中的错误,而且是检测程序中的其他错误。如果程序 P 的测试集能有效地检测 P 中条件的错误,则它很可能也可以有效地检测 P 中的其他错误。此外,如果一个测试策略对检测条件错误是有效的,则很可能该策略对检测程序的其他错误也是有效的。

人们已经提出了许多条件测试策略。分支测试可能是最简单的条件测试策略:对于复合条件 C 来说,C 的真分支和假分支以及 C 中的每个简单条件,都应该至少执行一次。

域测试要求对一个关系表达式执行 3 个或 4 个测试。对于形式为

$$E_1 <关系算符> E_2$$

的关系表达式来说,需要 3 个测试分别使 E_1 的值大于、等于或小于 E_2 的值。如果<关系算符>错误而 E_1 和 E_2 正确,则这 3 个测试能够发现关系算符的错误。为了发现 E_1 和 E_2 中的错误,让 E_1 值大于或小于 E_2 值的测试数据应该使这两个值之间的差别尽可能小。

包含 n 个变量的布尔表达式需要 2^n 个(每个变量分别取真或假这两个可能值的组合数)测试。这个策略可以发现布尔算符、变量和括弧的错误,但是,该策略仅在 n 很小时才是实用的。

在上述种种条件测试技术的基础上,K. C. Tai 提出了一种被称为 BRO(branch and relational operator)测试的条件测试策略。如果在条件中所有布尔变量和关系算符都只出现一次而且没有公共变量,则 BRO 测试保证能发现该条件中的分支错和关系算符错。

BRO 测试利用条件 C 的条件约束来设计测试用例。包含 n 个简单条件的条件 C 的

条件约束定义为$(D_1, D_2, \cdots, D_n)$，其中$D_i(0 < i \leqslant n)$表示条件C中第i个简单条件的输出约束。如果在条件C的一次执行过程中，C中每个简单条件的输出都满足D中对应的约束，则称C的这次执行覆盖了C的条件约束D。

对于布尔变量B来说，B的输出约束指出，B必须是真(t)或假(f)。类似地，对于关系表达式来说，用符号$>$，$=$和$<$指定表达式的输出约束。

作为第一个例子，考虑下列条件

$C_1 : B_1 \,\&\, B_2$

其中，B_1和B_2是布尔变量。C_1的条件约束形式为(D_1, D_2)，其中D_1和D_2中的每一个都是 t 或 f。值(t,f)是C_1的一个条件约束，并由使B_1值为真B_2值为假的测试所覆盖。BRO 测试策略要求，约束集$\{(t,t), (f,t), (t,f)\}$被C_1的执行所覆盖。如果C_1因布尔算符错误而不正确，则至少上述约束集中的一个约束将迫使C_1失败。

作为第二个例子，考虑下列条件

$C_2 : B_1 \,\&\, (E_3 = E_4)$

其中，B_1是布尔变量，E_3和E_4是算术表达式。C_2的条件约束形式为(D_1, D_2)，其中D_1是 t 或 f，D_2是$>$，$=$或$<$。除了C_2的第二个简单条件是关系表达式之外，C_2和C_1相同，因此，可以通过修改C_1的约束集$\{(t,t), (f,t), (t,f)\}$得出C_2的约束集。注意，对于$(E_3 = E_4)$来说，t 意味$=$，而 f 意味着$<$或$>$，因此，分别用(t,=)和(f,=)替换(t,t)和(f,t)，并用(t,<)和(t,>)替换(t,f)，就得到C_2的约束集$\{(t,=), (f,=), (t,<), (t,>)\}$。覆盖上述条件约束集的测试，保证可以发现$C_2$中布尔算符和关系算符的错误。

作为第三个例子，考虑下列条件

$C_3 : (E_1 > E_2) \,\&\, (E_3 = E_4)$

其中，E_1、E_2、E_3和E_4是算术表达式。C_3的条件约束形式为(D_1, D_2)，而D_1和D_2的每一个都是$>$，$=$或$<$。除了C_3的第一个简单条件是关系表达式之外，C_3和C_2相同，因此，可以通过修改C_2的约束集得到C_3的约束集，结果为：

$$\{(>,=), (=,=), (<,=), (>,<), (>,>)\}$$

覆盖上述条件约束集的测试，保证可以发现C_3中关系算符的错误。

3. 循环测试

循环是绝大多数软件算法的基础，但是，在测试软件时却往往未对循环结构进行足够的测试。

循环测试是一种白盒测试技术，它专注于测试循环结构的有效性。在结构化的程序中通常只有3种循环，即简单循环、串接循环和嵌套循环，如图7.7所示。下面分别讨论这3种循环的测试方法。

(1) 简单循环。应该使用下列测试集来测试简单循环，其中n是允许通过循环的最大次数。

- 跳过循环。
- 只通过循环一次。
- 通过循环两次。

- 通过循环 m 次,其中 $m < n-1$。
- 通过循环 $n-1,n,n+1$ 次。

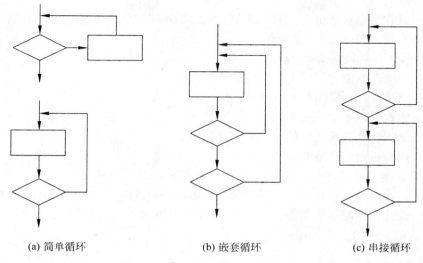

| (a) 简单循环 | (b) 嵌套循环 | (c) 串接循环 |

图 7.7　3 种循环

（2）嵌套循环。如果把简单循环的测试方法直接应用到嵌套循环,可能的测试数就会随嵌套层数的增加按几何级数增长,这会导致不切实际的测试数目。B. Beizer 提出了一种能减少测试数的方法。

- 从最内层循环开始测试,把所有其他循环都设置为最小值。
- 对最内层循环使用简单循环测试方法,而使外层循环的迭代参数(例如,循环计数器)取最小值,并为越界值或非法值增加一些额外的测试。
- 由内向外,对下一个循环进行测试,但保持所有其他外层循环为最小值,其他嵌套循环为"典型"值。
- 继续进行下去,直到测试完所有循环。

（3）串接循环。如果串接循环的各个循环都彼此独立,则可以使用前述的测试简单循环的方法来测试串接循环。但是,如果两个循环串接,而且第一个循环的循环计数器值是第二个循环的初始值,则这两个循环并不是独立的。当循环不独立时,建议使用测试嵌套循环的方法来测试串接循环。

7.7　黑盒测试技术

黑盒测试着重测试软件功能。黑盒测试并不能取代白盒测试,它是与白盒测试互补的测试方法,它很可能发现白盒测试不易发现的其他类型的错误。

黑盒测试力图发现下述类型的错误:

（1）功能不正确或遗漏了功能。

（2）界面错误。

（3）数据结构错误或外部数据库访问错误。

（4）性能错误。

（5）初始化和终止错误。

白盒测试在测试过程的早期阶段进行，而黑盒测试主要用于测试过程的后期。设计黑盒测试方案时，应该考虑下述问题。

（1）怎样测试功能的有效性？

（2）哪些类型的输入可构成好测试用例？

（3）系统是否对特定的输入值特别敏感？

（4）怎样划定数据类的边界？

（5）系统能够承受什么样的数据率和数据量？

（6）数据的特定组合将对系统运行产生什么影响？

应用黑盒测试技术，能够设计出满足下述标准的测试用例集。

（1）所设计出的测试用例能够减少为达到合理测试所需要设计的测试用例的总数。

（2）所设计出的测试用例能够告诉人们，是否存在某些类型的错误，而不是仅仅指出与特定测试相关的错误是否存在。

7.7.1　等价划分

等价划分是一种黑盒测试技术，这种技术把程序的输入域划分成若干个数据类，据此导出测试用例。一个理想的测试用例能独自发现一类错误（例如对所有负整数的处理都不正确）。

以前曾经讲过，穷尽的黑盒测试（即用所有有效的和无效的输入数据来测试程序）通常是不现实的。因此，只能选取少量最有代表性的输入数据作为测试数据，以期用较小的代价暴露出较多的程序错误。等价划分法力图设计出能发现若干类程序错误的测试用例，从而减少必须设计的测试用例的数目。

如果把所有可能的输入数据（有效的和无效的）划分成若干个等价类，则可以合理地做出下述假定：每类中的一个典型值在测试中的作用与这一类中所有其他值的作用相同。因此，可以从每个等价类中只取一组数据作为测试数据。这样选取的测试数据最有代表性，最可能发现程序中的错误。

使用等价划分法设计测试方案首先需要划分输入数据的等价类，为此需要研究程序的功能说明，从而确定输入数据的有效等价类和无效等价类。在确定输入数据的等价类时常常还需要分析输出数据的等价类，以便根据输出数据的等价类导出对应的输入数据等价类。

划分等价类需要经验，下述几条启发式规则可能有助于等价类的划分。

（1）如果规定了输入值的范围，则可划分出一个有效的等价类（输入值在此范围内），两个无效的等价类（输入值小于最小值或大于最大值）。

（2）如果规定了输入数据的个数，则类似地也可以划分出一个有效的等价类和两个无效的等价类。

（3）如果规定了输入数据的一组值，而且程序对不同输入值做不同处理，则每个允许的输入值是一个有效的等价类，此外还有一个无效的等价类（任一个不允许的输入值）。

（4）如果规定了输入数据必须遵循的规则，则可以划分出一个有效的等价类（符合规则）和若干个无效的等价类（从各种不同角度违反规则）。

（5）如果规定了输入数据为整型，则可以划分出正整数、零和负整数 3 个有效类。

（6）如果程序的处理对象是表格，则应该使用空表，以及含一项或多项的表。

以上列出的启发式规则只是测试时可能遇到的情况中的很小一部分，实际情况千变万化，根本无法一一列出。为了正确划分等价类，一是要注意积累经验，二是要正确分析被测程序的功能。此外，在划分无效的等价类时还必须考虑编译程序的检错功能，一般说来，不需要设计测试数据来暴露编译程序肯定能发现的错误。最后说明一点，上面列出的启发式规则虽然都是针对输入数据说的，但是其中绝大部分也同样适用于输出数据。

划分出等价类以后，根据等价类设计测试方案时主要使用下面两个步骤。

（1）设计一个新的测试方案以尽可能多地覆盖尚未被覆盖的有效等价类，重复这一步骤直到所有有效等价类都被覆盖为止。

（2）设计一个新的测试方案，使它覆盖一个而且只覆盖一个尚未被覆盖的无效等价类，重复这一步骤直到所有无效等价类都被覆盖为止。

注意，通常程序发现一类错误后就不再检查是否还有其他错误，因此，应该使每个测试方案只覆盖一个无效的等价类。

下面用等价划分法设计一个简单程序的测试方案。

假设有一个把数字串转变成整数的函数。运行程序的计算机字长 16 位，用二进制补码表示整数。这个函数是用 Pascal 语言编写的，它的说明如下：

function strtoint (dstr：shortstr)：integer；

函数的参数类型是 shortstr，它的说明是：

type shortstr＝array[1..6] of char；

被处理的数字串是右对齐的，也就是说，如果数字串比 6 个字符短，则在它的左边补空格。如果数字串是负的，则负号和最高位数字紧相邻（负号在最高位数字左边一位）。

考虑到 Pascal 编译程序固有的检错功能，测试时不需要使用长度不等于 6 的数组做实在参数，更不需要使用任何非字符数组类型的实在参数。

分析这个程序的规格说明，可以划分出如下等价类。

- 有效输入的等价类有

（1）1～6 个数字字符组成的数字串（最高位数字不是零）。

（2）最高位数字是零的数字串。

（3）最高位数字左邻是负号的数字串。

- 无效输入的等价类有

（1）空字符串（全是空格）。

（2）左部填充的字符既不是零也不是空格。

（3）最高位数字右面由数字和空格混合组成。

（4）最高位数字右面由数字和其他字符混合组成。

（5）负号与最高位数字之间有空格。

- 合法输出的等价类有

（1）在计算机能表示的最小负整数和零之间的负整数。

(2) 零。

(3) 在零和计算机能表示的最大正整数之间的正整数。

- 非法输出的等价类有

(1) 比计算机能表示的最小负整数还小的负整数。

(2) 比计算机能表示的最大正整数还大的正整数。

因为所用的计算机字长 16 位，用二进制补码表示整数，所以能表示的最小负整数是 $-32\ 768$，能表示的最大正整数是 32 767。

根据上面划分出的等价类，可以设计出下述测试方案（注意，每个测试方案由 3 部分内容组成）。

(1) 1～6 个数字组成的数字串，输出是合法的正整数。

输入：'　　　1'

预期的输出：1

(2) 最高位数字是零的数字串，输出是合法的正整数。

输入：'000001'

预期的输出：1

(3) 负号与最高位数字紧相邻，输出合法的负整数。

输入：'－00001'

预期的输出：－1

(4) 最高位数字是零，输出也是零。

输入：'000000'

预期的输出：0

(5) 太小的负整数。

输入：'－47561'

预期的输出："错误——无效输入"

(6) 太大的正整数。

输入：'132767'

预期的输出："错误——无效输入"

(7) 空字符串。

输入：'　　　　'

预期的输出："错误——没有数字"

(8) 字符串左部字符既不是零也不是空格。

输入：'×××××1'

预期的输出："错误——填充错"

(9) 最高位数字后面有空格。

输入：'　1　　2'

预期的输出："错误——无效输入"

(10) 最高位数字后面有其他字符。

输入：'　　1××2'

预期的输出："错误——无效输入"

（11）负号和最高位数字之间有空格。

输入：'　－　　12'

预期的输出："错误——负号位置错"

7.7.2　边界值分析

经验表明,处理边界情况时程序最容易发生错误。例如,许多程序错误出现在下标、纯量、数据结构和循环等等的边界附近。因此,设计使程序运行在边界情况附近的测试方案,暴露出程序错误的可能性更大一些。

使用边界值分析方法设计测试方案首先应该确定边界情况,这需要经验和创造性,通常输入等价类和输出等价类的边界,就是应该着重测试的程序边界情况。选取的测试数据应该刚好等于、刚刚小于和刚刚大于边界值。也就是说,按照边界值分析法,应该选取刚好等于、稍小于和稍大于等价类边界值的数据作为测试数据,而不是选取每个等价类内的典型值或任意值作为测试数据。

通常设计测试方案时总是联合使用等价划分和边界值分析两种技术。例如,为了测试前述的把数字串转变成整数的程序,除了上一小节已经用等价划分法设计出的测试方案外,还应该用边界值分析法再补充下述测试方案。

（1）使输出刚好等于最小的负整数。

输入：'－32768'

预期的输出为：－32768

（2）使输出刚好等于最大的正整数。

输入：'　32767'

预期的输出：32767

原来用等价划分法设计出来的测试方案 5 最好改为：

（3）使输出刚刚小于最小的负整数。

输入：'－32769'

预期的输出："错误——无效输入"

原来的测试方案 6 最好改为：

（4）使输出刚刚大于最大的正整数。

输入：'　32768'

预期的输出："错误——无效输入"

此外,根据边界值分析方法的要求,应该分别使用长度为 0,1 和 6 的数字串作为测试数据。上一小节中设计的测试方案 1,2,3,4 和 7 已经包含了这些边界情况。

7.7.3　错误推测

使用边界值分析和等价划分技术,有助于设计出具有代表性的、因而也就容易暴露程序错误的测试方案。但是,不同类型不同特点的程序通常又有一些特殊的容易出错的情况。此外,有时分别使用每组测试数据时程序都能正常工作,这些输入数据的组合却可能检测出程序的错误。一般说来,即使是一个比较小的程序,可能的输入组合数也往往十分巨大,因此必须依靠测试人员的经验和直觉,从各种可能的测试方案中选出一些最可能引起程序出错的方案。对于程序中可能存在哪类错误的推测,是挑选测试方案时的一个重要因素。

错误推测法在很大程度上靠直觉和经验进行。它的基本想法是列举出程序中可能有的错误和容易发生错误的特殊情况,并且根据它们选择测试方案。第7.3节列出了模块中一些常见错误的清单,这些是模块测试经验的总结。对于程序中容易出错的情况也有一些经验总结出来,例如,输入数据为零或输出数据为零往往容易发生错误;如果输入或输出的数目允许变化(例如,被检索的或生成的表的项数),则输入或输出的数目为0和1的情况(例如,表为空或只有一项)是容易出错的情况。还应该仔细分析程序规格说明书,注意找出其中遗漏或省略的部分,以便设计相应的测试方案,检测程序员对这些部分的处理是否正确。

此外,经验表明,在一段程序中已经发现的错误数目往往和尚未发现的错误数成正比。例如,在IBM OS/370操作系统中,用户发现的全部错误的47%只与该系统4%的模块有关。因此,在进一步测试时要着重测试那些已发现了较多错误的程序段。

等价划分法和边界值分析法都只孤立地考虑各个输入数据的测试功效,而没有考虑多个输入数据的组合效应,可能会遗漏了输入数据易于出错的组合情况。选择输入组合的一个有效途径是利用判定表或判定树为工具,列出输入数据各种组合与程序应作的动作(及相应的输出结果)之间的对应关系,然后为判定表的每一列至少设计一个测试用例。

选择输入组合的另一个有效途径是把计算机测试和人工检查代码结合起来。例如,通过代码检查发现程序中两个模块使用并修改某些共享的变量,如果一个模块对这些变量的修改不正确,则会引起另一个模块出错,因此这是程序发生错误的一个可能的原因。应该设计测试方案,在程序的一次运行中同时检测这两个模块,特别要着重检测一个模块修改了共享变量后,另一个模块能否像预期的那样正常使用这些变量。反之,如果两个模块相互独立,则没有必要测试它们的输入组合情况。通过代码检查也能发现模块相互依赖的关系,例如,某个算术函数的输入是数字字符串,调用7.7.1节例子中的strtoint函数,把输入的数字串转变成内部形式的整数。在这种情况下,不仅必须测试这个转换函数,还应该测试调用它的算术函数在转换函数接收到无效输入时的响应。

7.8 调　　试

调试(也称为纠错)作为成功测试的后果出现,也就是说,调试是在测试发现错误之后排除错误的过程。虽然调试应该而且可以是一个有序过程,但是,目前它在很大程度上仍然是一项技巧。软件工程师在评估测试结果时,往往仅面对着软件错误的症状,也就是说,软件错误的外部表现和它的内在原因之间可能并没有明显的联系。调试就是把症状和原因联系起来的尚未被人深入认识的智力过程。

7.8.1　调试过程

调试不是测试,但是它总是发生在测试之后。如图7.8所示,调试过程从执行一个测试用例开始,评估测试结果,如果发现实际结果与预期结果不一致,则这种不一致就是一个症状,它表明在软件中存在着隐藏的问题。调试过程试图找出产生症状的原因,以便改正错误。

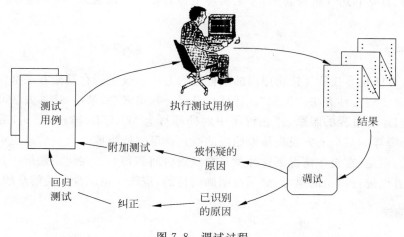

图 7.8　调试过程

调试过程总会有以下两种结果之一:①找到了问题的原因并把问题改正和排除掉了;②没找出问题的原因。在后一种情况下,调试人员可以猜想一个原因,并设计测试用例来验证这个假设,重复此过程直至找到原因并改正了错误。

调试是软件开发过程中最艰巨的脑力劳动。调试工作如此困难,可能心理方面的原因多于技术方面的原因,但是,软件错误的下述特征也是相当重要的原因。

(1) 症状和产生症状的原因可能在程序中相距甚远,也就是说,症状可能出现在程序的一个部分,而实际的原因可能在与之相距很远的另一部分。紧耦合的程序结构更加剧了这种情况。

(2) 当改正了另一个错误之后,症状可能暂时消失了。

(3) 症状可能实际上并不是由错误引起的(例如,舍入误差)。

(4) 症状可能是由不易跟踪的人为错误引起的。

(5) 症状可能是由定时问题而不是由处理问题引起的。

(6) 可能很难重新产生完全一样的输入条件(例如,输入顺序不确定的实时应用系统)。

(7) 症状可能时有时无,这种情况在硬件和软件紧密地耦合在一起的嵌入式系统中特别常见。

(8) 症状可能是由分布在许多任务中的原因引起的,这些任务运行在不同的处理机上。

在调试过程中会遇到从恼人的小错误(例如,不正确的输出格式)到灾难性的大错误(例如,系统失效导致严重的经济损失)等各种不同的错误。错误的后果越严重,查找错误原因的压力也越大。通常,这种压力会导致软件开发人员在改正一个错误的同时引入两个甚至更多个错误。

7.8.2　调试途径

无论采用什么方法，调试的目标都是寻找软件错误的原因并改正错误。通常需要把系统地分析、直觉和运气组合起来，才能实现上述目标。一般说来，有下列 3 种调试途径可以采用。

1. 蛮干法

蛮干法可能是寻找软件错误原因的最低效的方法。仅当所有其他方法都失败了的情况下，才应该使用这种方法。按照"让计算机自己寻找错误"的策略，这种方法印出内存的内容，激活对运行过程的跟踪，并在程序中到处都写上 WRITE（输出）语句，希望在这样生成的信息海洋的某个地方发现错误原因的线索。虽然所生成的大量信息也可能最终导致调试成功，但是，在更多情况下这样做只会浪费时间和精力。在使用任何一种调试方法之前，必须首先进行周密的思考，必须有明确的目的，应该尽量减少无关信息的数量。

2. 回溯法

回溯是一种相当常用的调试方法，当调试小程序时这种方法是有效的。具体做法是，从发现症状的地方开始，人工沿程序的控制流往回追踪分析源程序代码，直到找出错误原因为止。但是，随着程序规模的扩大，应该回溯的路径数目也变得越来越大，以至彻底回溯变成完全不可能了。

3. 原因排除法

对分查找法、归纳法和演绎法都属于原因排除法。

对分查找法的基本思路是，如果已经知道每个变量在程序内若干个关键点的正确值，则可以用赋值语句或输入语句在程序中点附近"注入"这些变量的正确值，然后运行程序并检查所得到的输出。如果输出结果是正确的，则错误原因在程序的前半部分；反之，错误原因在程序的后半部分。对错误原因所在的那部分再重复使用这个方法，直到把出错范围缩小到容易诊断的程度为止。

归纳法是从个别现象推断出一般性结论的思维方法。使用这种方法调试程序时，首先把和错误有关的数据组织起来进行分析，以便发现可能的错误原因。然后导出对错误原因的一个或多个假设，并利用已有的数据来证明或排除这些假设。当然，如果已有的数据尚不足以证明或排除这些假设，则需设计并执行一些新的测试用例，以获得更多的数据。

演绎法从一般原理或前提出发，经过排除和精化的过程推导出结论。采用这种方法调试程序时，首先设想出所有可能的出错原因，然后试图用测试来排除每一个假设的原因。如果测试表明某个假设的原因可能是真的原因，则对数据进行细化以准确定位错误。

上述 3 种调试途径都可以使用调试工具辅助完成，但是工具并不能代替对全部设计文档和源程序的仔细分析与评估。

如果用遍了各种调试方法和调试工具却仍然找不出错误原因，则应该向同行求助。

把遇到的问题向同行陈述并一起分析讨论,往往能开阔思路,较快找出错误原因。

一旦找到错误就必须改正它,但是,改正一个错误可能引入更多的其他错误,以至"得不偿失"。因此,在动手改正错误之前,软件工程师应该仔细考虑下述 3 个问题。

(1) 是否同样的错误也在程序其他地方存在? 在许多情况下,一个程序错误是由错误的逻辑思维模式造成的,而这种逻辑思维模式也可能用在别的地方。仔细分析这种逻辑模式,有可能发现其他错误。

(2) 将要进行的修改可能会引入的"下一个错误"是什么? 在改正错误之前应该仔细研究源程序(最好也研究设计文档),以评估逻辑和数据结构的耦合程度。如果所要做的修改位于程序的高耦合段中,则修改时必须特别小心谨慎。

(3) 为防止今后出现类似的错误,应该做什么? 如果不仅修改了软件产品还改进了开发软件产品的软件过程,则不仅排除了现有程序中的错误,还避免了今后在程序中可能出现的错误。

7.9　软件可靠性

测试阶段的根本目标是消除错误,保证软件的可靠性。读者可能会问,什么是软件的可靠性呢? 应该进行多少测试,软件才能达到所要求的可靠程度呢? 这些正是本节要着重讨论的问题。

7.9.1　基本概念

1. 软件可靠性的定义

对于软件可靠性有许多不同的定义,其中多数人承认的一个定义是:软件可靠性是程序在给定的时间间隔内,按照规格说明书的规定成功地运行的概率。

在上述定义中包含的随机变量是时间间隔。显然,随着运行时间的增加,运行时出现程序故障的概率也将增加,即可靠性随着给定的时间间隔的加大而减少。

按照 IEEE 的规定,术语"错误"的含义是由开发人员造成的软件差错(bug),而术语"故障"的含义是由错误引起的软件的不正确行为。在下面的论述中,将按照 IEEE 规定的含义使用这两个术语。

2. 软件的可用性

通常用户也很关注软件系统可以使用的程度。一般说来,对于任何其故障是可以修复的系统,都应该同时使用可靠性和可用性衡量它的优劣程度。

软件可用性的一个定义是:软件可用性是程序在给定的时间点,按照规格说明书的规定,成功地运行的概率。

可靠性和可用性之间的主要差别是,可靠性意味着在 0 到 t 这段时间间隔内系统没有失效,而可用性只意味着在时刻 t,系统是正常运行的。因此,如果在时刻 t 系统是可用的,则有下述种种可能:在 0 到 t 这段时间内,系统一直没失效(可靠);在这段时间内失效了一次，但是又修复了；在这段时间内失效了两次修复了两次；……

如果在一段时间内，软件系统故障停机时间分别为 $t_{d1}, t_{d2}, \cdots$，正常运行时间分别为 $t_{u1}, t_{u2}, \cdots$，则系统的稳态可用性为：

$$A_{ss} = \frac{T_{up}}{T_{up} + T_{down}} \qquad (7.1)$$

其中

$$T_{up} = \sum t_{ui}, T_{down} = \sum t_{di}$$

如果引入系统平均无故障时间 MTTF 和平均维修时间 MTTR 的概念，则(7.1)式可以变成

$$A_{ss} = \frac{MTTF}{MTTF + MTTR} \qquad (7.2)$$

平均维修时间 MTTR 是修复一个故障平均需要用的时间，它取决于维护人员的技术水平和对系统的熟悉程度，也和系统的可维护性有重要关系，第 8 章将讨论软件维护问题。平均无故障时间 MTTF 是系统按规格说明书规定成功地运行的平均时间，它主要取决于系统中潜伏的错误的数目，因此和测试的关系十分密切。

7.9.2 估算平均无故障时间的方法

软件的平均无故障时间 MTTF 是一个重要的质量指标，往往作为对软件的一项要求，由用户提出来。为了估算 MTTF，首先引入一些有关的量。

1. 符号

在估算 MTTF 的过程中使用下述符号表示有关的数量。

E_T——测试之前程序中错误总数；

I_T——程序长度（机器指令总数）；

τ——测试（包括调试）时间；

$E_d(\tau)$——在 0 至 τ 期间发现的错误数；

$E_c(\tau)$——在 0 至 τ 期间改正的错误数。

2. 基本假定

根据经验数据，可以作出下述假定。

（1）在类似的程序中，单位长度里的错误数 E_T/I_T 近似为常数。美国的一些统计数字表明，通常

$$0.5 \times 10^{-2} \leqslant E_T/I_T \leqslant 2 \times 10^{-2}$$

也就是说，在测试之前每 1 000 条指令中大约有 5～20 个错误。

（2）失效率正比于软件中剩余的（潜藏的）错误数，而平均无故障时间 MTTF 与剩余的错误数成反比。

（3）此外，为了简化讨论，假设发现的每一个错误都立即正确地改正了（即调试过程没有引入新的错误）。因此

$$E_c(\tau) = E_d(\tau)$$

剩余的错误数为

$$E_r(\tau) = E_T - E_c(\tau) \tag{7.3}$$

单位长度程序中剩余的错误数为

$$\varepsilon_r(\tau) = E_T/I_T - E_c(\tau)/I_T \tag{7.4}$$

3. 估算平均无故障时间

经验表明,平均无故障时间与单位长度程序中剩余的错误数成反比,即

$$\text{MTTF} = \frac{1}{K(E_T/I_T - E_c(\tau)/I_T)} \tag{7.5}$$

其中 K 为常数,它的值应该根据经验选取。美国的一些统计数字表明,K 的典型值是 200。

估算平均无故障时间的公式,可以评价软件测试的进展情况。此外,由(7.5)式可得

$$E_c = E_T - \frac{I_T}{K \times \text{MTTF}} \tag{7.6}$$

因此,也可以根据对软件平均无故障时间的要求,估计需要改正多少个错误之后,测试工作才能结束。

4. 估计错误总数的方法

程序中潜藏的错误的数目是一个十分重要的量,它既直接标志软件的可靠程度,又是计算软件平均无故障时间的重要参数。显然,程序中的错误总数 E_T 与程序规模、类型、开发环境、开发方法论、开发人员的技术水平和管理水平等都有密切关系。下面介绍估计 E_T 的两个方法。

(1) 植入错误法

使用这种估计方法,在测试之前由专人在程序中随机地植入一些错误,测试之后,根据测试小组发现的错误中原有的和植入的两种错误的比例,来估计程序中原有错误的总数 E_T。

假设人为地植入的错误数为 N_s,经过一段时间的测试之后发现 n_s 个植入的错误,此外还发现了 n 个原有的错误。如果可以认为测试方案发现植入错误和发现原有错误的能力相同,则能够估计出程序中原有错误的总数为

$$\hat{N} = \frac{n}{n_s} N_s \tag{7.7}$$

其中 $\hat{N}$ 即是错误总数 E_T 的估计值。

(2) 分别测试法

植入错误法的基本假定是所用的测试方案发现植入错误和发现原有错误的概率相同。但是,人为地植入的错误和程序中原有的错误可能性质很不相同,发现它们的难易程度自然也不相同,因此,上述基本假定可能有时和事实不完全一致。

如果有办法随机地把程序中一部分原有的错误加上标记,然后根据测试过程中发现的有标记错误和无标记错误的比例,估计程序中的错误总数,则这样得出的结果比用植入

错误法得到的结果更可信一些。

为了随机地给一部分错误加标记，分别测试法使用两个测试员（或测试小组），彼此独立地测试同一个程序的两个副本，把其中一个测试员发现的错误作为有标记的错误。具体做法是，在测试过程的早期阶段，由测试员甲和测试员乙分别测试同一个程序的两个副本，由另一名分析员分析他们的测试结果。用 τ 表示测试时间，假设

- $\tau = 0$ 时错误总数为 B_0；
- $\tau = \tau_1$ 时测试员甲发现的错误数为 B_1；
- $\tau = \tau_1$ 时测试员乙发现的错误数为 B_2；
- $\tau = \tau_1$ 时两个测试员发现的相同错误数为 b_c。

如果认为测试员甲发现的错误是有标记的，即程序中有标记的错误总数为 B_1，则测试员乙发现的 B_2 个错误中有 b_c 个是有标记的。假定测试员乙发现有标记错误和发现无标记错误的概率相同，则可以估计出测试前程序中的错误总数为

$$\hat{B}_0 = \frac{B_2}{b_c} B_1 \tag{7.8}$$

使用分别测试法，在测试阶段的早期，每隔一段时间分析员分析两名测试员的测试结果，并且用(7.8)式计算 $\hat{B}_0$。如果几次估算的结果相差不多，则可用 $\hat{B}_0$ 的平均值作为 E_T 的估计值。此后一名测试员可以改做其他工作，由余下的一名测试员继续完成测试工作，因为他可以继承另一名测试员的测试结果，所以分别测试法增加的测试成本并不太多。

7.10　小　结

实现包括编码和测试两个阶段。

按照传统的软件工程方法学，编码是在对软件进行了总体设计和详细设计之后进行的，它只不过是把软件设计的结果翻译成用某种程序设计语言书写的程序，因此，程序的质量基本上取决于设计的质量。但是，编码使用的语言，特别是写程序的风格，也对程序质量有相当大的影响。

大量实践结果表明，高级程序设计语言较汇编语言有很多优点。因此，除非在非常必要的场合，一般不要使用汇编语言写程序。至于具体选用哪种高级程序设计语言，则不仅要考虑语言本身的特点，还应该考虑使用环境等一系列实际因素。

程序内部的良好文档资料，有规律的数据说明格式，简单清晰的语句构造和输入输出格式等，都对提高程序的可读性有很大作用，也在相当大的程度上改进了程序的可维护性。

目前软件测试仍然是保证软件可靠性的主要手段。测试阶段的根本任务是发现并改正软件中的错误。

软件测试是软件开发过程中最艰巨最繁重的任务，大型软件的测试应该分阶段地进行，通常至少分为单元测试、集成测试和验收测试 3 个基本阶段。

设计测试方案是测试阶段的关键技术问题，基本目标是选用最少量的高效测试数据，做到尽可能完善的测试，从而尽可能多地发现软件中的问题。

应该认识到,软件测试不仅仅指利用计算机进行的测试,还包括人工进行的测试(例如,代码审查)。两种测试途径各有优缺点,互相补充,缺一不可。

白盒测试和黑盒测试是软件测试的两类基本方法,这两类方法各有所长,相互补充。通常,在测试过程的早期阶段主要使用白盒方法,而在测试过程的后期阶段主要使用黑盒方法。为了设计出有效的测试方案,软件工程师应该深入理解并坚持运用关于软件测试的基本准则。

设计白盒测试方案的技术主要有,逻辑覆盖和控制结构测试;设计黑盒测试方案的技术主要有,等价划分、边界值分析和错误推测。

在测试过程中发现的软件错误必须及时改正,这就是调试的任务。为了改正错误,首先必须确定错误的准确位置,这是调试过程中最困难的工作,需要审慎周密的思考和推理。为了改正错误往往需要修正原来的设计,必须通盘考虑统筹兼顾,而不能"头疼医头、脚疼医脚",应该尽量避免在调试过程中引进新错误。

测试和调试是软件测试阶段中的两个关系非常密切的过程,它们往往交替进行。

程序中潜藏的错误的数目,直接决定了软件的可靠性。通过测试可以估算出程序中剩余的错误数。根据测试和调试过程中已经发现和改正的错误数,可以估算软件的平均无故障时间;反之,根据要求达到的软件平均无故障时间,可以估算出应该改正的错误数,从而能够判断测试阶段何时可以结束。

习 题 7

1. 下面给出的伪码中有一个错误。仔细阅读这段伪码,说明该伪码的语法特点,找出并改正伪码中的错误。字频统计程序的伪码如下:

```
INITIALIZE the Program
READ the first text record
DO WHILE there are more words in the text record
    DO WHILE there are more words in the text record
        EXTRACT the next text word
        SEARCH the word_ table for the extracted word
        IF the extracted word is found
            INCREMENT the word's occurrence count
        ELSE
            INSERT the extracted word into the table
        END IF
        INCREMENT the words_ processed count
    END DO at the end of the text record
    READ the next text record
END DO when all text records have heen read
PRINT the table and summary information
TERMINATE the program
```

2. 研究下面给出的伪码程序，要求：

（1）画出它的程序流程图。

（2）它是结构化的还是非结构化的？说明理由。

（3）若是非结构化的，则

（a）把它改造成仅用 3 种控制结构的结构化程序；

（b）写出这个结构化设计的伪码；

（c）用盒图表示这个结构化程序。

（4）找出并改正程序逻辑中的错误。

```
COMMENT: PROGRAM SEARCHES FOR FIRST N REFERENCES
         TO A TOPIC IN AN INFORMATION RETRIEVAL
         SYSTEM WITH T TOTAL ENTRIES

         INPUT N
         INPUT KEYWORD(S) FOR TOPIC
         I=O
         MATCH=0
         DO WHILE I≤T
             I=I+1
             IF WORD=KEYWORD
                THEN MATCH=MATCH+1
                          STORE IN BUFFER
             END
             IF MATCH=N
                 THEN GOTO OUTPUT
             END
         END
         IF N=0
             THEN PRINT "NO MATCH"
OUTPUT：    ELSE CALL SUBROUTINE TO PRINT BUFFER
                 INFORMATION
         END
```

3. 在第 2 题的设计中若输入的 N 值或 KEYWORD 不合理，会发生问题。

（1）给出这些变量的不合理值的例子。

（2）将这些不合理值输入程序会有什么后果？

（3）怎样在程序中加入防错措施，以防止出现这些问题？

4. 回答下列问题。

（1）什么是模块测试和集成测试？它们各有什么特点？

（2）假设有一个由 1 000 行 FORTRAN 语句构成的程序（经编译后大约有 5 000 条机器指令），估计在对它进行测试期间将发现多少个错误？为什么？

（3）设计下列伪码程序的语句覆盖和路径覆盖测试用例：

```
START
INPUT（A,B,C）
IF A>5
    THEN X=10
    ELSE X=1
END IF
IF B>10
    THEN Y=20
    ELSE Y=2
END IF
IF C>15
    THEN Z=30
    ELSE Z=3
END IF
PRINT（X,Y,Z）
STOP
```

5. 某图书馆有一个使用 CRT 终端的信息检索系统，该系统有下列 4 个基本检索命令：

名　称	语　法	操　作
BROWSE （浏览）	b(关键字)	系统搜索给出的关键字，找出字母排列与此关键字最相近的字。然后在屏幕上显示约 20 个加了行号的字，与给出的关键字完全相同的字约在中央
SELECT （选取）	s(屏幕 上的行号)	系统创建一个文件保存含有由行号指定的关键字的全部图书的索引，这些索引都有编号（第一个索引的编号为 1,第二个为 2……依此类推）
DISPLAY （显示）	d(索引号)	系统在屏幕上显示与给定的索引号有关的信息，这些信息与通常在图书馆的目录卡片上给出的信息相同。这条命令接在 BROWSE/SELECT 或 FIND 命令后面用，以显示文件中的索引信息
FIND （查找）	f(作者姓名)	系统搜索指定的作者姓名，并在屏幕上显示该作者的著作的索引号,同时把这些索引存入文件

要求：

（1）设计测试数据以全面测试系统的正常操作；

（2）设计测试数据以测试系统的非正常操作。

6. 航空公司 A 向软件公司 B 订购了一个规划飞行路线的程序。假设自己是软件公司 C 的软件工程师，A 公司已雇用自己所在的公司对上述程序进行验收测试。任务是，根据下述事实设计验收测试的输入数据，解释选取这些数据的理由。

领航员向程序输入出发点和目的地，以及根据天气和飞机型号而初步确定的飞行高度。程序读入途中的风向风力等数据，并且制定出 3 套飞行计划（高度，速度，方向及途中的 5 个位置校核点）。所制定的飞行计划应做到燃料消耗和飞行时间都最少。

7. 严格说来，有两种不同的路径覆盖测试，分别为程序路径覆盖和程序图路径覆盖。这两种测试可分别称为程序的自然执行和强迫执行。所谓自然执行是指测试者（人或计算机）读入程序中的条件表达式，根据程序变量的当前值计算该条件表达式的值（真或假），并相应地分支。强迫执行是在用程序图作为程序的抽象模型时产生的一个人为的概念，它可以简化测试问题。强迫执行的含义是，一旦遇到条件表达式，测试者就强迫程序分两种情况（条件表达式的值为真和为假）执行。显然，强迫执行将遍历程序图的所有路径，然而由于各个条件表达式之间存在相互依赖的关系，这些路径中的某一些在自然执行时可能永远也不会进入。

为了使强迫执行的概念在实际工作中有用，它简化测试工具的好处应该超过它使用额外的不可能达到的测试用例所带来的坏处。在绝大多数情况下，强迫执行的测试数并不比自然执行的测试数大很多，此外，对强迫执行的定义实际上包含了一种技术，能够缩短在测试含有循环的程序时所需的运行时间。

程序的大部分执行时间通常用于重复执行程序中的 DO 循环，特别是嵌套的循环。因此必须发明一种技术，使得每个 DO 循环只执行一遍。这样做并不会降低测试的功效，因为经验表明第一次或最后一次执行循环时最容易出错。

Laemmel 教授提出的自动测试每条路径的技术如下。

当编写程序时每个 DO 循环应该写成一种包含测试变量 T 和模式变量 M 的特殊形式，因此

DO I= 1 TO 38

应变成

DO I=1 TO M * 38+(1−M) * T

可见，当 $M=0$ 时处于测试模式，而 $M=1$ 时处于正常运行模式。当处于测试模式时，令 $T=0$ 则该循环一次也不执行，令 $T=1$ 则该循环只执行一次。

类似地，应该使用模式变量和测试变量改写 IF 语句，例如

IF X+Y>0   THEN Z=X
           ELSE   Z=Y

应变成

IF M * (X+Y)+T>0   THEN Z=X
                   ELSE Z=Y

正常运行时令 $M=1$ 和 $T=0$，测试期间令 $M=0$，为测试 THEN 部分需令 $T=+1$，测试 ELSE 部分则令 $T=-1$。

要求：

（1）选取一个包含循环和 IF 语句的程序，用 Laemmel 技术修改这个程序，上机实际测试这个程序并解释所得到的结果。

（2）设计一个程序按照 Laemmel 技术自动修改待测试的程序。利用这个测试工具修改上一问中人工修改的程序，两次修改得到的结果一致吗？

（3）怎样把 Laemmel 技术推广到包含 WHILE DO 和 REPEAT UNTIL 语句的

程序?

(4) 试分析 Laemmel 技术的优缺点并提出改进意见。

8. 对一个包含 10 000 条机器指令的程序进行一个月集成测试后,总共改正了 15 个错误,此时 MTTF＝10h;经过两个月测试后,总共改正了 25 个错误(第二个月改正了 10 个错误),MTTF＝15h。

要求:

(1) 根据上述数据确定 MTTF 与测试时间之间的函数关系,画出 MTTF 与测试时间 τ 的关系曲线。在画这条曲线时做了什么假设?

(2) 为做到 MTTF＝100h,必须进行多长时间的集成测试? 当集成测试结束时总共改正了多少个错误,还有多少个错误潜伏在程序中?

9. 如对一个长度为 100 000 条指令的程序进行集成测试期间记录下下面的数据:

(a) 7 月 1 日:集成测试开始,没有发现错误。

(b) 8 月 2 日:总共改正 100 个错误,此时 MTTF＝0.4h

(c) 9 月 1 日:总共改正 300 个错误,此时,MTTF＝2h

根据上列数据完成下列各题。

(1) 估计程序中的错误总数。

(2) 为使 MTTF 达到 10h,必须测试和调试这个程序多长时间?

(3) 画出 MTTF 和测试时间 τ 之间的函数关系曲线。

10. 在测试一个长度为 24 000 条指令的程序时,第一个月由甲、乙两名测试员各自独立测试这个程序。经一个月测试后,甲发现并改正 20 个错误,使 MTTF 达到 10h。与此同时,乙发现 24 个错误,其中 6 个甲也发现了。以后由甲一个人继续测试这个程序。问:

(1) 刚开始测试时程序中总共有多少个潜藏的错误?

(2) 为使 MTTF 达到 60h,必须再改正多少个错误? 还需用多长测试时间?

(3) 画出 MTTF 与集成测试时间 τ 之间的函数关系曲线。

第 *8* 章　　　　　维　　护

　　在软件产品被开发出来并交付用户使用之后，就进入了软件的运行维护阶段。这个阶段是软件生命周期的最后一个阶段，其基本任务是保证软件在一个相当长的时期能够正常运行。

　　软件维护需要的工作量很大，平均说来，大型软件的维护成本高达开发成本的 4 倍左右。目前国外许多软件开发组织把 60％以上的人力用于维护已有的软件，而且随着软件数量的增多和使用寿命的延长，这个百分比还在持续上升。将来维护工作甚至可能会束缚住软件开发组织的手脚，使他们没有余力开发新的软件。

　　软件工程的主要目的就是要提高软件的可维护性，减少软件维护所需要的工作量，降低软件系统的总成本。

8.1　软件维护的定义

　　所谓软件维护就是在软件已经交付使用之后，为了改正错误或满足新的需要而修改软件的过程。可以通过描述软件交付使用后可能进行的 4 项活动，具体地定义软件维护。

　　因为软件测试不可能暴露出一个大型软件系统中所有潜藏的错误，所以必然会有第一项维护活动：在任何大型程序的使用期间，用户必然会发现程序错误，并且把他们遇到的问题报告给维护人员。把诊断和改正错误的过程称为改正性维护。

　　计算机科学技术领域的各个方面都在迅速进步，大约每过 36 个月就有新一代的硬件宣告出现，经常推出新操作系统或旧系统的修改版本，时常增加或修改外部设备和其他系统部件；另外，应用软件的使用寿命却很容易超过 10 年，远远长于最初开发这个软件时的运行环境的寿命。因此，适应性维护，也就是为了和变化了的环境适当地配合而进行的修改软件的活动，是既必要又经常的维护活动。

　　当一个软件系统顺利地运行时，常常出现第三项维护活动：在使用软件的过程中用户往往提出增加新功能或修改已有功能的建议，还可能提出一般性的改进意见。为了满足这类要求，需要进行完善性维护。这项维护活动通常占软件维护工作的大部分。

当为了改进未来的可维护性或可靠性，或为了给未来的改进奠定更好的基础而修改软件时，出现了第四项维护活动。这项维护活动通常称为预防性维护，目前这项维护活动相对比较少。

从上述关于软件维护的定义不难看出，软件维护绝不仅限于纠正使用中发现的错误，事实上在全部维护活动中一半以上是完善性维护。国外的统计数字表明，完善性维护占全部维护活动的 50%～66%，改正性维护占 17%～21%，适应性维护占 18%～25%，其他维护活动只占 4%左右。

应该注意，上述 4 类维护活动都必须应用于整个软件配置，维护软件文档和维护软件的可执行代码是同样重要的。

8.2　软件维护的特点

8.2.1　结构化维护与非结构化维护差别巨大

1. 非结构化维护

如果软件配置的唯一成分是程序代码，那么维护活动从艰苦地评价程序代码开始，而且常常由于程序内部文档不足而使评价更困难，对于软件结构、全程数据结构、系统接口、性能和（或）设计约束等经常会产生误解，而且对程序代码所做的改动的后果也是难于估量的：因为没有测试方面的文档，所以不可能进行回归测试（即指为了保证所做的修改没有在以前可以正常使用的软件功能中引入错误而重复过去做过的测试）。非结构化维护需要付出很大代价（浪费精力并且遭受挫折的打击），这种维护方式是没有使用良好定义的方法学开发出来的软件的必然结果。

2. 结构化维护

如果有一个完整的软件配置存在，那么维护工作从评价设计文档开始，确定软件重要的结构特点、性能特点以及接口特点；估量要求的改动将带来的影响，并且计划实施途径。然后首先修改设计并且对所做的修改进行仔细复查。接下来编写相应的源程序代码；使用在测试说明书中包含的信息进行回归测试；最后，把修改后的软件再次交付使用。

刚才描述的事件构成结构化维护，它是在软件开发的早期应用软件工程方法学的结果。虽然有了软件的完整配置并不能保证维护中没有问题，但是确实能减少精力的浪费并且能提高维护的总体质量。

8.2.2　维护的代价高昂

在过去的几十年中，软件维护的费用稳步上升。1970 年用于维护已有软件的费用只占软件总预算的 35%～40%，1980 年上升为 40%～60%，1990 年上升为 70%～80%。

维护费用只不过是软件维护的最明显的代价,其他一些现在还不明显的代价将来可能更为人们所关注。因为可用的资源必须供维护任务使用,以致耽误甚至丧失了开发的良机,这是软件维护的一个无形的代价。其他无形的代价还有以下几个。

- 当看来合理的有关改错或修改的要求不能及时满足时将引起用户不满。
- 由于维护时的改动,在软件中引入了潜伏的错误,从而降低了软件的质量。
- 当必须把软件工程师调去从事维护工作时,将在开发过程中造成混乱。

软件维护的最后一个代价是生产率的大幅度下降,这种情况在维护旧程序时常常遇到。例如,据 Gausler 在 1976 年的报道,美国空军的飞行控制软件每条指令的开发成本是 75 美元,然而维护成本大约是每条指令 4 000 美元,也就是说,生产率下降为约 1/50。

用于维护工作的劳动可以分成生产性活动(例如,分析评价,修改设计和编写程序代码等)和非生产性活动(例如,理解程序代码的功能,解释数据结构、接口特点和性能限度等)。下述表达式给出维护工作量的一个模型:

$$M = P + K \times \exp(c - d)$$

其中,M 是维护用的总工作量,P 是生产性工作量,K 是经验常数,c 是复杂程度(非结构化设计和缺少文档都会增加软件的复杂程度),d 是维护人员对软件的熟悉程度。

上面的模型表明,如果软件的开发途径不好(即没有使用软件工程方法学),而且原来的开发人员不能参加维护工作,那么维护工作量和费用将指数地增加。

8.2.3　维护的问题很多

与软件维护有关的绝大多数问题,都可归因于软件定义和软件开发的方法有缺点。在软件生命周期的头两个时期没有严格而又科学的管理和规划,几乎必然会导致在最后阶段出现问题。下面列出和软件维护有关的部分问题。

(1) 理解别人写的程序通常非常困难,而且困难程度随着软件配置成分的减少而迅速增加。如果仅有程序代码没有说明文档,则会出现严重的问题。

(2) 需要维护的软件往往没有合格的文档,或者文档资料显著不足。认识到软件必须有文档仅仅是第一步,容易理解的并且和程序代码完全一致的文档才真正有价值。

(3) 当要求对软件进行维护时,不能指望由开发人员给人们仔细说明软件。由于维护阶段持续的时间很长,因此,当需要解释软件时,往往原来写程序的人已经不在附近了。

(4) 绝大多数软件在设计时没有考虑将来的修改。除非使用强调模块独立原理的设计方法学,否则修改软件既困难又容易发生差错。

(5) 软件维护不是一项吸引人的工作。形成这种观念很大程度上是因为维护工作经常遭受挫折。

上述种种问题在现有的没采用软件工程思想开发出来的软件中,都或多或少地存在着。不应该把一种科学的方法学看做万应灵药,但是,软件工程至少部分地解决了与维护有关的每一个问题。

8.3 软件维护过程

维护过程本质上是修改和压缩了的软件定义和开发过程，而且事实上远在提出一项维护要求之前，与软件维护有关的工作已经开始了。首先必须建立一个维护组织，随后必须确定报告和评价的过程，而且必须为每个维护要求规定一个标准化的事件序列。此外，还应该建立一个适用于维护活动的记录保管过程，并且规定复审标准。

1. 维护组织

虽然通常并不需要建立正式的维护组织，但是，即使对于一个小的软件开发团体而言，非正式地委托责任也是绝对必要的。每个维护要求都通过维护管理员转交给熟悉该产品的系统管理员去评价。系统管理员是被指定去熟悉一小部分产品程序的技术人员。系统管理员对维护任务做出评价之后，由变化授权人决定应该进行的活动。

在维护活动开始之前就明确维护责任是十分必要的，这样做可以大大减少维护过程中可能出现的混乱。

2. 维护报告

应该用标准化的格式表达所有软件维护要求。软件维护人员通常给用户提供空白的维护要求表——有时称为软件问题报告表，这个表格由要求一项维护活动的用户填写。如果遇到了一个错误，那么必须完整描述导致出现错误的环境（包括输入数据、全部输出数据以及其他有关信息）。对于适应性或完善性的维护要求，应该提出一个简短的需求说明书。如前所述，由维护管理员和系统管理员评价用户提交的维护要求表。

维护要求表是一个外部产生的文件，它是计划维护活动的基础。软件组织内部应该制定出一个软件修改报告，它给出下述信息。

（1）满足维护要求表中提出的要求所需要的工作量。

（2）维护要求的性质。

（3）这项要求的优先次序。

（4）与修改有关的事后数据。

在拟定进一步的维护计划之前，把软件修改报告提交给变化授权人审查批准。

3. 维护的事件流

图 8.1 描绘了由一项维护要求而引出的一串事件。首先应该确定要求进行的维护的类型。用户常常把一项要求看作是为了改正软件的错误（改正性维护），而开发人员可能把同一项要求看作是适应性或完善性维护。当存在不同意见时必须协商解决。

从图 8.1 描绘的事件流看到，对一项改正性维护要求（图中"错误"通路）的处理，从估量错误的严重程度开始。如果是一个严重的错误（例如，一个关键性的系统不能正常运行），则在系统管理员的指导下分派人员，并且立即开始问题分析过程。如果错误并不严重，那么改正性的维护和其他要求软件开发资源的任务一起统筹安排。

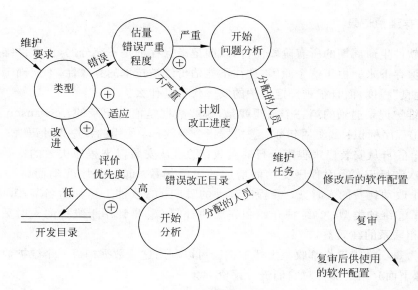

图 8.1 维护阶段的事件流

适应性维护和完善性维护的要求沿着相同的事件流通路前进。应该确定每个维护要求的优先次序，并且安排要求的工作时间，就好像它是另一个开发任务一样（从所有意图和目标来看，它都属于开发工作）。如果一项维护要求的优先次序非常高，可能立即开始维护工作。

不管维护类型如何，都需要进行同样的技术工作。这些工作包括修改软件设计、复查、必要的代码修改、单元测试和集成测试（包括使用以前的测试方案的回归测试）、验收测试和复审。不同类型的维护强调的重点不同，但是基本途径是相同的。维护事件流中最后一个事件是复审，它再次检验软件配置的所有成分的有效性，并且保证事实上满足了维护要求表中的要求。

当然，也有并不完全符合上述事件流的维护要求。当发生恶性的软件问题时，就出现所谓的“救火”维护要求，这种情况需要立即把资源用来解决问题。如果对一个组织来说，“救火”是常见的过程，那么必须怀疑它的管理能力和技术能力。

在完成软件维护任务之后，进行处境复查常常是有好处的。一般说来，这种复查试图回答下述问题。

- 在当前处境下设计、编码或测试的哪些方面能用不同方法进行？
- 哪些维护资源是应该有而事实上却没有的？
- 对于这项维护工作什么是主要的（以及次要的）障碍？
- 要求的维护类型中有预防性维护吗？

处境复查对将来维护工作的进行有重要影响，而且所提供的反馈信息对有效地管理软件组织十分重要。

4. 保存维护记录

对于软件生命周期的所有阶段而言,以前记录保存都是不充分的,而软件维护则根本没有记录保存下来。由于这个原因,往往不能估价维护技术的有效性,不能确定一个产品程序的"优良"程度,而且很难确定维护的实际代价是什么。

保存维护记录遇到的第一个问题就是,哪些数据是值得记录的? Swanson 提出了下述内容:①程序标识;②源语句数;③机器指令条数;④使用的程序设计语言;⑤程序安装的日期;⑥自从安装以来程序运行的次数;⑦自从安装以来程序失效的次数;⑧程序变动的层次和标识;⑨因程序变动而增加的源语句数;⑩因程序变动而删除的源语句数;⑪每个改动耗费的人时数;⑫程序改动的日期;⑬软件工程师的名字;⑭维护要求表的标识;⑮维护类型;⑯维护开始和完成的日期;⑰累计用于维护的人时数;⑱与完成的维护相联系的纯效益。

应该为每项维护工作都收集上述数据。可以利用这些数据构成一个维护数据库的基础,并且像下面介绍的那样对它们进行评价。

5. 评价维护活动

缺乏有效的数据就无法评价维护活动。如果已经开始保存维护记录了,则可以对维护工作做一些定量度量。至少可以从下述 7 个方面度量维护工作。

(1) 每次程序运行平均失效的次数。

(2) 用于每一类维护活动的总人时数。

(3) 平均每个程序、每种语言、每种维护类型所做的程序变动数。

(4) 维护过程中增加或删除一个源语句平均花费的人时数。

(5) 维护每种语言平均花费的人时数。

(6) 一张维护要求表的平均周转时间。

(7) 不同维护类型所占的百分比。

根据对维护工作定量度量的结果,可以做出关于开发技术、语言选择、维护工作量规划、资源分配及其他许多方面的决定,而且可以利用这样的数据去分析评价维护任务。

8.4 软件的可维护性

可以把软件的可维护性定性地定义为:维护人员理解、改正、改动或改进这个软件的难易程度。在前面的章节中曾经多次强调,提高可维护性是支配软件工程方法学所有步骤的关键目标。

8.4.1 决定软件可维护性的因素

维护就是在软件交付使用后进行的修改,修改之前必须理解待修改的对象,修改之后应该进行必要的测试,以保证所做的修改是正确的。如果是改正性维护,还必须预先进行调试以确定错误的具体位置。因此,决定软件可维护性的因素主要有下述 5 个。

1. 可理解性

软件可理解性表现为外来读者理解软件的结构、功能、接口和内部处理过程的难易程度。模块化(模块结构良好,高内聚,松耦合)、详细的设计文档、结构化设计、程序内部的文档和良好的高级程序设计语言等,都对提高软件的可理解性有重要贡献。

2. 可测试性

诊断和测试的容易程度取决于软件容易理解的程度。良好的文档对诊断和测试是至关重要的,此外,软件结构、可用的测试工具和调试工具,以及以前设计的测试过程也都是非常重要的。维护人员应该能够得到在开发阶段用过的测试方案,以便进行回归测试。在设计阶段应该尽力把软件设计成容易测试和容易诊断的。

对于程序模块来说,可以用程序复杂度来度量它的可测试性。模块的环形复杂度越大,可执行的路径就越多,因此,全面测试它的难度就越高。

3. 可修改性

软件容易修改的程度和本书第 5 章讲过的设计原理和启发规则直接有关。耦合、内聚、信息隐藏、局部化、控制域与作用域的关系等,都影响软件的可修改性。

4. 可移植性

软件可移植性指的是,把程序从一种计算环境(硬件配置和操作系统)转移到另一种计算环境的难易程度。把与硬件、操作系统以及其他外部设备有关的程序代码集中放到特定的程序模块中,可以把因环境变化而必须修改的程序局限在少数程序模块中,从而降低修改的难度。

5. 可重用性

所谓重用(reuse)是指同一事物不做修改或稍加改动就在不同环境中多次重复使用。大量使用可重用的软件构件来开发软件,可以从下述两个方面提高软件的可维护性。

(1) 通常,可重用的软件构件在开发时都经过很严格的测试,可靠性比较高,且在每次重用过程中都会发现并清除一些错误,随着时间推移,这样的构件将变成实质上无错误的。因此,软件中使用的可重用构件越多,软件的可靠性越高,改正性维护需求就越少。

(2) 很容易修改可重用的软件构件使之再次应用在新环境中,因此,软件中使用的可重用构件越多,适应性和完善性维护也就越容易。

8.4.2　文档

文档是影响软件可维护性的决定因素。由于长期使用的大型软件系统在使用过程中必然会经受多次修改,所以文档比程序代码更重要。

软件系统的文档可以分为用户文档和系统文档两类。用户文档主要描述系统功能和使用方法,并不关心这些功能是怎样实现的;系统文档描述系统设计、实现和测试等各方面的内容。

总地说来，软件文档应该满足下述要求。

（1）必须描述如何使用这个系统，没有这种描述时即使是最简单的系统也无法使用。

（2）必须描述怎样安装和管理这个系统。

（3）必须描述系统需求和设计。

（4）必须描述系统的实现和测试，以便使系统成为可维护的。

下面分别讨论用户文档和系统文档。

1. 用户文档

用户文档是用户了解系统的第一步，它应该能使用户获得对系统的准确的初步印象。文档的结构方式应该使用户能够方便地根据需要阅读有关的内容。

用户文档至少应该包括下述 5 方面的内容。

（1）功能描述，说明系统能做什么。

（2）安装文档，说明怎样安装这个系统以及怎样使系统适应特定的硬件配置。

（3）使用手册，简要说明如何着手使用这个系统（应该通过丰富例子说明怎样使用常用的系统功能，还应该说明用户操作错误时怎样恢复和重新启动）。

（4）参考手册，详尽描述用户可以使用的所有系统设施以及它们的使用方法，还应该解释系统可能产生的各种出错信息的含义（对参考手册最主要的要求是完整，因此通常使用形式化的描述技术）。

（5）操作员指南（如果需要有系统操作员的话），说明操作员应该如何处理使用中出现的各种情况。

上述内容可以分别作为独立的文档，也可以作为一个文档的不同分册，具体做法应该由系统规模决定。

2. 系统文档

所谓系统文档指从问题定义、需求说明到验收测试计划这样一系列和系统实现有关的文档。描述系统设计、实现和测试的文档对于理解程序和维护程序来说是极端重要的。和用户文档类似，系统文档的结构也应该能把读者从对系统概貌的了解，引导到对系统每个方面每个特点的更形式化更具体的认识。本书前面各章已经较详细地介绍了各个阶段应该产生的文档，此处不再重复。

8.4.3　可维护性复审

可维护性是所有软件都应该具备的基本特点，必须在开发阶段保证软件具有 8.4.1 节中提到的那些可维护因素。在软件工程过程的每一个阶段都应该考虑并努力提高软件的可维护性，在每个阶段结束前的技术审查和管理复审中，应该着重对可维护性进行复审。

在需求分析阶段的复审过程中，应该对将来要改进的部分和可能会修改的部分加以注意并指明；应该讨论软件的可移植性问题，并且考虑可能影响软件维护的系统界面。

在正式的和非正式的设计复审期间,应该从容易修改、模块化和功能独立的目标出发,评价软件的结构和过程;设计中应该对将来可能修改的部分预作准备。

代码复审应该强调编码风格和内部说明文档这两个影响可维护性的因素。

在设计和编码过程中应该尽量使用可重用的软件构件,如果需要开发新的构件,也应该注意提高构件的可重用性。

每个测试步骤都可以暗示在软件正式交付使用前,程序中可能需要做预防性维护的部分。在测试结束时进行最正式的可维护性复审,这个复审称为配置复审。配置复审的目的是保证软件配置的所有成分是完整的、一致的和可理解的,而且为了便于修改和管理已经编目归档了。

在完成了每项维护工作之后,都应该对软件维护本身进行仔细认真的复审。

维护应该针对整个软件配置,不应该只修改源程序代码。当对源程序代码的修改没有反映在设计文档或用户手册中时,就会产生严重的后果。

每当对数据、软件结构、模块过程或任何其他有关的软件特点做了改动时,必须立即修改相应的技术文档。不能准确反映软件当前状态的设计文档可能比完全没有文档更坏。在以后的维护工作中很可能因文档不完全符合实际而不能正确理解软件,从而在维护中引入过多的错误。

用户通常根据描述软件特点和使用方法的用户文档来使用、评价软件。如果对软件的可执行部分的修改没有及时反映在用户文档中,则必然会使用户因为受挫折而产生不满。

如果在软件再次交付使用之前,对软件配置进行严格的复审,则可大大减少文档的问题。事实上,某些维护要求可能并不需要修改软件设计或源程序代码,只是表明用户文档不清楚或不准确,因此只需要对文档做必要的维护。

8.5　预防性维护

几乎所有历史比较悠久的软件开发组织,都有一些十几年前开发出的"老"程序。目前,某些老程序仍然在为用户服务,但是,当初开发这些程序时并没有使用软件工程方法学来指导,因此,这些程序的体系结构和数据结构都很差,文档不全甚至完全没有文档,对曾经做过的修改也没有完整的记录。

怎样满足用户对上述这类老程序的维护要求呢? 为了修改这类程序以适应用户新的或变更的需求,有以下几种做法可供选择。

(1) 反复多次地做修改程序的尝试,与不可见的设计及源代码"顽强战斗",以实现所要求的修改。

(2) 通过仔细分析程序尽可能多地掌握程序的内部工作细节,以便更有效地修改它。

(3) 在深入理解原有设计的基础上,用软件工程方法重新设计、重新编码和测试那些需要变更的软件部分。

(4) 以软件工程方法学为指导,对程序全部重新设计、重新编码和测试,为此可以使用 CASE 工具(逆向工程和再工程工具)来帮助理解原有的设计。

第一种做法很盲目，通常人们采用后 3 种做法。其中第 4 种做法称为软件再工程，这样的维护活动也就是本章 8.1 节中所说的预防性维护，而第 3 种做法实质上是局部的再工程。

预防性维护方法是由 Miller 提出来的，他把这种方法定义为："把今天的方法学应用到昨天的系统上，以支持明天的需求。"

粗看起来，在一个正在工作的程序版本已经存在的情况下重新开发一个大型程序，似乎是一种浪费。其实不然，下述事实很能说明问题。

（1）维护一行源代码的代价可能是最初开发该行源代码代价的 14～40 倍。

（2）重新设计软件体系结构（程序及数据结构）时使用了现代设计概念，它对将来的维护可能有很大的帮助。

（3）由于现有的程序版本可作为软件原型使用，开发生产率可大大高于平均水平。

（4）用户具有较多使用该软件的经验，因此，能够很容易地搞清新的变更需求和变更的范围。

（5）利用逆向工程和再工程的工具，可以使一部分工作自动化。

（6）在完成预防性维护的过程中可以建立起完整的软件配置。

虽然由于条件所限，目前预防性维护在全部维护活动中仅占很小比例，但是，人们不应该忽视这类维护，在条件具备时应该主动地进行预防性维护。

8.6 软件再工程过程

典型的软件再工程过程模型如图 8.2 所示，该模型定义了 6 类活动。在某些情况下这些活动以线性顺序发生，但也并非总是这样，例如，为了理解某个程序的内部工作原理，可能在文档重构开始之前必须先进行逆向工程。

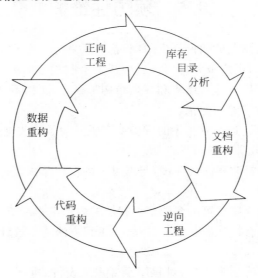

图 8.2 软件再工程过程模型

在图 8.2 中显示的再工程范型是一个循环模型。这意味着作为该范型的组成部分的每个活动都可能被重复,而且对于任意一个特定的循环来说,过程可以在完成任意一个活动之后终止。下面简要地介绍该模型所定义的 6 类活动。

1. 库存目录分析

每个软件组织都应该保存其拥有的所有应用系统的库存目录。该目录包含关于每个应用系统的基本信息(例如应用系统的名字,最初构建它的日期,已做过的实质性修改次数,过去 18 个月报告的错误,用户数量,安装它的机器数量,它的复杂程度,文档质量,整体可维护性等级,预期寿命,在未来 36 个月内的预期修改次数,业务重要程度等)。

每一个大的软件开发机构都拥有上百万行老代码,它们都可能是逆向工程或再工程的对象。但是,某些程序并不频繁使用而且不需要改变,此外,逆向工程和再工程工具尚不成熟,目前仅能对有限种类的应用系统执行逆向工程或再工程,代价又十分高昂,因此,对库中每个程序都做逆向工程或再工程是不现实的。下述 3 类程序有可能成为预防性维护的对象。

(1) 预定将使用多年的程序。

(2) 当前正在成功地使用着的程序。

(3) 在最近的将来可能要做重大修改或增强的程序。

应该仔细分析库存目录,按照业务重要程度、寿命、当前可维护性、预期的修改次数等标准,把库中的应用系统排序,从中选出再工程的候选者,然后明智地分配再工程所需要的资源。

2. 文档重构

老程序固有的特点是缺乏文档。具体情况不同,处理这个问题的方法也不同。

(1) 建立文档非常耗费时间,不可能为数百个程序都重新建立文档。如果一个程序是相对稳定的,正在走向其有用生命的终点,而且可能不会再经历什么变化,那么,让它保持现状是一个明智的选择。

(2) 为了便于今后的维护,必须更新文档,但是由于资源有限,应采用“使用时建文档”的方法,也就是说,不是一下子把某应用系统的文档全部都重建起来,而是只针对系统中当前正在修改的那些部分建立完整文档。随着时间流逝,将得到一组有用的和相关的文档。

(3) 如果某应用系统是完成业务工作的关键,而且必须重构全部文档,则仍然应该设法把文档工作减少到必需的最小量。

3. 逆向工程

软件的逆向工程是分析程序以便在比源代码更高的抽象层次上创建出程序的某种表示的过程,也就是说,逆向工程是一个恢复设计结果的过程,逆向工程工具从现存的程序代码中抽取有关数据、体系结构和处理过程的设计信息。

4. 代码重构

代码重构是最常见的再工程活动。某些老程序具有比较完整、合理的体系结构，但是，个体模块的编码方式却是难于理解、测试和维护的。在这种情况下，可以重构可疑模块的代码。

为了完成代码重构活动，首先用重构工具分析源代码，标注出和结构化程序设计概念相违背的部分。然后重构有问题的代码（此项工作可自动进行）。最后，复审和测试生成的重构代码（以保证没有引入异常）并更新代码文档。

通常，重构并不修改整体的程序体系结构，它仅关注个体模块的设计细节以及在模块中定义的局部数据结构。如果重构扩展到模块边界之外并涉及软件体系结构，则重构变成了正向工程。

5. 数据重构

对数据体系结构差的程序很难进行适应性修改和增强，事实上，对许多应用系统来说，数据体系结构比源代码本身对程序的长期生存力有更大影响。

与代码重构不同，数据重构发生在相当低的抽象层次上，它是一种全范围的再工程活动。在大多数情况下，数据重构始于逆向工程活动，分解当前使用的数据体系结构，必要时定义数据模型，标识数据对象和属性，并从软件质量的角度复审现存的数据结构。

当数据结构较差时（例如在关系型方法可大大简化处理的情况下却使用平坦文件实现），应该对数据进行再工程。

由于数据体系结构对程序体系结构及程序中的算法有很大影响，对数据的修改必然会导致体系结构或代码层的改变。

6. 正向工程

正向工程也称为革新或改造，这项活动不仅从现有程序中恢复设计信息，而且使用该信息去改变或重构现有系统，以提高其整体质量。

正向工程过程应用软件工程的原理、概念、技术和方法来重新开发某个现有的应用系统。在大多数情况下，被再工程的软件不仅重新实现现有系统的功能，而且加入了新功能和提高了整体性能。

8.7 小　　结

维护是软件生命周期的最后一个阶段，也是持续时间最长、代价最大的一个阶段。软件工程学的主要目的就是提高软件的可维护性，降低维护的代价。

软件维护通常包括4类活动：为了纠正在使用过程中暴露出来的错误而进行的改正性维护；为了适应外部环境的变化而进行的适应性维护；为了改进原有的软件而进行的完善性维护；以及为了改进将来的可维护性和可靠性而进行的预防性维护。

软件的可理解性、可测试性、可修改性、可移植性和可重用性,是决定软件可维护性的基本因素,软件重用技术是能从根本上提高软件可维护性的重要技术,而本书第 9 章至第 12 章将要讲述的面向对象的软件技术是目前最成功的软件重用技术。

软件生命周期每个阶段的工作都和软件可维护性有密切关系。良好的设计,完整准确易读易理解的文档资料,以及一系列严格的复审和测试,使得一旦发现错误时比较容易诊断和纠正,当用户有新要求或外部环境变化时软件能较容易地适应,并且能够减少维护引入的错误。因此,在软件生命周期的每个阶段都必须充分考虑维护问题,并且为软件维护预做准备。

文档是影响软件可维护性的决定因素,因此,文档甚至比可执行的程序代码更重要。文档可分为用户文档和系统文档两大类。不管是哪一类文档都必须和程序代码同时维护,只有和程序代码完全一致的文档才是真正有价值的文档。

虽然由于维护资源有限,目前预防性维护在全部维护活动中仅占很小比例,但是不应该忽视这类维护活动,在条件具备时应该主动地进行预防性维护。

预防性维护实质上是软件再工程。典型的软件再工程过程模型定义了库存目录分析、文档重构、逆向工程、代码重构、数据重构和正向工程 6 类活动。在某些情况下,以线性顺序完成这些活动,但也并不总是这样。上述模型是一个循环模型,这意味着每项活动都可能被重复,而且对于任意一个特定的循环来说,再工程过程可以在完成任意一个活动之后终止。

习　题　8

1. 软件的可维护性与哪些因素有关?在软件开发过程中应该采取哪些措施来提高软件产品的可维护性?

2. 假设自己的任务是对一个已有的软件做重大修改,而且只允许从下述文档中选取两份:(a)程序的规格说明;(b)程序的详细设计结果(自然语言描述加上某种设计工具表示);(c)源程序清单(其中有适当数量的注解)。

应选取哪两份文档?为什么这样选取?打算怎样完成交给自己的任务?

3. 分析预测在下列系统交付使用以后,用户可能提出哪些改进或扩充功能的要求。如果由自己来开发这些系统,在设计和实现时将采取哪些措施,以方便将来的修改?

(1) 储蓄系统(参见习题 2 第 2 题)。

(2) 机票预订系统(参见习题 2 第 3 题)。

(3) 患者监护系统(参见习题 2 第 4 题)。

面向对象方法学引论

传统的软件工程方法学曾经给软件产业带来巨大进步,部分地缓解了软件危机,使用这种方法学开发的许多中、小规模软件项目都获得了成功。但是,人们也注意到当把这种方法学应用于大型软件产品的开发时,似乎很少取得成功。

在 20 世纪 60 年代后期出现的面向对象编程语言 Simula-67 中首次引入了类和对象的概念,自 20 世纪 80 年代中期起,人们开始注重面向对象分析和设计的研究,逐步形成了面向对象方法学。到了 20 世纪 90 年代,面向对象方法学已经成为人们在开发软件时首选的范型。面向对象技术已成为当前最好的软件开发技术。

9.1 面向对象方法学概述

9.1.1 面向对象方法学的要点

面向对象方法学的出发点和基本原则,是尽可能模拟人类习惯的思维方式,使开发软件的方法与过程尽可能接近人类认识世界解决问题的方法与过程,也就是使描述问题的问题空间(也称为问题域)与实现解法的解空间(也称为求解域)在结构上尽可能一致。

客观世界的问题都是由客观世界中的实体及实体相互间的关系构成的。人们把客观世界中的实体抽象为问题域中的对象(object)。因为所要解决的问题具有特殊性,因此,对象是不固定的。一个雇员可以作为一个对象,一家由多名雇员组成的公司也可以作为一个对象,到底应该把什么抽象为对象,由所要解决的问题决定。

从本质上说,用计算机解决客观世界的问题,是借助于某种程序设计语言的规定,对计算机中的实体施加某种处理,并用处理结果去映射解。人们把计算机中的实体称为解空间对象。显然,解空间对象取决于所使用的程序设计语言。例如,汇编语言提供的对象是存储单元;面向过程的高级语言提供的对象,是各种预定义类型的变量、数组、记录和文件等。一旦提供了某种解空间对象,就隐含规定了允许对该类对象施加的操作。

从动态观点看,对对象施加的操作就是该对象的行为。在问题空间中,对象的行为是极其丰富多彩的,然而解空间中的对象的行为却是非常简单呆板的。因此,只有借助于十分复杂的算法,才能操纵解空间对象从而得到解。这就是人们常说的"语义断层",也是长期以来程序设计始终是一门学问的原因。

通常,客观世界中的实体既具有静态的属性又具有动态的行为。然而传统语言提供的解空间对象实质上却仅是描述实体属性的数据,必须在程序中从外部对它施加操作,才能模拟它的行为。

众所周知,软件系统本质上是信息处理系统。数据和处理原本是密切相关的,把数据和处理人为地分离成两个独立的部分,会增加软件开发的难度。与传统方法相反,面向对象方法是一种以数据或信息为主线,把数据和处理相结合的方法。面向对象方法把对象作为由数据及可以施加在这些数据上的操作所构成的统一体。对象与传统的数据有本质区别,它不是被动地等待外界对它施加操作,相反,它是进行处理的主体。必须发消息请求对象主动地执行它的某些操作,处理它的私有数据,而不能从外界直接对它的私有数据进行操作。

面向对象方法学所提供的"对象"概念,是让软件开发者自己定义或选取解空间对象,然后把软件系统作为一系列离散的解空间对象的集合。应该使这些解空间对象与问题空间对象尽可能一致。这些解空间对象彼此间通过发送消息而相互作用,从而得出问题的解。也就是说,面向对象方法是一种新的思维方法,它不是把程序看作是工作在数据上的一系列过程或函数的集合,而是把程序看作是相互协作而又彼此独立的对象的集合。每个对象就像一个微型程序,有自己的数据、操作、功能和目的。这样做就向着减少语义断层的方向迈了一大步,在许多系统中解空间对象都可以直接模拟问题空间的对象,解空间与问题空间的结构十分一致,因此,这样的程序易于理解和维护。

概括地说,面向对象方法具有下述 4 个要点。

(1) 认为客观世界是由各种对象组成的,任何事物都是对象,复杂的对象可以由比较简单的对象以某种方式组合而成。按照这种观点,可以认为整个世界就是一个最复杂的对象。因此,面向对象的软件系统是由对象组成的,软件中的任何元素都是对象,复杂的软件对象由比较简单的对象组合而成。

由此可见,面向对象方法用对象分解取代了传统方法的功能分解。

(2) 把所有对象都划分成各种对象类(简称为类,class),每个对象类都定义了一组数据和一组方法。数据用于表示对象的静态属性,是对象的状态信息。因此,每当建立该对象类的一个新实例时,就按照类中对数据的定义为这个新对象生成一组专用的数据,以便描述该对象独特的属性值。例如,荧光屏上不同位置显示的半径不同的几个圆,虽然都是 Circle 类的对象,但是,各自都有自己专用的数据,以便记录各自的圆心位置、半径等。

类中定义的方法,是允许施加于该类对象上的操作,是该类所有对象共享的,并不需要为每个对象都复制操作的代码。

(3) 按照子类(或称为派生类)与父类(或称为基类)的关系,把若干个对象类组成一个层次结构的系统(也称为类等级)。在这种层次结构中,通常下层的派生类自动具有和上层的基类相同的特性(包括数据和方法),这种现象称为继承(inheritance)。但是,如果在派生类中对某些特性又做了重新描述,则在派生类中的这些特性将以新描述为准,也就是说,低层的特性将屏蔽高层的同名特性。

(4) 对象彼此之间仅能通过传递消息互相联系。对象与传统的数据有本质区别,它不是被动地等待外界对它施加操作,相反,它是进行处理的主体,必须发消息请求它执行它的某个操作,处理它的私有数据,而不能从外界直接对它的私有数据进行操作。也就是说,一切局部于该对象的私有信息,都被封装在该对象类的定义中,就好像装在一个不透明的黑盒子中一样,在外界是看不见的,更不能直接使用,这就是"封装性"。

综上所述,面向对象的方法学可以用下列方程来概括:

$$OO = objects + classes + inheritance + communication\ with\ messages$$

也就是说,面向对象就是既使用对象又使用类和继承等机制,而且对象之间仅能通过传递消息实现彼此通信。

如果仅使用对象和消息,则这种方法可以称为基于对象的(object-based)方法,而不能称为面向对象的方法;如果进一步要求把所有对象都划分为类,则这种方法可称为基于类的(class-based)方法,但仍然不是面向对象的方法。只有同时使用对象、类、继承和消息的方法,才是真正面向对象的方法。

9.1.2　面向对象方法学的优点

1. 与人类习惯的思维方法一致

传统的程序设计技术是面向过程的设计方法,这种方法以算法为核心,把数据和过程作为相互独立的部分,数据代表问题空间中的客体,程序代码则用于处理这些数据。

把数据和代码作为分离的实体,反映了计算机的观点,因为在计算机内部数据和程序是分开存放的。但是,这样做的时候总存在使用错误的数据调用正确的程序模块,或使用正确的数据调用错误的程序模块的危险。使数据和操作保持一致,是程序员的一个沉重负担,在多人分工合作开发一个大型软件系统的过程中,如果负责设计数据结构的人中途改变了某个数据的结构而又没有及时通知所有人员,则会发生许多不该发生的错误。

传统的程序设计技术忽略了数据和操作之间的内在联系,用这种方法所设计出来的软件系统其解空间与问题空间并不一致,令人感到难于理解。实际上,用计算机解决的问题都是现实世界中的问题,这些问题无非由一些相互间存在一定联系的事物所组成。每个具体的事物都具有行为和属性两方面的特征。因此,把描述事物静态属性的数据结构和表示事物动态行为的操作放在一起构成一个整体,才能完整、自然地表示客观世界中的实体。

面向对象的软件技术以对象(object)为核心,用这种技术开发出的软件系统由对象组成。对象是对现实世界实体的正确抽象,它是由描述内部状态表示静态属性的数据,以及可以对这些数据施加的操作(表示对象的动态行为),封装在一起所构成的统一体。对象之间通过传递消息互相联系,以模拟现实世界中不同事物彼此之间的联系。

面向对象的设计方法与传统的面向过程的方法有本质不同,这种方法的基本原理是,使用现实世界的概念抽象地思考问题从而自然地解决问题。它强调模拟现实世界中的概念而不强调算法，它鼓励开发者在软件开发的绝大部分过程中都用应用领域的概念去思考。在面向对象的设计方法中，计算机的观点是不重要的，现实世界的模型才是最重要的。面向对象的软件开发过程从始至终都围绕着建立问题领域的对象模型来进行：对问题领域进行自然的分解，确定需要使用的对象和类，建立适当的类等级，在对象之间传递消息实现必要的联系，从而按照人们习惯的思维方式建立起问题领域的模型，模拟客观世界。

传统的软件开发方法可以用"瀑布"模型来描述，这种方法强调自顶向下按部就班地完成软件开发工作。事实上，人们认识客观世界解决现实问题的过程，是一个渐进的过程，人的认识需要在继承以前的有关知识的基础上，经过多次反复才能逐步深化。在人的认识深化过程中，既包括了从一般到特殊的演绎思维过程，也包括了从特殊到一般的归纳思维过程。人在认识和解决复杂问题时使用的最强有力的思维工具是抽象，也就是在处理复杂对象时，为了达到某个分析目的集中研究对象的与此目的有关的实质，忽略该对象的那些与此目的无关的部分。

面向对象方法学的基本原则是按照人类习惯的思维方法建立问题域的模型，开发出尽可能直观、自然地表现求解方法的软件系统。面向对象的软件系统中广泛使用的对象，是对客观世界中实体的抽象。对象实际上是抽象数据类型的实例，提供了比较理想的数据抽象机制，同时又具有良好的过程抽象机制（通过发消息使用公有成员函数）。对象类是对一组相似对象的抽象，类等级中上层的类是对下层类的抽象。因此，面向对象的环境提供了强有力的抽象机制，便于用户在利用计算机软件系统解决复杂问题时使用习惯的抽象思维工具。此外，面向对象方法学中普遍进行的对象分类过程，支持从特殊到一般的归纳思维过程；面向对象方法学中通过建立类等级而获得的继承特性，支持从一般到特殊的演绎思维过程。

面向对象的软件技术为开发者提供了随着对某个应用系统的认识逐步深入和具体化的过程，而逐步设计和实现该系统的可能性，因为可以先设计出由抽象类构成的系统框架，随着认识深入和具体化再逐步派生出更具体的派生类。这样的开发过程符合人们认识客观世界解决复杂问题时逐步深化的渐进过程。

2. 稳定性好

传统的软件开发方法以算法为核心，开发过程基于功能分析和功能分解。用传统方法所建立起来的软件系统的结构紧密依赖于系统所要完成的功能，当功能需求发生变化时将引起软件结构的整体修改。事实上，用户需求变化大部分是针对功能的，因此，这样的软件系统是不稳定的。

面向对象方法基于构造问题领域的对象模型，以对象为中心构造软件系统。它的基本作法是用对象模拟问题领域中的实体，以对象间的联系刻画实体间的联系。因为面向对象的软件系统的结构是根据问题领域的模型建立起来的，而不是基于对系统应完成的功能的分解，所以，当对系统的功能需求变化时并不会引起软件结构的整体变化，往往仅需要作一些局部性的修改。例如，从已有类派生出一些新的子类以实现功能扩充或修改，增加或删除某些对象等。总之,由于现实世界中的实体是相对稳定的,因此,以对象为中心构造的软件系统也是比较稳定的。

3. 可重用性好

用已有的零部件装配新的产品,是典型的重用技术,例如,可以用已有的预制件建筑一幢结构和外形都不同于从前的新大楼。重用是提高生产率的最主要的方法。

传统的软件重用技术是利用标准函数库,也就是试图用标准函数库中的函数作为"预制件"来建造新的软件系统。但是,标准函数缺乏必要的"柔性",不能适应不同应用场合的不同需要,并不是理想的可重用的软件成分。实际的库函数往往仅提供最基本、最常用的功能,在开发一个新的软件系统时,通常多数函数是开发者自己编写的,甚至绝大多数函数都是新编的。

使用传统方法学开发软件时,人们认为具有功能内聚性的模块是理想的模块,也就是说,如果一个模块完成一个且只完成一个相对独立的子功能,那么这个模块就是理想的可重用模块。基于这种认识,通常尽量把标准函数库中的函数做成功能内聚的。但是,即使是具有功能内聚性的模块也并不是自含的和独立的,相反,它必须运行在相应的数据结构上。如果要重用这样的模块,则相应的数据也必须重用。如果新产品中的数据与最初产品中的数据不同,则要么修改数据要么修改这个模块。

事实上,离开了操作便无法处理数据,而脱离了数据的操作也是毫无意义的,人们应该对数据和操作同样重视。在面向对象方法所使用的对象中,数据和操作正是作为平等伙伴出现的。因此,对象具有很强的自含性,此外,对象固有的封装性和信息隐藏机制,使得对象的内部实现与外界隔离,具有较强的独立性。由此可见,对象是比较理想的模块和可重用的软件成分。

面向对象的软件技术在利用可重用的软件成分构造新的软件系统时,有很大的灵活性。有两种方法可以重复使用一个对象类:一种方法是创建该类的实例,从而直接使用它;另一种方法是从它派生出一个满足当前需要的新类。继承性机制使得子类不仅可以重用其父类的数据结构和程序代码,而且可以在父类代码的基础上方便地修改和扩充,这种修改并不影响对原有类的使用。由于可以像使用集成电路(IC)构造计算机硬件那样,比较方便地重用对象类来构造软件系统,因此,有人把对象类称为"软件 IC"。

面向对象的软件技术所实现的可重用性是自然的和准确的,在软件重用技术中它是最成功的一个。关于软件重用问题,在第 11.3 节中还要详细讨论。

4. 较易开发大型软件产品

在开发大型软件产品时,组织开发人员的方法不恰当往往是出现问题的主要原因。用面向对象方法学开发软件时,构成软件系统的每个对象就像一个微型程序,有自己的数据、操作、功能和用途,因此,可以把一个大型软件产品分解成一系列本质上相互独立的小产品来处理,这就不仅降低了开发的技术难度,而且也使得对开发工作的管理变得容易多了。这就是为什么对于大型软件产品来说,面向对象范型优于结构化范型的原因之一。许多软件开发公司的经验都表明,当把面向对象方法学用于大型软件的开发时,软件成本明显地降低了，软件的整体质量也提高了。

5．可维护性好

用传统方法和面向过程语言开发出来的软件很难维护，是长期困扰人们的一个严重问题，是软件危机的突出表现。

由于下述因素的存在，使得用面向对象方法所开发的软件可维护性好。

（1）面向对象的软件稳定性比较好。

如前所述，当对软件的功能或性能的要求发生变化时，通常不会引起软件的整体变化，往往只需对局部作一些修改。由于对软件所需做的改动较小且限于局部，自然比较容易实现。

（2）面向对象的软件比较容易修改。

如前所述，类是理想的模块机制，它的独立性好，修改一个类通常很少会涉及其他类。如果仅修改一个类的内部实现部分（私有数据成员或成员函数的算法），而不修改该类的对外接口，则可以完全不影响软件的其他部分。

面向对象软件技术特有的继承机制，使得对软件的修改和扩充比较容易实现，通常只须从已有类派生出一些新类，无须修改软件原有成分。

面向对象软件技术的多态性机制（见9.2.2节），使得当扩充软件功能时对原有代码所需作的修改进一步减少，需要增加的新代码也比较少。

（3）面向对象的软件比较容易理解。

在维护已有软件的时候，首先需要对原有软件与此次修改有关的部分有深入理解，才能正确地完成维护工作。传统软件之所以难于维护，在很大程度上是因为修改所涉及的部分分散在软件各个地方，需要了解的面很广，内容很多，而且传统软件的解空间与问题空间的结构很不一致，更增加了理解原有软件的难度和工作量。

面向对象的软件技术符合人们习惯的思维方式，用这种方法所建立的软件系统的结构与问题空间的结构基本一致。因此，面向对象的软件系统比较容易理解。

对面向对象软件系统所做的修改和扩充，通常通过在原有类的基础上派生出一些新类来实现。由于对象类有很强的独立性，当派生新类的时候通常不需要详细了解基类中操作的实现算法。因此，了解原有系统的工作量可以大幅度下降。

（4）易于测试和调试。

为了保证软件质量，对软件进行维护之后必须进行必要的测试，以确保要求修改或扩充的功能按照要求正确地实现了，而且没有影响到软件不该修改的部分。如果测试过程中发现了错误，还必须通过调试改正过来。显然，软件是否易于测试和调试，是影响软件可维护性的一个重要因素。

对面向对象的软件进行维护，主要通过从已有类派生出一些新类来实现。因此，维护后的测试和调试工作也主要围绕这些新派生出来的类进行。类是独立性很强的模块，向类的实例发消息即可运行它，观察它是否能正确地完成要求它做的工作，对类的测试通常比较容易实现，如果发现错误也往往集中在类的内部，比较容易调试。

9.2　面向对象的概念

　　"对象"是面向对象方法学中使用的最基本的概念,前面已经多次用到这个概念,本节再从多种角度进一步阐述这个概念,并介绍面向对象的其他基本概念。

9.2.1　对象

　　在应用领域中有意义的、与所要解决的问题有关系的任何事物都可以作为对象,它既可以是具体的物理实体的抽象,也可以是人为的概念,或者是任何有明确边界和意义的东西。例如一名职工、一家公司、一个窗口、一座图书馆、一本图书、贷款、借款等,都可以作为一个对象。总之,对象是对问题域中某个实体的抽象,设立某个对象就反映了软件系统具有保存有关它的信息并且与它进行交互的能力。

　　由于客观世界中的实体通常都既具有静态的属性,又具有动态的行为,因此,面向对象方法学中的对象是由描述该对象属性的数据以及可以对这些数据施加的所有操作封装在一起构成的统一体。对象可以作的操作表示它的动态行为,在面向对象分析和面向对象设计中,通常把对象的操作称为服务或方法。

1. 对象的形象表示

　　为有助于读者理解对象的概念,图 9.1 形象地描绘了具有 3 个操作的对象。

　　看了图 9.1 之后,读者可能会联想到一台录音机。确实,可以用一台录音机比喻一个对象,通俗地说明对象的某些特点。

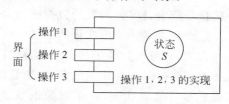

图 9.1　对象的形象表示

　　当使用一台录音机的时候,总是通过按键来操作:按下"Play(放音)"键,则录音带正向转动,通过喇叭放出录音带中记录的歌曲或其他声音;按下"Record(录音)"键,则录音带正向转动,在录音带中录下新的音响……完成录音机各种功能的电子线路被装在录音机的外壳中,人们无须了解这些电子线路的工作原理就可以随心所欲地使用录音机。为了使用录音机,根本没有必要打开外壳去触动壳内的各种零部件,事实上,不是专业维修人员的一般用户,完全不允许打开录音机外壳。

　　一个对象很像一台录音机。当在软件中使用一个对象的时候,只能通过对象与外界的界面来操作它。对象与外界的界面也就是该对象向公众开放的操作,例如,C++ 语言中对象的公有(public)成员函数。使用对象向公众开放的操作就好像使用录音机的按键,只须知道该操作的名字(好像录音机的按键名)和所需要的参数(提供附加信息或设置状态,例如听录音前先装录音带并把录音带转到指定位置),根本无须知道实现这些操作的方法。事实上,实现对象操作的代码和数据是隐藏在对象内部的,一个对象好像是一个黑盒子,表示它内部状态的数据和实现各个操作的代码及局部数据,都被封装在这个黑盒子内部,在外面是看不见的,更不能从外面去访问或修改这些数据或代码。

使用对象时只需知道它向外界提供的接口形式而无须知道它的内部实现算法，不仅使得对象的使用变得非常简单、方便，而且具有很高的安全性和可靠性。对象内部的数据只能通过对象的公有方法（如 C++ 的公有成员函数）来访问或处理，这就保证了对这些数据的访问或处理，在任何时候都是使用统一的方法进行的，不会像使用传统的面向过程的程序设计语言那样，由于每个使用者各自编写自己的处理某个全局数据的过程而发生错误。

此外，录音机中放置的录音带很像一个对象中表示其内部状态的数据，当录音带处于不同位置时按下 Play 键所放出的歌曲是不相同的，同样，当对象处于不同状态时，做同一个操作所得到的效果也是不同的。

2. 对象的定义

目前，对对象所下的定义并不完全统一，人们从不同角度给出对象的不同定义。这些定义虽然形式不同，但基本含义是相同的。下面给出对象的几个定义。

（1）定义1：对象是具有相同状态的一组操作的集合。

这个定义主要是从面向对象程序设计的角度看"对象"。

（2）定义2：对象是对问题域中某个东西的抽象，这种抽象反映了系统保存有关这个东西的信息或与它交互的能力。也就是说，对象是对属性值和操作的封装。

这个定义着重从信息模拟的角度看待"对象"。

（3）定义3：对象::=〈ID，MS，DS，MI〉。其中，ID 是对象的标识或名字，MS 是对象中的操作集合，DS 是对象的数据结构，MI 是对象受理的消息名集合（即对外接口）。

这个定义是一个形式化的定义。

总之，对象是封装了数据结构及可以施加在这些数据结构上的操作的封装体，这个封装体有可以唯一地标识它的名字，而且向外界提供一组服务（即公有的操作）。对象中的数据表示对象的状态，一个对象的状态只能由该对象的操作来改变。每当需要改变对象的状态时，只能由其他对象向该对象发送消息。对象响应消息时，按照消息模式找出与之匹配的方法，并执行该方法。

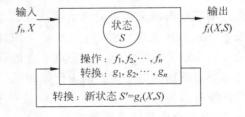

图 9.2　用自动机模拟对象

从动态角度或对象的实现机制来看，对象是一台自动机。具有内部状态 S，操作 $f_i(i=1,2,\cdots,n)$，且与操作 f_i 对应的状态转换函数为 $g_i(i=1,2,\cdots,n)$ 的一个对象，可以用图 9.2 所示的自动机来模拟。

3. 对象的特点

对象有如下一些基本特点。

（1）以数据为中心。操作围绕对其数据所需要做的处理来设置，不设置与这些数据无关的操作，而且操作的结果往往与当时所处的状态（数据的值）有关。

（2）对象是主动的。它与传统的数据有本质不同，不是被动地等待对它进行处理，相反,它是进行处理的主体。为了完成某个操作,不能从外部直接加工它的私有数据,而是必须通过它的公有接口向对象发消息,请求它执行它的某个操作,处理它的私有数据。

(3) 实现了数据封装。对象好像是一只黑盒子,它的私有数据完全被封装在盒子内部,对外是隐藏的、不可见的,对私有数据的访问或处理只能通过公有的操作进行。为了使用对象内部的私有数据,只需知道数据的取值范围(值域)和可以对该数据施加的操作(即对象提供了哪些处理或访问数据的公有方法),根本无须知道数据的具体结构以及实现操作的算法。这也就是抽象数据类型的概念。因此,一个对象类型也可以看作是一种抽象数据类型。

(4) 本质上具有并行性。对象是描述其内部状态的数据及可以对这些数据施加的全部操作的集合。不同对象各自独立地处理自身的数据,彼此通过发消息传递信息完成通信。因此,本质上具有并行工作的属性。

(5) 模块独立性好。对象是面向对象的软件的基本模块,为了充分发挥模块化简化开发工作的优点,希望模块的独立性强。具体来说,也就是要求模块的内聚性强,耦合性弱。如前所述,对象是由数据及可以对这些数据施加的操作所组成的统一体,而且对象是以数据为中心的,操作围绕对其数据所需做的处理来设置,没有无关的操作。因此,对象内部各种元素彼此结合得很紧密,内聚性相当强。由于完成对象功能所需要的元素(数据和方法)基本上都被封装在对象内部,它与外界的联系自然就比较少,因此,对象之间的耦合通常比较松。

9.2.2　其他概念

1. 类(class)

现实世界中存在的客观事物有些是彼此相似的,例如,张三、李四、王五……虽说每个人职业、性格、爱好、特长等各有不同,但是,他们的基本特征是相似的,都是黄皮肤、黑头发、黑眼睛,于是人们把他们统称为"中国人"。人类习惯于把有相似特征的事物归为一类,分类是人类认识客观世界的基本方法。

在面向对象的软件技术中,"类"就是对具有相同数据和相同操作的一组相似对象的定义,也就是说,类是对具有相同属性和行为的一个或多个对象的描述,通常在这种描述中也包括对怎样创建该类的新对象的说明。

例如,一个面向对象的图形程序在屏幕左下角显示一个半径为 3cm 的红颜色的圆,在屏幕中部显示一个半径为 4cm 的绿颜色的圆,在屏幕右上角显示一个半径为 1cm 的黄颜色的圆。这 3 个圆心位置、半径大小和颜色均不相同的圆,是 3 个不同的对象。但是,它们都有相同的数据(圆心坐标、半径、颜色)和相同的操作(显示自己、放大缩小半径、在屏幕上移动位置等)。因此,它们是同一类事物,可以用"Circle 类"来定义。

以上先详细地阐述了对象的定义,然后在此基础上定义了类。也可以先定义类再定义对象,例如,可以像下面这样定义类和对象:类是支持继承的抽象数据类型,而对象就是类的实例。

2. 实例(instance)

实例就是由某个特定的类所描述的一个具体的对象。类是对具有相同属性和行为的一组相似的对象的抽象,类在现实世界中并不能真正存在。在地球上并没有抽象的"中国人",只有一个个具体的中国人,例如张三、李四、王五……同样,谁也没见过抽象的"圆",只有一个个具体的圆。

实际上类是建立对象时使用的"样板",按照这个样板所建立的一个个具体的对象,就是类的实际例子,通常称为实例。

当使用"对象"这个术语时,既可以指一个具体的对象,也可以泛指一般的对象,但是,当使用"实例"这个术语时,必然是指一个具体的对象。

3. 消息(message)

消息就是要求某个对象执行在定义它的那个类中所定义的某个操作的规格说明。通常,一个消息由下述 3 部分组成。
- 接收消息的对象。
- 消息选择符(也称为消息名)。
- 零个或多个变元。

例如,MyCircle 是一个半径为 4cm、圆心位于(100,200)的 Circle 类的对象,也就是 Circle 类的一个实例,当要求它以绿颜色在屏幕上显示自己时,在 C++ 语言中应该向它发下列消息:

MyCircle. Show(GREEN);

其中 MyCircle 是接收消息的对象的名字,Show 是消息选择符(即消息名),圆括号内的 GREEN 是消息的变元。当 MyCircle 接收到这个消息后,将执行在 Circle 类中所定义的 Show 操作。

4. 方法(method)

方法就是对象所能执行的操作,也就是类中所定义的服务。方法描述了对象执行操作的算法,响应消息的方法。在 C++ 语言中把方法称为成员函数。

例如,为了 Circle 类的对象能够响应让它在屏幕上显示自己的消息 Show(GREEN),在 Circle 类中必须给出成员函数 Show(int color)的定义,也就是要给出这个成员函数的实现代码。

5. 属性(attribute)

属性就是类中所定义的数据,它是对客观世界实体所具有的性质的抽象。类的每个实例都有自己特有的属性值。

在 C++ 语言中把属性称为数据成员。例如,Circle 类中定义的代表圆心坐标、半径、颜色等的数据成员,就是圆的属性。

6. 封装（encapsulation）

从字面上理解，所谓封装就是把某个事物包起来，使外界不知道该事物的具体内容。

在面向对象的程序中，把数据和实现操作的代码集中起来放在对象内部。一个对象好像是一个不透明的黑盒子，表示对象状态的数据和实现操作的代码与局部数据，都被封装在黑盒子里面，从外面是看不见的，更不能从外面直接访问或修改这些数据和代码。

使用一个对象的时候，只需知道它向外界提供的接口形式，无须知道它的数据结构细节和实现操作的算法。

综上所述，对象具有封装性的条件如下：

（1）有一个清晰的边界。所有私有数据和实现操作的代码都被封装在这个边界内，从外面看不见更不能直接访问。

（2）有确定的接口（即协议）。这些接口就是对象可以接受的消息，只能通过向对象发送消息来使用它。

（3）受保护的内部实现。实现对象功能的细节（私有数据和代码）不能在定义该对象的类的范围外访问。

封装也就是信息隐藏，通过封装对外界隐藏了对象的实现细节。

对象类实质上是抽象数据类型。类把数据说明和操作说明与数据表达和操作实现分离开了，使用者只需知道它的说明（值域及可对数据施加的操作），就可以使用它。

7. 继承（inheritance）

广义地说，继承是指能够直接获得已有的性质和特征，而不必重复定义它们。在面向对象的软件技术中，继承是子类自动地共享基类中定义的数据和方法的机制。

面向对象软件技术的许多强有力的功能和突出的优点，都来源于把类组成一个层次结构的系统（类等级）：一个类的上层可以有父类，下层可以有子类。这种层次结构系统的一个重要性质是继承性，一个类直接继承其父类的全部描述（数据和操作）。为了更深入、具体地理解继承性的含义，图 9.3 描绘了实现继承机制的原理。

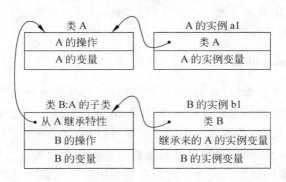

图 9.3　实现继承机制的原理

图中以 A、B 两个类为例，其中 B 类是从 A 类派生出来的子类，它除了具有自己定义的特性（数据和操作）之外，还从父类 A 继承特性。当创建 A 类的实例 a1 的时候，a1 以 A 类为样板建立实例变量（在内存中分配所需要的空间），但是它并不从 A 类中复制所定义的方法。

当创建 B 类的实例 b1 的时候，b1 既要以 B 类为样板建立实例变量，又要以 A 类为样板建立实例变量，b1 所能执行的操作既有 B 类中定义的方法，又有 A 类中定义的方法，这就是继承。当然，如果 B 类中又定义了和 A 类中同名的数据或操作，则 b1 仅使用 B 类中定义的这个数据或操作，除非采用特别措施，否则 A 类中与之同名的数据或操作在 b1 中就不能使用。

继承具有传递性，如果类 C 继承类 B，类 B 继承类 A，则类 C 继承类 A。因此，一个类实际上继承了它所在的类等级中在它上层的全部基类的所有描述，也就是说，属于某类的对象除了具有该类所描述的性质外，还具有类等级中该类上层全部基类描述的一切性质。

当一个类只允许有一个父类时，也就是说，当类等级为树形结构时，类的继承是单继承；当允许一个类有多个父类时，类的继承是多重继承。多重继承的类可以组合多个父类的性质构成所需要的性质，因此功能更强、使用更方便；但是，使用多重继承时要注意避免二义性。

继承性使得相似的对象可以共享程序代码和数据结构，从而大大减少了程序中的冗余信息。在程序执行期间，对对象某一性质的查找是从该对象类在类等级中所在的层次开始，沿类等级逐层向上进行的，并把第一个被找到的性质作为所要的性质。因此，低层的性质将屏蔽高层的同名性质。

使用从原有类派生出新的子类的办法，使得对软件的修改变得比过去容易得多了。当需要扩充原有的功能时，派生类的方法可以调用其基类的方法，并在此基础上增加必要的程序代码；当需要完全改变原有操作的算法时，可以在派生类中实现一个与基类方法同名而算法不同的方法；当需要增加新的功能时，可以在派生类中实现一个新的方法。

继承性使得用户在开发新的应用系统时不必完全从零开始，可以继承原有的相似系统的功能或者从类库中选取需要的类，再派生出新的类以实现所需要的功能。

有了继承性以后，还可以用把已有的一般性的解加以具体化的办法，来达到软件重用的目的：首先，使用抽象的类开发出一般性问题的解，然后，在派生类中增加少量代码使一般性的解具体化，从而开发出符合特定应用需要的具体解。

8. 多态性（polymorphism）

多态性一词来源于希腊语，意思是"有许多形态"。在面向对象的软件技术中，多态性是指子类对象可以像父类对象那样使用，同样的消息既可以发送给父类对象也可以发送给子类对象。也就是说，在类等级的不同层次中可以共享（公用）一个行为（方法）的名字，然而不同层次中的每个类却各自按自己的需要来实现这个行为。当对象接收到发送给它的消息时，根据该对象所属于的类动态选用在该类中定义的实现算法。

在 C++ 语言中，多态性是通过虚函数来实现的。在类等级不同层次中可以说明名字、参数特征和返回值类型都相同的虚拟成员函数，而不同层次的类中的虚函数实现算法各不相同。虚函数机制使得程序员能在一个类等级中使用相同函数的多个不同版本，在运行时刻才根据接收消息的对象所属于的类,决定到底执行哪个特定的版本,这称为动态联编,也叫滞后联编。

多态性机制不仅增加了面向对象软件系统的灵活性,进一步减少了信息冗余,而且显著提高了软件的可重用性和可扩充性。当扩充系统功能增加新的实体类型时,只需派生出与新实体类相应的新的子类,并在新派生出的子类中定义符合该类需要的虚函数,完全无须修改原有的程序代码,甚至不需要重新编译原有的程序(仅需编译新派生类的源程序,再与原有程序的.OBJ 文件连接)。

9. 重载(overloading)

有两种重载:函数重载是指在同一作用域内的若干个参数特征不同的函数可以使用相同的函数名字;运算符重载是指同一个运算符可以施加于不同类型的操作数上面。当然,当参数特征不同或被操作数的类型不同时,实现函数的算法或运算符的语义是不相同的。

在 C++ 语言中函数重载是通过静态联编(也叫先前联编)实现的,也就是在编译时根据函数变元的个数和类型,决定到底使用函数的哪个实现代码;对于重载的运算符,同样是在编译时根据被操作数的类型,决定使用该算符的哪种语义。

重载进一步提高了面向对象系统的灵活性和可读性。

9.3　面向对象建模

众所周知,在解决问题之前必须首先理解所要解决的问题。对问题理解得越透彻,就越容易解决它。当完全、彻底地理解了一个问题的时候,通常就已经解决了这个问题。

为了更好地理解问题,人们常常采用建立问题模型的方法。所谓模型,就是为了理解事物而对事物作出的一种抽象,是对事物的一种无歧义的书面描述。通常,模型由一组图示符号和组织这些符号的规则组成,利用它们来定义和描述问题域中的术语和概念。更进一步讲,模型是一种思考工具,利用这种工具可以把知识规范地表示出来。

模型可以帮助人们思考问题、定义术语、在选择术语时作出适当的假设,并且有助于保持定义和假设的一致性。

为了开发复杂的软件系统,系统分析员应该从不同角度抽象出目标系统的特性,使用精确的表示方法构造系统的模型,验证模型是否满足用户对目标系统的需求,并在设计过程中逐渐把和实现有关的细节加进模型中,直至最终用程序实现模型。对于那些因过分复杂而不能直接理解的系统,特别需要建立模型,建模的目的主要是为了减少复杂性。人的头脑每次只能处理一定数量的信息,模型通过把系统的重要部分分解成人的头脑一次能处理的若干个子部分,从而减少系统的复杂程度。

在对目标系统进行分析的初始阶段,面对大量模糊的、涉及众多专业领域的、错综复杂的信息,系统分析员往往感到无从下手。模型提供了组织大量信息的一种有效机制。

一旦建立起模型之后,这个模型就要经受用户和各个领域专家的严格审查。由于模型的规范化和系统化,因此比较容易暴露出系统分析员对目标系统认识的片面性和不一致性。通过审查，往往会发现许多错误，发现错误是正常现象，这些错误可以在成为目标系统中的错误之前，就被预先清除掉。

通常，用户和领域专家可以通过快速建立的原型亲身体验，从而对系统模型进行更有效的审查。模型常常会经过多次必要的修改，通过不断改正错误的或不全面的认识，最终使软件开发人员对问题有了透彻的理解，从而为后续的开发工作奠定了坚实基础。

用面向对象方法成功地开发软件的关键，同样是对问题域的理解。面向对象方法最基本的原则，是按照人们习惯的思维方式，用面向对象观点建立问题域的模型，开发出尽可能自然地表现求解方法的软件。

用面向对象方法开发软件，通常需要建立 3 种形式的模型，它们分别是描述系统数据结构的对象模型，描述系统控制结构的动态模型和描述系统功能的功能模型。这 3 种模型都涉及数据、控制和操作等共同的概念，只不过每种模型描述的侧重点不同。这 3 种模型从 3 个不同但又密切相关的角度模拟目标系统，它们各自从不同侧面反映了系统的实质性内容，综合起来则全面地反映了对目标系统的需求。一个典型的软件系统组合了上述 3 方面内容：它使用数据结构（对象模型），执行操作（动态模型），并且完成数据值的变化（功能模型）。

为了全面地理解问题域，对任何大系统来说，上述 3 种模型都是必不可少的。当然，在不同的应用问题中，这 3 种模型的相对重要程度会有所不同，但是，用面向对象方法开发软件，在任何情况下，对象模型始终都是最重要、最基本、最核心的。在整个开发过程中，3 种模型一直都在发展、完善。在面向对象分析过程中，构造出完全独立于实现的应用域模型；在面向对象设计过程中，把求解域的结构逐渐加入到模型中；在实现阶段，把应用域和求解域的结构都编成程序代码并进行严格的测试验证。

下面分别介绍上述 3 种模型。

9.4　对象模型

对象模型表示静态的、结构化的系统的"数据"性质。它是对模拟客观世界实体的对象以及对象彼此间的关系的映射，描述了系统的静态结构。正如 9.1 节所述，面向对象方法强调围绕对象而不是围绕功能来构造系统。对象模型为建立动态模型和功能模型，提供了实质性的框架。

在建立对象模型时，人们的目标是从客观世界中提炼出对具体应用有价值的概念。

为了建立对象模型，需要定义一组图形符号，并且规定一组组织这些符号以表示特定语义的规则。也就是说，需要用适当的建模语言来表达模型，建模语言由记号（即模型中使用的符号）和使用记号的规则（语法、语义和语用）组成。

一些著名的软件工程专家在提出自己的面向对象方法的同时，也提出了自己的建模语言。但是，面向对象方法的用户并不了解不同建模语言的优缺点，很难在实际工作中根据应用的特点选择合适的建模语言，而且不同建模语言之间存在的细微差别也极大地妨碍了用户之间的交流。面向对象方法发展的现实，要求在精心比较不同建模语言的优缺点和总结面向对象技术应用经验的基础上，把建模语言统一起来。

曾对面向对象方法学的发展做出过重要贡献的 Booch，Rumbaugh 和 Jacobson 经过合作研究，于 1996 年 6 月设计出统一建模语言 UML 0.9。截止到 1996 年 10 月，在美国已有 700 多家公司表示支持采用 UML 作为建模语言，在 1996 年年底，UML 已经稳定地占领了面向对象技术市场的 85%，成为事实上的工业标准。1997 年 11 月，国际对象管理组织 OMG 批准把 UML 1.1 作为基于面向对象技术的标准建模语言。

通常，使用 UML 提供的类图来建立对象模型。在 UML 中术语"类"的实际含义是，"一个类及属于该类的对象"。下面简要地介绍 UML 的类图。

9.4.1　类图的基本符号

类图描述类及类与类之间的静态关系。类图是一种静态模型，它是创建其他 UML 图的基础。一个系统可以由多张类图来描述，一个类也可以出现在几张类图中。

1. 定义类

UML 中类的图形符号为长方形，用两条横线把长方形分成上、中、下 3 个区域（下面两个区域可省略），3 个区域分别放类的名字、属性和服务，如图 9.4 所示。

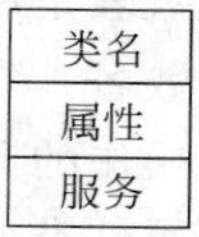

类名是一类对象的名字。命名是否恰当对系统的可理解性影响相当大，因此，为类命名时应该遵守以下几条准则。

（1）使用标准术语。应该使用在应用领域中人们习惯的标准术语作为类名，不要随意创造名字。例如，"交通信号灯"比"信号单元"这个名字好，"传送带"比"零件传送设备"好。

（2）使用具有确切含义的名词。尽量使用能表示类的含义的日常用语作名字，不要使用空洞的或含义模糊的词作名字。例如，"库房"比"房屋"或"存物场所"更确切。

图 9.4　表示类的图形符号

（3）必要时用名词短语作名字。为使名字的含义更准确，必要时用形容词加名词或其他形式的名词短语作名字。例如，"最小的领土单元"、"储藏室"、"公司员工"等都是比较恰当的名字。

总之，名字应该是富于描述性的、简洁的而且无二义性的。

2. 定义属性

UML 描述属性的语法格式如下：

可见性　属性名：类型名＝初值{性质串}

属性的可见性（即可访问性）通常有下述 3 种：公有的（public）、私有的（private）和保护的（protected），分别用加号（＋）、减号（－）和井号（♯）表示。如果未声明可见性，则表示该属性的可见性尚未定义。注意，没有默认的可见性。

属性名和类型名之间用冒号（：）分隔。类型名表示该属性的数据类型，它可以是基本数据类型，也可以是用户自定义的类型。

在创建类的实例时应给其属性赋值，如果给某个属性定义了初值，则该初值可作为创建实例时这个属性的默认值。类型名和初值之间用等号（＝）隔开。

用花括号括起来的性质串明确地列出该属性所有可能的取值。枚举类型的属性往往用性质串列出可以选用的枚举值，不同枚举值之间用逗号分隔。也可以用性质串说明属性的其他性质，例如，约束说明｛只读｝表明该属性是只读属性。

例如，"发货单"类的属性"管理员"，在 UML 类图中像下面那样描述：

-管理员：String＝"未定"

类的属性中还可以有一种能被该类所有对象共享的属性，称为类的作用域属性，也称为类变量。C＋＋语言中的静态数据成员就是这样的属性。类变量在类图中表示为带下划线的属性，例如，发货单类的类变量"货单数"，用来统计发货单的总数，在该类所有对象中这个属性的值都是一样的，下面是对这个属性的描述：

-货单数：Integer

3．定义服务

服务也就是操作，UML 描述操作的语法格式如下：

可见性　　操作名(参数表)：返回值类型｛性质串｝

操作可见性的定义方法与属性相同。

参数表是用逗号分隔的形式参数的序列。描述一个参数的语法如下：

参数名：类型名＝默认值

当操作的调用者未提供实在参数时，该参数就使用默认值。

与属性类似，在类中也可定义类作用域操作，在类图中表示为带下划线的操作。这种操作只能存取本类的类作用域属性。

9.4.2　表示关系的符号

如前所述，类图由类及类与类之间的关系组成。定义了类之后就可以定义类与类之间的各种关系了。类与类之间通常有关联、泛化(继承)、依赖和细化 4 种关系。

1．关联

关联表示两个类的对象之间存在某种语义上的联系。例如，作家使用计算机，人们就认为在作家和计算机之间存在某种语义连接，因此，在类图中应该在作家类和计算机类之间建立关联关系。

（1）普通关联

普通关联是最常见的关联关系，只要在类与类之间存在连接关系就可以用普通关联表示。普通关联的图示符号是连接两个类之间的直线，如图 9.5 所示。

图 9.5　普通关联示例

通常，关联是双向的，可在一个方向上为关联起一个名字，在另一个方向上起另一个名字（也可不起名字）。为避免混淆，在名字前面（或后面）加一个表示关联方向的黑三角。

在表示关联的直线两端可以写上重数（multiplicity），它表示该类有多少个对象与对方的一个对象连接。重数的表示方法通常有：

0‥1	表示 0 到 1 个对象
0‥＊ 或 ＊	表示 0 到多个对象
1＋或 1‥＊	表示 1 到多个对象
1‥15	表示 1 到 15 个对象
3	表示 3 个对象

如果图中未明确标出关联的重数，则默认重数是 1。

图 9.5 表示，一个作家可以使用 1 到多台计算机，一台计算机可被 0 至多个作家使用。

（2）关联的角色

在任何关联中都会涉及参与此关联的对象所扮演的角色（即起的作用），在某些情况下显式标明角色名有助于别人理解类图。例如，图 9.6 是一个递归关联（即一个类与它本身有关联关系）的例子。一个人与另一个人结婚，必然一个人扮演丈夫的角色，另一个人扮演妻子的角色。如果没有显式标出角色名，则意味着用类名作为角色名。

图 9.6 关联的角色

（3）限定关联

限定关联通常用在一对多或多对多的关联关系中，可以把模型中的重数从一对多变成一对一，或从多对多简化成多对一。在类图中把限定词放在关联关系末端的一个小方框内。

例如，某操作系统中一个目录下有许多文件，一个文件仅属于一个目录，在一个目录内文件名确定了唯一一个文件。图 9.7 利用限定词"文件名"表示了目录与文件之间的关系，可见，利用限定词把一对多关系简化成了一对一关系。

图 9.7 一个受限的关联

限定提高了语义精确性，增强了查询能力。在图 9.7 中，限定的语法表明，文件名在其目录内是唯一的。因此，查找一个文件的方法就是，首先定下目录，然后在该目录内查找指定的文件名。由于目录加文件名可唯一地确定一个文件，因此，限定词"文件名"应该放在靠近目录的那一端。

（4）关联类

为了说明关联的性质，可能需要一些附加信息。可以引入一个关联类来记录这些信息。关联中的每个连接与关联类的一个对象相联系。关联类通过一条虚线与关联连接。例如，图 9.8 是一个电梯系统的类模型，队列就是电梯控制器类与电梯类的关联关系上的关联类。从图中可以看出，一个电梯控制器控制着 4 台电梯，这样，控制器和电梯之间的实际连接就有 4 个,每个连接都对应一个队列(对象),每个队列(对象)存储着来自控制器和电梯内部按钮的请求服务信息。电梯控制器通过读取队列信息,选择一个合适的电梯为乘客服务。关联类与一般的类一样,也有属性、操作和关联。

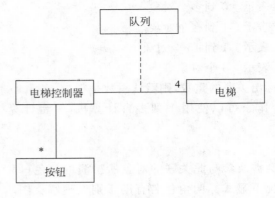

图 9.8　关联类示例

2. 聚集

聚集也称为聚合,是关联的特例。聚集表示类与类之间的关系是整体与部分的关系。在陈述需求时使用的"包含"、"组成"、"分为……部分"等字句,往往意味着存在聚集关系。除了一般聚集之外,还有两种特殊的聚集关系,分别是共享聚集和组合聚集。

(1) 共享聚集

如果在聚集关系中处于部分方的对象可同时参与多个处于整体方对象的构成,则该聚集称为共享聚集。例如,一个课题组包含许多成员,每个成员又可以是另一个课题组的成员,则课题组和成员之间是共享聚集关系,如图 9.9 所示。一般聚集和共享聚集的图示符号,都是在表示关联关系的直线末端紧挨着整体类的地方画一个空心菱形。

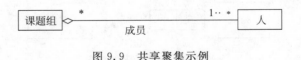

图 9.9　共享聚集示例

(2) 组合聚集

如果部分类完全隶属于整体类,部分与整体共存,整体不存在了部分也会随之消失(或失去存在价值了),则该聚集称为组合聚集(简称为组成)。例如,在屏幕上打开一个窗口,它就由文本框、列表框、按钮和菜单组成,一旦关闭了窗口,各个组成部分也同时消失,窗口和它的组成部分之间存在着组合聚集关系。图 9.10 是窗口的组成,从图上可以看出,组成关系用实心菱形表示。

3. 泛化

UML 中的泛化关系就是通常所说的继承关系,它是通用元素和具体元素之间的一种分类关系。具体元素完全拥有通用元素的信息,并且还可以附加一些其他信息。

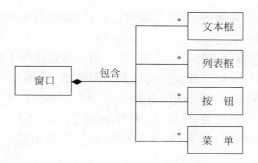

图 9.10　组合聚集示例

在 UML 中,用一端为空心三角形的连线表示泛化关系,三角形的顶角紧挨着通用元素。

注意,泛化针对类型而不针对实例,一个类可以继承另一个类,但一个对象不能继承另一个对象。实际上,泛化关系指出在类与类之间存在"一般-特殊"关系。泛化可进一步划分成普通泛化和受限泛化。

(1) 普通泛化

普通泛化与 9.2.2 节中讲过的继承基本相同,对普通泛化的概念此处不再赘述。

需要特别说明的是,没有具体对象的类称为抽象类。抽象类通常作为父类,用于描述其他类(子类)的公共属性和行为。图示抽象类时,在类名下方附加一个标记值{abstract},如图 9.11 所示。图下方的两个折角矩形是模型元素"笔记"的符号,其中的文字是注释,分别说明两个子类的操作 drive 的功能。

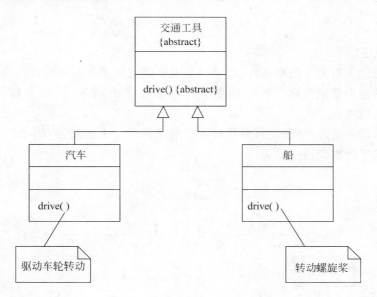

图 9.11　抽象类示例

抽象类通常都具有抽象操作。抽象操作仅用来指定该类的所有子类应具有哪些行为。抽象操作的图示方法与抽象类相似,在操作标记后面跟随一个性质串{abstract}。

与抽象类相反的类是具体类，具体类有自己的对象，并且该类的操作都有具体的实现方法。

图 9.12 给出一个比较复杂的类图示例，这个例子综合应用了前面讲过的许多概念和图示符号。图 9.12 表明，一幅工程蓝图由许多图形组成，图形可以是直线、圆、多边形或组合图，而多边形由直线组成，组合图由各种线型混合而成。当客户要求画一幅蓝图时，系统便通过蓝图与图形之间的关联（聚集）关系，由图形来完成画图工作，但是图形是抽象类，因此当涉及某种具体图形（如直线、圆等）时，便使用其相应子类中具体实现的 draw 功能完成绘图工作。

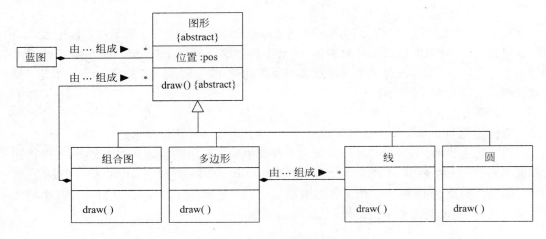

图 9.12　复杂类图示例

（2）受限泛化

可以给泛化关系附加约束条件，以进一步说明该泛化关系的使用方法或扩充方法，这样的泛化关系称为受限泛化。预定义的约束有 4 种：多重、不相交、完全和不完全。这些约束都是语义约束。

多重继承指的是，一个子类可以同时多次继承同一个上层基类，例如图 9.13 中的水陆两用类继承了两次交通工具类。

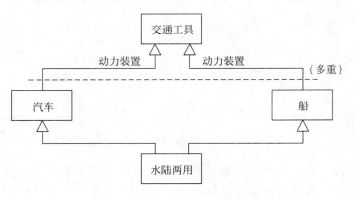

图 9.13　多重继承示例

与多重继承相反的是不相交继承,即一个子类不能多次继承同一个基类(这样的基类相当于 C++ 语言中的虚基类)。如果图中没有指定{多重}约束,则是不相交继承,一般的继承都是不相交继承。

完全继承指的是父类的所有子类都已在类图中穷举出来了,图示符号是指定{完全}约束。

不完全继承与完全继承恰好相反,父类的子类并没有都穷举出来,随着对问题理解的深入,可不断补充和维护,这为日后系统的扩充和维护带来很大方便。不完全继承是一般情况下默认的继承关系。

4. 依赖和细化

（1）依赖关系

依赖关系描述两个模型元素(类、用例等)之间的语义连接关系:其中一个模型元素是独立的,另一个模型元素不是独立的,它依赖于独立的模型元素,如果独立的模型元素改变了,将影响依赖于它的模型元素。例如,一个类使用另一个类的对象作为操作的参数,一个类用另一个类的对象作为它的数据成员,一个类向另一个类发消息等,这样的两个类之间都存在依赖关系。

在 UML 的类图中,用带箭头的虚线连接有依赖关系的两个类,箭头指向独立的类。在虚线上可以带一个版类标签,具体说明依赖的种类,例如,图 9.14 表示一个友元依赖关系,该关系使得 B 类的操作可以使用 A 类中私有的或保护的成员。

图 9.14　友元依赖关系

（2）细化关系

当对同一个事物在不同抽象层次上描述时,这些描述之间具有细化关系。假设两个模型元素 A 和 B 描述同一个事物,它们的区别是抽象层次不同,如果 B 是在 A 的基础上的更详细的描述,则称 B 细化了 A,或称 A 细化成了 B。细化的图示符号为由元素 B 指向元素 A 的、一端为空心三角形的虚线(注意,不是实线),如图 9.15 所示。细化用来协调不同阶段模型之间的关系,表示各个开发阶段不同抽象层次的模型之间的相关性,常常用于跟踪模型的演变。

图 9.15　细化关系示例

9.5　动 态 模 型

动态模型表示瞬时的、行为化的系统的"控制"性质,它规定了对象模型中的对象的合法变化序列。

　　一旦建立起对象模型之后，就需要考察对象的动态行为。所有对象都具有自己的生命周期（或称为运行周期）。对一个对象来说，生命周期由许多阶段组成，在每个特定阶段中，都有适合该对象的一组运行规律和行为规则，用以规范该对象的行为。生命周期中的阶段也就是对象的状态。所谓状态，是对对象属性值的一种抽象。当然，在定义状态时应该忽略那些不影响对象行为的属性。各对象之间相互触发（即作用）就形成了一系列的状态变化。人们把一个触发行为称作一个事件。对象对事件的响应，取决于接受该触发的对象当时所处的状态，响应包括改变自己的状态或者又形成一个新的触发行为。

　　状态有持续性，它占用一段时间间隔。状态与事件密不可分，一个事件分开两个状态，一个状态隔开两个事件。事件表示时刻，状态代表时间间隔。

　　通常，用 UML 提供的状态图来描绘对象的状态、触发状态转换的事件以及对象的行为（对事件的响应）。

　　每个类的动态行为用一张状态图来描绘，各个类的状态图通过共享事件合并起来，从而构成系统的动态模型。也就是说，动态模型是基于事件共享而互相关联的一组状态图的集合。

　　本书 3.6 节已经介绍过状态图，此处不再赘述。

9.6　功能模型

　　功能模型表示变化的系统的"功能"性质，它指明了系统应该"做什么"，因此更直接地反映了用户对目标系统的需求。

　　通常，功能模型由一组数据流图组成。在面向对象方法学中，数据流图远不如在结构分析、设计方法中那样重要。一般说来，与对象模型和动态模型比较起来，数据流图并没有增加新的信息，但是，建立功能模型有助于软件开发人员更深入地理解问题域，改进和完善自己的设计。因此，不能完全忽视功能模型的作用。

　　在本书第 2 章中已经详细讲述了数据流图的符号和画法，此处不再赘述。

　　UML 提供的用例图也是进行需求分析和建立功能模型的强有力工具。在 UML 中把用用例图建立起来的系统模型称为用例模型。

　　通常，软件系统的用户数量庞大（或用户的类型很多），每个用户只知道自己如何使用系统，但是没有人准确地知道系统的整体运行情况。因此，使用用例模型代替传统的功能说明，往往能够更好地获取用户需求，它所回答的问题是"系统应该为每个（或每类）用户做什么"。

　　用例模型描述的是外部行为者（actor）所理解的系统功能。用例模型的建立是系统开发者和用户反复讨论的结果，它描述了开发者和用户对需求规格所达成的共识。

9.6.1　用例图

　　一幅用例图包含的模型元素有系统、行为者、用例及用例之间的关系。图 9.16 是自动售货机系统的用例图。图中的方框代表系统，椭圆代表用例（售货、供货和取货款是自动售货机系统的典型用例),线条人代表行为者,它们之间的连线表示关系。

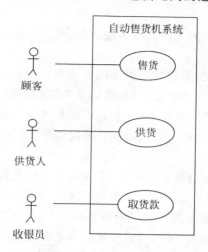

图 9.16　自动售货机系统用例图

1. 系统

系统被看作是一个提供用例的黑盒子,内部如何工作、用例如何实现,这些对于建立用例模型来说都是不重要的。

代表系统的方框的边线表示系统的边界,用于划定系统的功能范围,定义了系统所具有的功能。描述该系统功能的用例置于方框内,代表外部实体的行为者置于方框外。

2. 用例

一个用例是可以被行为者感受到的、系统的一个完整的功能。在 UML 中把用例定义成系统完成的一系列动作,动作的结果能被特定的行为者察觉到。这些动作除了完成系统内部的计算与工作外,还包括与一些行为者的通信。用例通过关联与行为者连接,关联指出一个用例与哪些行为者交互,这种交互是双向的。

用例具有下述特征。

(1) 用例代表某些用户可见的功能,实现一个具体的用户目标。

(2) 用例总是被行为者启动的,并向行为者提供可识别的值。

(3) 用例必须是完整的。

注意,用例是一个类,它代表一类功能而不是使用该功能的某个具体实例。用例的实例是系统的一种实际使用方法,通常把用例的实例称为脚本。脚本是系统的一次具体执行过程,例如,在自动售货机系统中,张三投入硬币购买矿泉水,系统收到钱后把矿泉水送出来,上述过程就是一个脚本;李四投币买可乐,但是可乐已卖完了,于是系统给出提示信息并把钱退还给李四,这个过程是另一个脚本。

3．行为者

行为者是指与系统交互的人或其他系统，它代表外部实体。使用用例并且与系统交互的任何人或物都是行为者。

行为者代表一种角色，而不是某个具体的人或物。例如，在自动售货机系统中，使用售货功能的人既可以是张三（买矿泉水）也可以是李四（买可乐），但是不能把张三或李四这样的个体对象称为行为者。事实上，一个具体的人可以充当多种不同角色。例如，某个人既可以为售货机添加商品（执行供货功能），又可以把售货机中的钱取走（执行取货款功能）。

在用例图中用直线连接行为者和用例，表示两者之间交换信息，称为通信联系。行为者触发（激活）用例，并与用例交换信息。单个行为者可与多个用例联系；反之，一个用例也可与多个行为者联系。对于同一个用例而言，不同行为者起的作用也不同。可以把行为者分成主行为者和副行为者，还可分成主动行为者和被动行为者。

实践表明，行为者对确定用例是非常有用的。面对一个大型、复杂的系统，要列出用例清单往往很困难，可以先列出行为者清单，再针对每个行为者列出它的用例。这样做可以比较容易地建立起用例模型。

4．用例之间的关系

UML用例之间主要有扩展和使用两种关系，它们是泛化关系的两种不同形式。

（1）扩展关系

向一个用例中添加一些动作后构成了另一个用例，这两个用例之间的关系就是扩展关系，后者继承前者的一些行为，通常把后者称为扩展用例。例如，在自动售货机系统中，"售货"是一个基本的用例，如果顾客购买罐装饮料，售货功能完成得很顺利，但是，如果顾客要购买用纸杯装的散装饮料，则不能执行该用例提供的常规动作，而要做些改动。人们可以修改售货用例，使之既能提供售罐装饮料的常规动作又能提供售散装饮料的非常规动作，但是，这将把该用例与一些特殊的判断和逻辑混杂在一起，使正常的流程晦涩难懂。图9.17中把常规动作放在"售货"用例中，而把非常规动作放置于"售散装饮料"用例中，这两个用例之间的关系就是扩展关系。在用例图中，用例之间的扩展关系图示为带版类《扩展》的泛化关系。

（2）使用关系

当一个用例使用另一个用例时，这两个用例之间就构成了使用关系。一般说来，如果在若干个用例中有某些相同的动作，则可以把这些相同的动作提取出来单独构成一个用例（称为抽象用例）。这样，当某个用例使用该抽象用例时，就好像这个用例包含了抽象用例中的所有动作。例如，在自动售货机系统中，"供货"和"取货款"这两个用例的开始动作都是去掉机器保险并打开它，而最后的动作都是关上机器并加上保险，可以从这两个用例中把开始的动作抽象成"打开机器"用例，把最后的动作抽象成"关闭机器"用例。于是，"供货"和"取货款"用例在执行时必须使用上述的两个抽象用例，它们之间便构成了使用关系。在用例图中，用例之间的使用关系用带版类《使用》的泛化关系表示，如

图 9.17 所示。

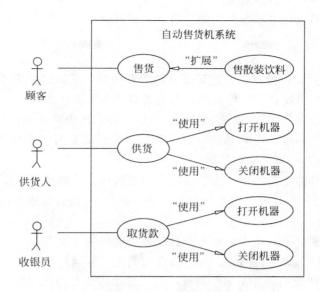

图 9.17　含扩展和使用关系的用例图

注意扩展与使用之间的异同：这两种关系都意味着从几个用例中抽取那些公共的行为并放入一个单独的用例中，而这个用例被其他用例使用或扩展，但是，使用和扩展的目的是不同的。通常在描述一般行为的变化时采用扩展关系；在两个或多个用例中出现重复描述又想避免这种重复时，可以采用使用关系。

9.6.2　用例建模

几乎在任何情况下都需要使用用例，通过用例可以获取用户需求，规划和控制项目。获取用例是需求分析阶段的主要工作之一，而且是首先要做的工作。大部分用例将在项目的需求分析阶段产生，并且随着开发工作的深入还会发现更多用例，这些新发现的用例都应及时补充进已有的用例集中。用例集中的每个用例都是对系统的一个潜在的需求。

一个用例模型由若干幅用例图组成。创建用例模型的工作包括：定义系统，寻找行为者和用例，描述用例，定义用例之间的关系，确认模型。其中，寻找行为者和用例是关键。

1. 寻找行为者

为获取用例首先要找出系统的行为者，可以通过请系统的用户回答一些问题的办法来发现行为者。下述问题有助于发现行为者。

- 谁将使用系统的主要功能（主行为者）？
- 谁需要借助系统的支持来完成日常工作？
- 谁来维护和管理系统（副行为者）？
- 系统控制哪些硬件设备？

- 系统需要与哪些其他系统交互？
- 哪些人或系统对本系统产生的结果（值）感兴趣？

2. 寻找用例

一旦找到了行为者，就可以通过请每个行为者回答下述问题来获取用例。

- 行为者需要系统提供哪些功能？行为者自身需要做什么？
- 行为者是否需要读取、创建、删除、修改或存储系统中的某类信息？
- 系统中发生的事件需要通知行为者吗？行为者需要通知系统某些事情吗？从功能观点看，这些事件能做什么？
- 行为者的日常工作是否因为系统的新功能而被简化或提高了效率？

还有一些不是针对具体行为者而是针对整个系统的问题，也能帮助建模者发现用例，例如：

- 系统需要哪些输入输出？输入来自何处？输出到哪里去？
- 当前使用的系统（可能是人工系统）存在的主要问题是什么？

注意，最后这两个问题并不意味着没有行为者也可以有用例，只是在获取用例时还不知道行为者是谁。事实上，一个用例必须至少与一个行为者相关联。

9.7　3种模型之间的关系

面向对象建模技术所建立的3种模型，分别从3个不同侧面描述了所要开发的系统。这3种模型相互补充、相互配合，使得人们对系统的认识更加全面：功能模型指明了系统应该"做什么"；动态模型明确规定了什么时候（即在何种状态下接受了什么事件的触发）做；对象模型则定义了做事情的实体。

在面向对象方法学中，对象模型是最基本最重要的，它为其他两种模型奠定了基础，人们依靠对象模型完成3种模型的集成。下面扼要地叙述3种模型之间的关系。

（1）针对每个类建立的动态模型，描述了类实例的生命周期或运行周期。

（2）状态转换驱使行为发生，这些行为在数据流图中被映射成处理，在用例图中被映射成用例，它们同时与类图中的服务相对应。

（3）功能模型中的处理（或用例）对应于对象模型中的类所提供的服务。通常，复杂的处理（或用例）对应于复杂对象提供的服务，简单的处理（或用例）对应于更基本的对象提供的服务。有时一个处理（或用例）对应多个服务，也有一个服务对应多个处理（或用例）的时候。

（4）数据流图中的数据存储，以及数据的源点/终点，通常是对象模型中的对象。

（5）数据流图中的数据流，往往是对象模型中对象的属性值，也可能是整个对象。

（6）用例图中的行为者，可能是对象模型中的对象。

（7）功能模型中的处理（或用例）可能产生动态模型中的事件。

（8）对象模型描述了数据流图中的数据流、数据存储以及数据源点/终点的结构。

9.8　小　　结

　　近年来,面向对象方法学日益受到人们的重视,特别是在用这种方法开发大型软件产品时,可以把该产品看作是由一系列本质上相互独立的小产品组成,这就不仅降低了开发工作的技术难度,而且也使得对开发工作的管理变得比较容易了。因此,对于大型软件产品来说,面向对象范型明显优于结构化范型。此外,使用面向对象范型能够开发出稳定性好、可重用性好和可维护性好的软件,这些都是面向对象方法学的突出优点。

　　面向对象方法学比较自然地模拟了人类认识客观世界的思维方式,它所追求的目标和遵循的基本原则,就是使描述问题的问题空间和在计算机中解决问题的解空间,在结构上尽可能一致。

　　面向对象方法学认为,客观世界由对象组成。任何事物都是对象,每个对象都有自己的内部状态和运动规律,不同对象彼此间通过消息相互作用、相互联系,从而构成了人们所要分析和构造的系统。系统中每个对象都属于一个特定的对象类。类是对具有相同属性和行为的一组相似对象的定义。应该按照子类、父类的关系,把众多的类进一步组织成一个层次系统,这样做了之后,如果不加特殊描述,则处于下一层次上的类可以自动继承位于上一层次的类的属性和行为。

　　用面向对象观点建立系统的模型,能够促进和加深对系统的理解,有助于开发出更容易理解、更容易维护的软件。通常,人们从 3 个互不相同然而又密切相关的角度建立起 3 种不同的模型。它们分别是描述系统静态结构的对象模型、描述系统控制结构的动态模型以及描述系统计算结构的功能模型。其中,对象模型是最基本、最核心、最重要的。

　　统一建模语言 UML 是国际对象管理组织 OMG 批准的基于面向对象技术的标准建模语言。通常,使用 UML 的类图来建立对象模型,使用 UML 的状态图来建立动态模型,使用数据流图或 UML 的用例图来建立功能模型。在 UML 中把用用例图建立起来的系统模型称为用例模型。

　　本章所讲述的面向对象方法及定义的概念和表示符号,可以适用于整个软件开发过程。软件开发人员无须像用结构分析、设计技术那样,在开发过程的不同阶段转换概念和表示符号。实际上,用面向对象方法开发软件时,阶段的划分是十分模糊的,通常在分析、设计和实现等阶段间多次迭代。

习　题　9

1. 什么是面向对象方法学? 它有哪些优点?
2. 什么是"对象"? 它与传统的数据有何异同?
3. 什么是"类"?
4. 什么是"继承"?
5. 什么是模型? 开发软件为何要建模?
6. 什么是对象模型? 建立对象模型时主要使用哪些图形符号? 这些符号的含义是

什么？

7. 什么是动态模型？建立动态模型时主要使用哪些图形符号？这些符号的含义是什么？

8. 什么是功能模型？建立功能模型时主要使用哪些图形符号？

9. 试用面向对象观点分析、研究本书第2章中给出的订货系统的例子。在这个例子中有哪些类？试建立订货系统的对象模型。

10. 建立订货系统的用例模型。

第*10*章　　面向对象分析

不论采用哪种方法开发软件,分析的过程都是提取系统需求的过程。分析工作主要包括 3 项内容,这就是理解、表达和验证。首先,系统分析员通过与用户及领域专家的充分交流,力求完全理解用户需求和该应用领域中的关键性的背景知识,并用某种无二义性的方式把这种理解表达成文档资料。分析过程得出的最重要的文档资料是软件需求规格说明(在面向对象分析中,主要由对象模型、动态模型和功能模型组成)。

由于问题复杂,而且人与人之间的交流带有随意性和非形式化的特点,上述理解过程通常不能一次就达到理想的效果。因此,还必须进一步验证软件需求规格说明的正确性、完整性和有效性,如果发现了问题则进行修正。显然,需求分析过程是系统分析员与用户及领域专家反复交流和多次修正的过程。也就是说,理解和验证的过程通常交替进行,反复迭代,而且往往需要利用原型系统作为辅助工具。

面向对象分析(OOA)的关键是识别出问题域内的类与对象,并分析它们相互间的关系,最终建立起问题域的简洁、精确、可理解的正确模型。在用面向对象观点建立起的 3 种模型中,对象模型是最基本、最重要、最核心的。

10.1　面向对象分析的基本过程

10.1.1　概述

面向对象分析,就是抽取和整理用户需求并建立问题域精确模型的过程。

通常,面向对象分析过程从分析陈述用户需求的文件开始。可能由用户(包括出资开发该软件的业主代表及最终用户)单方面写出需求陈述,也可能由系统分析员配合用户,共同写出需求陈述。当软件项目采用招标方式确定开发单位时,"标书"往往可以作为初步的需求陈述。

需求陈述通常是不完整、不准确的,而且往往是非正式的。通过分析,可以发现和改正原始陈述中的二义性和不一致性，补充遗漏的内容，从而使需求陈述更完整、更准确。因此，不应该认为需求陈述是一成不变的，而应该把它作为细化和完善实际需求的基础。在分析需求陈述的过程中，系统分析员需要反复多次地与用户协商、讨论、交流信息，还应该通过调研了解现有的类似系统。正如以前多次讲过的，快速建立起一个可在计算机上运行的原型系统，非常有助于分析员和用户之间的交流和理解，从而能更正确地提炼出用户的需求。

接下来，系统分析员应该深入理解用户需求，抽象出目标系统的本质属性，并用模型准确地表示出来。用自然语言书写的需求陈述通常是有二义性的，内容往往不完整、不一致。分析模型应该成为对问题的精确而又简洁的表示。后继的设计阶段将以分析模型为基础。更重要的是，通过建立分析模型能够纠正在开发早期对问题域的误解。

在面向对象建模的过程中，系统分析员必须认真向领域专家学习。尤其是建模过程中的分类工作往往有很大难度。继承关系的建立实质上是知识抽取过程，它必须反映出一定深度的领域知识，这不是系统分析员单方面努力所能做到的，必须有领域专家的密切配合才能完成。

在面向对象建模的过程中，还应该仔细研究以前针对相同的或类似的问题域进行面向对象分析所得到的结果。由于面向对象分析结果的稳定性和可重用性，这些结果在当前项目中往往有许多是可以重用的。

10.1.2　3个子模型与5个层次

正如9.3节所述，面向对象建模得到的模型包含系统的3个要素，即静态结构（对象模型）、交互次序（动态模型）和数据变换（功能模型）。解决的问题不同，这3个子模型的重要程度也不同：几乎解决任何一个问题，都需要从客观世界实体及实体间相互关系抽象出极有价值的对象模型；当问题涉及交互作用和时序时（例如，用户界面及过程控制等），动态模型是重要的；解决运算量很大的问题（例如，高级语言编译、科学与工程计算等），则涉及重要的功能模型。动态模型和功能模型中都包含了对象模型中的操作（即服务或方法）。

复杂问题（大型系统）的对象模型通常由下述5个层次组成：主题层、类与对象层、结构层、属性层和服务层，如图10.1所示。

图10.1　复杂问题的对象模型的5个层次

这5个层次很像叠在一起的5张透明塑料片，它们一层比一层显现出对象模型的更多细节。在概念上，这5个层次是整个模型的5张水平切片。

在本书第9章中已经讲述了类与对象（即UML的"类"）、结构（即类或对象之间的关系）、属性和服务的概念，现在再简要地介绍一下主题（或范畴）的概念。主题是指导读者

（包括系统分析员、软件设计人员、领域专家、管理人员、用户等,总之,"读者"泛指所有需要读懂系统模型的人)理解大型、复杂模型的一种机制。也就是说,通过划分主题把一个大型、复杂的对象模型分解成几个不同的概念范畴。心理研究表明,人类的短期记忆能力一般限于一次记忆 5~9 个对象,这就是著名的 7 ± 2 原则。面向对象分析从下述两个方面来体现这条原则:控制可见性和指导读者的注意力。

首先,面向对象分析通过控制读者能见到的层次数目来控制可见性。其次,面向对象分析增加了一个主题层,它可以从一个相当高的层次描述总体模型,并对读者的注意力加以指导。

上述 5 个层次对应着在面向对象分析过程中建立对象模型的 5 项主要活动:找出类与对象,识别结构,识别主题,定义属性,定义服务。必须强调指出的是,这里说的是"5 项活动",而没有说 5 个步骤,事实上,这 5 项工作完全没有必要顺序完成,也无须彻底完成一项工作以后再开始另外一项工作。虽然这 5 项活动的抽象层次不同,但是在进行面向对象分析时并不需要严格遵守自顶向下的原则。人们往往喜欢先在一个较高的抽象层次上工作,如果在思考过程中突然想到一个具体事物,就会把注意力转移到深入分析发掘这个具体领域,然后又返回到原先所在的较高的抽象层次。例如,分析员找出一个类与对象,想到在这个类中应该包含的一个服务,于是把这个服务的名字写在服务层,然后又返回到类与对象层,继续寻找问题域中的另一个类与对象。

通常在完整地定义每个类中的服务之前,需要先建立起动态模型和功能模型,通过对这两种模型的研究,能够更正确更合理地确定每个类应该提供哪些服务。

综上所述,在概念上可以认为,面向对象分析大体上按照下列顺序进行:寻找类与对象,识别结构,识别主题,定义属性,建立动态模型,建立功能模型,定义服务。但是,正如前面已经多次强调指出过的,分析不可能严格地按照预定顺序进行,大型、复杂系统的模型需要反复构造多遍才能建成。通常,先构造出模型的子集,然后再逐渐扩充,直到完全、充分地理解了整个问题,才能最终把模型建立起来。

分析也不是一个机械的过程。大多数需求陈述都缺乏必要的信息,所缺少的信息主要从用户和领域专家那里获取,同时也需要从分析员对问题域的背景知识中提取。在分析过程中,系统分析员必须与领域专家及用户反复交流,以便澄清二义性,改正错误的概念,补足缺少的信息。面向对象建立的系统模型,尽管在最终完成之前还是不准确、不完整的,但对做到准确、无歧义的交流仍然是大有益处的。

10.2　需求陈述

10.2.1　书写要点

通常,需求陈述的内容包括问题范围,功能需求,性能需求,应用环境及假设条件等。总之,需求陈述应该阐明"做什么"而不是"怎样做"。它应该描述用户的需求而不是提出解决问题的方法。应该指出哪些是系统必要的性质,哪些是任选的性质。应该避免对设计策略施加过多的约束,也不要描述系统的内部结构,因为这样做将限制实现的灵活性。

对系统性能及系统与外界环境交互协议的描述，是合适的需求。此外，对采用的软件工程标准、模块构造准则、将来可能做的扩充以及可维护性要求等方面的描述，也都是适当的需求。

书写需求陈述时，要尽力做到语法正确，而且应该慎重选用名词、动词、形容词和同义词。

不少用户书写的需求陈述，都把实际需求和设计决策混为一谈。系统分析员必须把需求与实现策略区分开，后者是一类伪需求，分析员至少应该认识到它们不是问题域的本质性质。

需求陈述可简可繁。对人们熟悉的传统问题的陈述，可能相当详细，相反，对陌生领域项目的需求，开始时可能写不出具体细节。

绝大多数需求陈述都是有二义性的、不完整的、甚至不一致的。某些需求有明显错误，还有一些需求虽然表述得很准确，但它们对系统行为存在不良影响或者实现起来造价太高。另外一些需求初看起来很合理，但却并没有真正反映用户的需要。应该看到，需求陈述仅仅是理解用户需求的出发点，它并不是一成不变的文档。不能指望没有经过全面、深入分析的需求陈述是完整、准确、有效的。随后进行的面向对象分析的目的，就是全面深入地理解问题域和用户的真实需求，建立起问题域的精确模型。

系统分析员必须与用户及领域专家密切配合协同工作，共同提炼和整理用户需求。在这个过程中，很可能需要快速建立起原型系统，以便与用户更有效地交流。

10.2.2　例子

图 10.2 所示的自动取款机（ATM）系统，是本书讲述面向对象分析和面向对象设计时使用的一个实例。

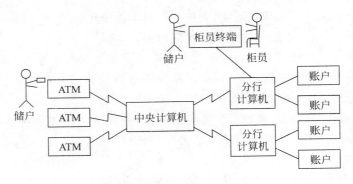

图 10.2　ATM 系统

下面陈述对 ATM 系统的需求。

某银行拟开发一个自动取款机系统，它是一个由自动取款机、中央计算机、分行计算机及柜员终端组成的网络系统。ATM 和中央计算机由总行投资购买。总行拥有多台ATM，分别设在全市各主要街道上。分行负责提供分行计算机和柜员终端。柜员终端设在分行营业厅及分行下属的各个储蓄所内。该系统的软件开发成本由各个分行分摊。

　　银行柜员使用柜员终端处理储户提交的储蓄事务。储户可以用现金或支票向自己拥有的某个账户内存款或开新账户。储户也可以从自己的账户中取款。通常,一个储户可能拥有多个账户。柜员负责把储户提交的存款或取款事务输进柜员终端,接收储户交来的现金或支票,或付给储户现金。柜员终端与相应的分行计算机通信,分行计算机具体处理针对某个账户的事务并且维护账户。

　　拥有银行账户的储户有权申请领取现金兑换卡。使用现金兑换卡可以通过 ATM 访问自己的账户。目前仅限于用现金兑换卡在 ATM 上提取现金(即取款),或查询有关自己账户的信息(例如某个指定账户上的余额)。将来可能还要求使用 ATM 办理转账、存款等事务。

　　所谓现金兑换卡就是一张特制的磁卡,上面有分行代码和卡号。分行代码唯一标识总行下属的一个分行,卡号确定了这张卡可以访问哪些账户。通常,一张卡可以访问储户的若干个账户,但是不一定能访问这个储户的全部账户。每张现金兑换卡仅属于一个储户所有,但是,同一张卡可能有多个副本,因此,必须考虑同时在若干台 ATM 上使用同样的现金兑换卡的可能性。也就是说,系统应该能够处理并发的访问。

　　当用户把现金兑换卡插入 ATM 之后,ATM 就与用户交互,以获取有关这次事务的信息,并与中央计算机交换关于事务的信息。首先,ATM 要求用户输入密码,接下来ATM 把从这张卡上读到的信息以及用户输入的密码传给中央计算机,请求中央计算机核对这些信息并处理这次事务。中央计算机根据卡上的分行代码确定这次事务与分行的对应关系,并且委托相应的分行计算机验证用户密码。如果用户输入的密码是正确的,ATM 就要求用户选择事务类型(取款、查询等)。当用户选择取款时,ATM 请求用户输入取款额。最后,ATM 从现金出口吐出现金,并且打印出账单交给用户。

10.3　建立对象模型

　　面向对象分析首要的工作,是建立问题域的对象模型。这个模型描述了现实世界中的“类与对象”以及它们之间的关系,表示了目标系统的静态数据结构。静态数据结构对应用细节依赖较少,比较容易确定;当用户的需求变化时,静态数据结构相对来说比较稳定。因此,用面向对象方法开发绝大多数软件时,都首先建立对象模型,然后再建立另外两个子模型。

　　需求陈述、应用领域的专业知识以及关于客观世界的常识,是建立对象模型时的主要信息来源。

　　如前所述,对象模型通常有 5 个层次。典型的工作步骤是:首先确定对象类和关联(因为它们影响系统整体结构和解决问题的方法),对于大型复杂问题还要进一步划分出若干个主题;然后给类和关联增添属性,以进一步描述它们;接下来利用适当的继承关系进一步合并和组织类。而对类中操作的最后确定,则需等到建立了动态模型和功能模型之后,因为这两个子模型更准确地描述了对类中提供的服务的需求。

　　应该再一次强调指出的是,人认识客观世界的过程是一个渐进过程,是在继承前人知识的基础上,经反复迭代而不断深化的。因此,面向对象分析不可能严格按照顺序线性进行。初始的分析模型通常都是不准确不完整甚至包含错误的,必须在随后的反复分析中加以扩充和更正。此外,在面向对象分析的每一步,都应该仔细分析研究以前针对相同的或类似的问题域进行面向对象分析所得到的结果,并尽可能在本项目中重用这些结果。以后在讲述面向对象分析的具体过程时,对上述内容将不再赘述。

10.3.1　确定类与对象

类与对象是在问题域中客观存在的,系统分析员的主要任务就是通过分析找出这些类与对象。首先找出所有候选的类与对象,然后从候选的类与对象中筛选掉不正确的或不必要的。

1. 找出候选的类与对象

对象是对问题域中有意义的事物的抽象,它们既可能是物理实体,也可能是抽象概念。具体地说,大多数客观事物可分为下述5类。

(1) 可感知的物理实体,例如,飞机、汽车、书、房屋等。

(2) 人或组织的角色,例如,医生、教师、雇主、雇员、计算机系、财务处等。

(3) 应该记忆的事件,例如,飞行、演出、访问、交通事故等。

(4) 两个或多个对象的相互作用,通常具有交易或接触的性质,例如,购买、纳税、结婚等。

(5) 需要说明的概念,例如,政策、保险政策、版权法等。

在分析所面临的问题时,可以参照上列5类常见事物,找出在当前问题域中的候选类与对象。

另一种更简单的分析方法,是所谓的非正式分析。这种分析方法以用自然语言书写的需求陈述为依据,把陈述中的名词作为类与对象的候选者,用形容词作为确定属性的线索,把动词作为服务(操作)的候选者。当然,用这种简单方法确定的候选者是非常不准确的,其中往往包含大量不正确的或不必要的事物,还必须经过更进一步的严格筛选。通常,非正式分析是更详细、更精确的正式的面向对象分析的一个很好的开端。

下面以ATM系统为例,说明非正式分析过程。认真阅读10.2.2节给出的需求陈述,从陈述中找出下列名词,可以把它们作为类与对象的初步的候选者:

银行,自动取款机(ATM),系统,中央计算机,分行计算机,柜员终端,网络,总行,分行,软件,成本,市,街道,营业厅,储蓄所,柜员,储户,现金,支票,账户,事务,现金兑换卡,余额,磁卡,分行代码,卡号,用户,副本,信息,密码,类型,取款额,账单,访问。

通常,在需求陈述中不会一个不漏地写出问题域中所有有关的类与对象,因此,分析员应该根据领域知识或常识进一步把隐含的类与对象提取出来。例如,在ATM系统的需求陈述中虽然没写"通信链路"和"事务日志",但是,根据领域知识和常识可以知道,在ATM系统中应该包含这两个实体。

2. 筛选出正确的类与对象

显然,仅通过一个简单、机械的过程不可能正确地完成分析工作。非正式分析仅仅帮助人们找到一些候选的类与对象,接下来应该严格考察每个候选对象,从中去掉不正确的或不必要的,仅保留确实应该记录其信息或需要其提供服务的那些对象。

筛选时主要依据下列标准,删除不正确或不必要的类与对象。

(1) 冗余

如果两个类表达了同样的信息,则应该保留在此问题域中最富于描述力的名称。

以 ATM 系统为例,上面用非正式分析法得出了 34 个候选的类,其中储户与用户,现金兑换卡与磁卡及副本分别描述了相同的两类信息,因此,应该去掉"用户"、"磁卡"、"副本"等冗余的类,仅保留"储户"和"现金兑换卡"这两个类。

(2) 无关

现实世界中存在许多对象,不能把它们都纳入到系统中去,仅需要把与本问题密切相关的类与对象放进目标系统中。有些类在其他问题中可能很重要,但与当前要解决的问题无关,同样也应该把它们删掉。

以 ATM 系统为例,这个系统并不处理分摊软件开发成本的问题,而且 ATM 和柜员终端放置的地点与本软件的关系也不大。因此,应该去掉候选类"成本"、"市"、"街道"、"营业厅"和"储蓄所"。

(3) 笼统

在需求陈述中常常使用一些笼统的、泛指的名词,虽然在初步分析时把它们作为候选的类与对象列出来了,但是,要么系统无须记忆有关它们的信息,要么在需求陈述中有更明确更具体的名词对应它们所暗示的事务,因此,通常把这些笼统的或模糊的类去掉。

以 ATM 系统为例,"银行"实际指总行或分行,"访问"在这里实际指事务,"信息"的具体内容在需求陈述中随后就指明了。此外还有一些笼统含糊的名词。总之,在本例中应该去掉"银行"、"网络"、"系统"、"软件"、"信息"、"访问"等候选类。

(4) 属性

在需求陈述中有些名词实际上描述的是其他对象的属性,应该把这些名词从候选类与对象中去掉。当然,如果某个性质具有很强的独立性,则应把它作为类而不是作为属性。

在 ATM 系统的例子中,"现金"、"支票"、"取款额"、"账单"、"余额"、"分行代码"、"卡号"、"密码"、"类型"等,实际上都应该作为属性对待。

(5) 操作

在需求陈述中有时可能使用一些既可作为名词,又可作为动词的词,应该慎重考虑它们在本问题中的含义,以便正确地决定把它们作为类还是作为类中定义的操作。

例如,谈到电话时通常把"拨号"当作动词,当构造电话模型时确实应该把它作为一个操作,而不是一个类。但是,在开发电话的自动记账系统时,"拨号"需要有自己的属性(例如日期、时间、受话地点等),因此应该把它作为一个类。总之,本身具有属性需独立存在的操作,应该作为类与对象。

(6) 实现

在分析阶段不应该过早地考虑怎样实现目标系统。因此,应该去掉仅和实现有关的候选的类与对象。在设计和实现阶段,这些类与对象可能是重要的,但在分析阶段过早地考虑它们反而会分散人们的注意力。

在 ATM 系统的例子中，"事务日志"无非是对一系列事务的记录，它的确切表示方式是面向对象设计的议题；"通信链路"在逻辑上是一种联系，在系统实现时它是关联类的物理实现。总之，应该暂时去掉"事务日志"和"通信链路"这两个类，在设计或实现时再考虑它们。

综上所述，在 ATM 系统的例子中，经过初步筛选，剩下下列类与对象：ATM、中央计算机、分行计算机、柜员终端、总行、分行、柜员、储户、账户、事务、现金兑换卡。

10.3.2　确定关联

多数人习惯于在初步分析确定了问题域中的类与对象之后，接下来就分析确定类与对象之间存在的关联关系。当然，这样的工作顺序并不是绝对必要的。由于在整个开发过程中面向对象概念和表示符号的一致性，分析员在选取自己习惯的工作方式时拥有相当大的灵活性。

如前所述，两个或多个对象之间的相互依赖、相互作用的关系就是关联。分析确定关联，能促使分析员考虑问题域的边缘情况，有助于发现那些尚未被发现的类与对象。

在分析确定关联的过程中，不必花过多的精力去区分关联和聚集。事实上，聚集不过是一种特殊的关联，是关联的一个特例。

1. 初步确定关联

在需求陈述中使用的描述性动词或动词词组，通常表示关联关系。因此，在初步确定关联时，大多数关联可以通过直接提取需求陈述中的动词词组而得出。通过分析需求陈述，还能发现一些在陈述中隐含的关联。最后，分析员还应该与用户及领域专家讨论问题域实体间的相互依赖、相互作用关系，根据领域知识再进一步补充一些关联。

以 ATM 系统为例，经过分析初步确定出下列关联。

（1）直接提取动词短语得出的关联

- ATM、中央计算机、分行计算机及柜员终端组成网络。
- 总行拥有多台 ATM。
- ATM 设在主要街道上。
- 分行提供分行计算机和柜员终端。
- 柜员终端设在分行营业厅及储蓄所内。
- 分行分摊软件开发成本。
- 储户拥有账户。
- 分行计算机处理针对账户的事务。
- 分行计算机维护账户。
- 柜员终端与分行计算机通信。
- 柜员输入针对账户的事务。
- ATM 与中央计算机交换关于事务的信息。
- 中央计算机确定事务与分行的对应关系。

- ATM 读现金兑换卡。
- ATM 与用户交互。
- ATM 吐出现金。
- ATM 打印账单。
- 系统处理并发的访问。

（2）需求陈述中隐含的关联

- 总行由各个分行组成。
- 分行保管账户。
- 总行拥有中央计算机。
- 系统维护事务日志。
- 系统提供必要的安全性。
- 储户拥有现金兑换卡。

（3）根据问题域知识得出的关联

- 现金兑换卡访问账户。
- 分行雇用柜员。

2．筛选

经初步分析得出的关联只能作为候选的关联，还需经过进一步筛选，以去掉不正确的或不必要的关联。筛选时主要根据下述标准删除候选的关联。

（1）已删去的类之间的关联

如果在分析确定类与对象的过程中已经删掉了某个候选类，则与这个类有关的关联也应该删去，或用其他类重新表达这个关联。

以 ATM 系统为例，由于已经删去了"系统"、"网络"、"市"、"街道"、"成本"、"软件"、"事务日志"、"现金"、"营业厅"、"储蓄所"、"账单"等候选类，因此，与这些类有关的下列 8 个关联也应该删去。

① ATM、中央计算机、分行计算机及柜员终端组成网络。

② ATM 设在主要街道上。

③ 分行分摊软件开发成本。

④ 系统提供必要的安全性。

⑤ 系统维护事务日志。

⑥ ATM 吐出现金。

⑦ ATM 打印账单。

⑧ 柜员终端设在分行营业厅及储蓄所内。

（2）与问题无关的或应在实现阶段考虑的关联

应该把处在本问题域之外的关联或与实现密切相关的关联删去。

例如，在 ATM 系统的例子中，"系统处理并发的访问"并没有标明对象之间的新关联，它只不过提醒人们在实现阶段需要使用实现并发访问的算法，以处理并发事务。

（3）瞬时事件

关联应该描述问题域的静态结构，而不应该是一个瞬时事件。

以 ATM 系统为例，"ATM 读现金兑换卡"描述了 ATM 与用户交互周期中的一个动作，它并不是 ATM 与现金兑换卡之间的固有关系，因此应该删去。类似地，还应该删去"ATM 与用户交互"这个候选的关联。

如果用动作表述的需求隐含了问题域的某种基本结构，则应该用适当的动词词组重新表示这个关联。例如，在 ATM 系统的需求陈述中，"中央计算机确定事务与分行的对应关系"隐含了结构上"中央计算机与分行通信"的关系。

（4）三元关联

三个或三个以上对象之间的关联，大多可以分解为二元关联或用词组描述成限定的关联。

在 ATM 系统的例子中，"柜员输入针对账户的事务"可以分解成"柜员输入事务"和"事务修改账户"这样两个二元关联。而"分行计算机处理针对账户的事务"也可以做类似的分解。"ATM 与中央计算机交换关于事务的信息"这个候选的关联，实际上隐含了"ATM 与中央计算机通信"和"在 ATM 上输入事务"这两个二元关联。

（5）派生关联

应该去掉那些可以用其他关联定义的冗余关联。

例如，在 ATM 系统的例子中，"总行拥有多台 ATM"实质上是"总行拥有中央计算机"和"ATM 与中央计算机通信"这两个关联组合的结果。而"分行计算机维护账户"的实际含义是"分行保管账户"和"事务修改账户"。

3. 进一步完善

应该进一步完善经筛选后余下的关联，通常从下述几个方面进行改进。

（1）正名

好的名字是帮助读者理解的关键因素之一。因此，应该仔细选择含义更明确的名字作为关联名。

例如，"分行提供分行计算机和柜员终端"不如改为"分行拥有分行计算机"和"分行拥有柜员终端"。

（2）分解

为了能够适用于不同的关联，必要时应该分解以前确定的类与对象。

例如，在 ATM 系统中，应该把"事务"分解成"远程事务"和"柜员事务"。

（3）补充

发现了遗漏的关联就应该及时补上。

例如，在 ATM 系统中把"事务"分解成上述两类之后，需要补充"柜员输入柜员事务"、"柜员事务输进柜员终端"、"在 ATM 上输入远程事务"和"远程事务由现金兑换卡授权"等关联。

（4）标明重数

应该初步判定各个关联的类型，并粗略地确定关联的重数。但是，无须为此花费过多精力,因为在分析过程中随着认识的逐渐深入,重数也会经常改动。

图 10.3 是经上述分析过程之后得出的 ATM 系统原始的类图。

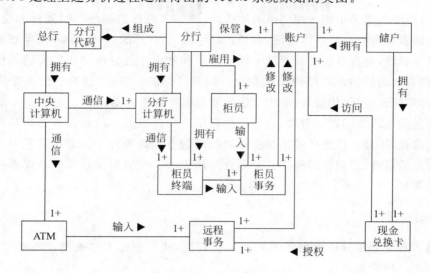

图 10.3　ATM 系统原始的类图

10.3.3　划分主题

在开发大型、复杂系统的过程中,为了降低复杂程度,人们习惯于把系统再进一步划分成几个不同的主题,也就是在概念上把系统包含的内容分解成若干个范畴。

在开发很小的系统时,可能根本无须引入主题层;对于含有较多对象的系统,则往往先识别出类与对象和关联,然后划分主题,并用它作为指导开发者和用户观察整个模型的一种机制;对于规模极大的系统,则首先由高级分析员粗略地识别对象和关联,然后初步划分主题,经进一步分析,对系统结构有更深入的了解之后,再进一步修改和精炼主题。

应该按问题领域而不是用功能分解方法来确定主题。此外,应该按照使不同主题内的对象相互间依赖和交互最少的原则来确定主题。

以 ATM 系统为例,可以把它划分成总行(包含总行和中央计算机这两个类)、分行(包含分行、分行计算机、柜员终端、柜员事务、柜员和账户等类)和 ATM(包含 ATM、远程事务、现金兑换卡和储户等类)等 3 个主题。事实上,这里描述的是一个简化的 ATM 系统,为了简单起见,在下面讨论这个例子时将忽略主题层。

10.3.4　确定属性

属性是对象的性质,藉助于属性人们能对类与对象和结构有更深入更具体的认识。注意,在分析阶段不要用属性来表示对象间的关系,使用关联能够表示两个对象间的任何关系,而且把关系表示得更清晰、更醒目。

一般说来,确定属性的过程包括分析和选择两个步骤。

1. 分析

通常，在需求陈述中用名词词组表示属性，例如，"汽车的颜色"或"光标的位置"。往往用形容词表示可枚举的具体属性，例如，"红色的"、"打开的"。但是，不可能在需求陈述中找到所有属性，分析员还必须藉助于领域知识和常识才能分析得出需要的属性。幸运的是，属性对问题域的基本结构影响很小。随着时间的推移，问题域中的类始终保持稳定，属性却可能改变了，相应地，类中方法的复杂程度也将改变。

属性的确定既与问题域有关，也和目标系统的任务有关。应该仅考虑与具体应用直接相关的属性，不要考虑那些超出所要解决的问题范围的属性。在分析过程中应该首先找出最重要的属性，以后再逐渐把其余属性增添进去。在分析阶段不要考虑那些纯粹用于实现的属性。

2. 选择

认真考察经初步分析而确定下来的那些属性，从中删掉不正确的或不必要的属性。通常有以下几种常见情况。

（1）误把对象当作属性

如果某个实体的独立存在比它的值更重要，则应把它作为一个对象而不是对象的属性。在具体应用领域中具有自身性质的实体，必然是对象。同一个实体在不同应用领域中，到底应该作为对象还是属性，需要具体分析才能确定。例如，在邮政目录中，"城市"是一个属性，而在人口普查中却应该把"城市"当作对象。

（2）误把关联类的属性当作一般对象的属性

如果某个性质依赖于某个关联链的存在，则该性质是关联类的属性，在分析阶段不应该把它作为一般对象的属性。特别是在多对多关联中，关联类属性很明显，即使在以后的开发阶段中，也不能把它归并成相互关联的两个对象中任一个的属性。

（3）把限定误当成属性

正如 9.4.2 节所述，正确使用限定词往往可以减少关联的重数。如果把某个属性值固定下来以后能减少关联的重数，则应该考虑把这个属性重新表述成一个限定词。在 ATM 系统的例子中，"分行代码"、"账号"、"雇员号"、"站号"等都是限定词。

（4）误把内部状态当成了属性

如果某个性质是对象的非公开的内部状态，则应该从对象模型中删掉这个属性。

（5）过于细化

在分析阶段应该忽略那些对大多数操作都没有影响的属性。

（6）存在不一致的属性

类应该是简单而且一致的。如果得出一些看起来与其他属性毫不相关的属性，则应该考虑把该类分解成两个不同的类。

经过筛选之后，得到 ATM 系统中各个类的属性，如图 10.4 所示。图中还标出了一些限定词：

- "卡号"实际上是一个限定词。在研究卡号含义的过程中,发现以前在分析确定关联的过程中遗漏了"分行发放现金兑换卡"这个关联,现在把这个关联补上,卡号是这个关联上的限定词。
- "分行代码"是关联"分行组成总行"上的限定词。
- "账号"是关联"分行保管账户"上的限定词。
- "雇员号"是"分行雇用柜员"上的限定词。
- "站号"是"分行拥有柜员终端"、"柜员终端与分行计算机通信"及"中央计算机与ATM通信"3 个关联上的限定词。

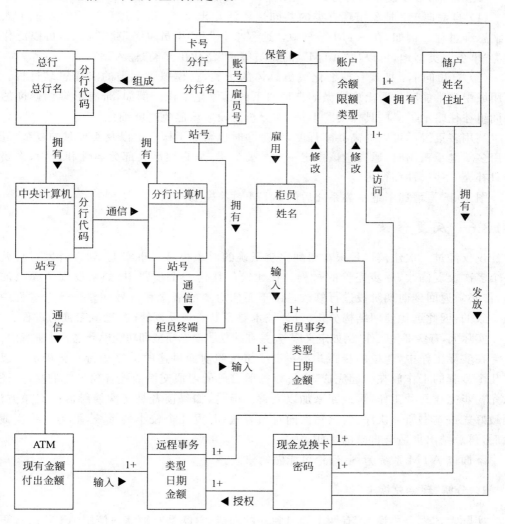

图 10.4　ATM 系统对象模型中的属性

应该说明的是,这里讨论的 ATM 系统是一个经过简化后的例子,而不是一个完整的实际应用系统。因此,图 10.4 中示出的属性远较实际应用系统中的属性少。

10.3.5　识别继承关系

确定了类中应该定义的属性之后，就可以利用继承机制共享公共性质，并对系统中众多的类加以组织。正如以前曾经强调指出过的，继承关系的建立实质上是知识抽取过程，它应该反映出一定深度的领域知识，因此必须有领域专家密切配合才能完成。通常，许多归纳关系都是根据客观世界现有的分类模式建立起来的，只要可能，就应该使用现有的概念。

一般说来，可以使用两种方式建立继承（即泛化）关系。

（1）自底向上：抽象出现有类的共同性质泛化出父类，这个过程实质上模拟了人类归纳思维过程。例如，在 ATM 系统中，"远程事务"和"柜员事务"是类似的，可以泛化出父类"事务"；类似地，可以从"ATM"和"柜员终端"泛化出父类"输入站"。

（2）自顶向下：把现有类细化成更具体的子类，这模拟了人类的演绎思维过程。从应用域中常常能明显看出应该做的自顶向下的具体化工作。例如，带有形容词修饰的名词词组往往暗示了一些具体类。但是，在分析阶段应该避免过度细化。

利用多重继承可以提高共享程度，但是同时也增加了概念上以及实现时的复杂程度。使用多重继承机制时，通常应该指定一个主要父类，从它继承大部分属性和行为；次要父类只补充一些属性和行为。

图 10.5 是增加了继承关系之后的 ATM 对象模型。

10.3.6　反复修改

仅仅经过一次建模过程很难得到完全正确的对象模型。事实上，软件开发过程就是一个多次反复修改、逐步完善的过程。在建模的任何一个步骤中，如果发现了模型的缺陷，都必须返回到前期阶段进行修改。由于面向对象的概念和符号在整个开发过程中都是一致的，因此远比使用结构分析、设计技术更容易实现反复修改、逐步完善的过程。

实际上，有些细化工作（例如定义服务）是在建立了动态模型和功能模型之后才进行的。

在实际工作中，建模的步骤并不一定严格按照前面讲述的次序进行。分析员可以合并几个步骤的工作放在一起完成，也可以按照自己的习惯交换前述各项工作的次序，还可以先初步完成几项工作，再返回来加以完善。但是，如果读者是初次接触面向对象方法，则最好先按本书所述次序，尝试用面向对象方法，开发几个较小的系统，取得一些实践经验后，再总结出更适合自己的工作方式。

下面以 ATM 系统为例，讨论可能做的修改。

1. 分解"现金兑换卡"类

实际上，"现金兑换卡"有两个相对独立的功能，它既是鉴别储户使用 ATM 的权限的卡，又是 ATM 获得分行代码和卡号等数据的数据载体。因此，把"现金兑换卡"类分解为"卡权限"和"现金兑换卡"两个类，将使每个类的功能更单一：前一个类标志储户访问账户的权限，后一个类是含有分行代码和卡号的数据载体。多张现金兑换卡可能对应着相同的访问权限。

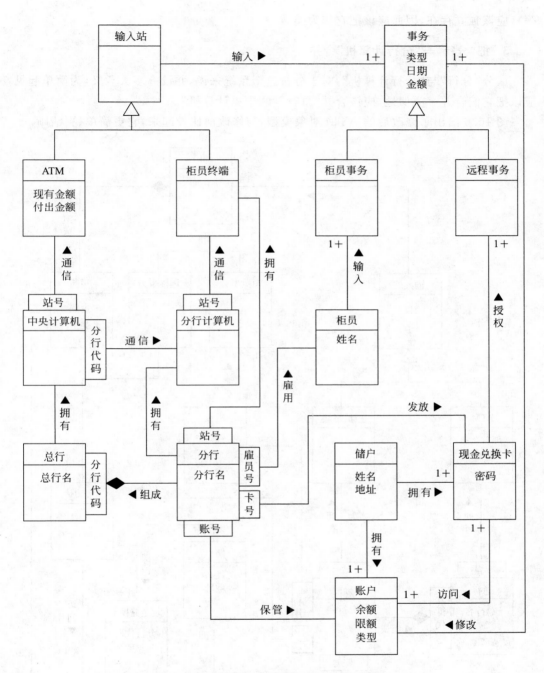

图 10.5　带有继承关系的 ATM 对象模型

2. "事务"由"更新"组成

通常,一个事务包含对账户的若干次更新,这里所说的更新,指的是对账户所做的一个动作(取款、存款或查询)。"更新"虽然代表一个动作,但是它有自己的属性(类型、金额等），应该独立存在，因此应该把它作为类。

3. 把"分行"与"分行计算机"合并

区分"分行"与"分行计算机"，对于分析这个系统来说，并没有多大意义，为简单起见，应该把它们合并。类似地，应该合并"总行"和"中央计算机"。

图10.6给出了修改后的ATM对象模型，与修改前比较起来，它更简单、更清晰。

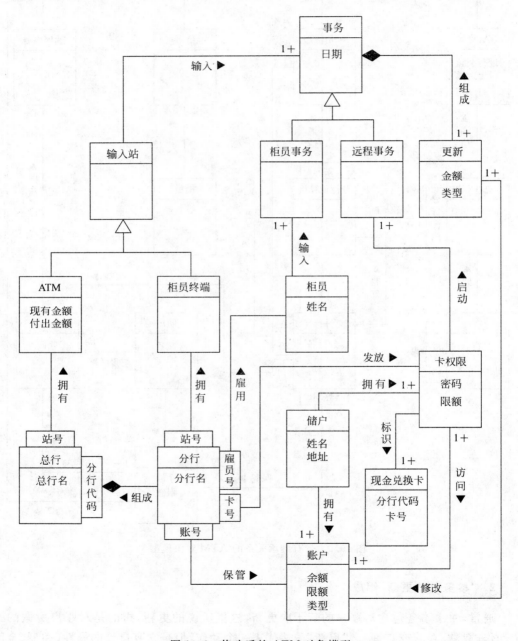

图 10.6　修改后的 ATM 对象模型

10.4　建立动态模型

本书 9.5 节和 3.6 节已经介绍了动态模型的概念和表示方法,本节结合 ATM 系统的实例,进一步讲述建立动态模型的方法。

对于仅存储静态数据的系统(例如数据库)来说,动态模型并没有什么意义。然而在开发交互式系统时,动态模型却起着很重要的作用。如果收集输入信息是目标系统的一项主要工作,则在开发这类应用系统时建立正确的动态模型是至关重要的。

建立动态模型的第一步,是编写典型交互行为的脚本。虽然脚本中不可能包括每个偶然事件,但是,至少必须保证不遗漏常见的交互行为。第二步,从脚本中提取出事件,确定触发每个事件的动作对象以及接受事件的目标对象。第三步,排列事件发生的次序,确定每个对象可能有的状态及状态间的转换关系,并用状态图描绘它们。最后,比较各个对象的状态图,检查它们之间的一致性,确保事件之间的匹配。

10.4.1　编写脚本

所谓"脚本",原意是指"表演戏曲、话剧,拍摄电影、电视剧等所依据的本子,里面记载台词、故事情节等"。在建立动态模型的过程中,脚本是指系统在某一执行期间内出现的一系列事件。脚本描述用户(或其他外部设备)与目标系统之间的一个或多个典型的交互过程,以便对目标系统的行为有更具体的认识。编写脚本的目的,是保证不遗漏重要的交互步骤,它有助于确保整个交互过程的正确性和清晰性。

脚本描写的范围并不是固定的,既可以包括系统中发生的全部事件,也可以只包括由某些特定对象触发的事件。脚本描写的范围主要由编写脚本的具体目的决定。

即使在需求陈述中已经描写了完整的交互过程,也还需要花很大精力构思交互的形式。例如,ATM 系统的需求陈述,虽然表明了应从储户那里获取有关事务的信息,但并没有准确说明获取信息的具体过程,对动作次序的要求也是模糊的。因此,编写脚本的过程,实质上就是分析用户对系统交互行为的要求的过程。在编写脚本的过程中,需要与用户充分交换意见,编写后还应该经过他们审查与修改。

编写脚本时,首先编写正常情况的脚本。然后,考虑特殊情况,例如输入或输出的数据为最大值(或最小值)。最后,考虑出错情况,例如,输入的值为非法值或响应失败。对大多数交互式系统来说,出错处理都是最难实现的部分。如果可能,应该允许用户"异常中止"一个操作或"取消"一个操作。此外,还应该提供诸如"帮助"和状态查询之类的在基本交互行为之上的"通用"交互行为。

脚本描述事件序列。每当系统中的对象与用户(或其他外部设备)交换信息时,就发生一个事件。所交换的信息值就是该事件的参数(例如"输入密码"事件的参数是所输入的密码)。也有许多事件是无参数的,这样的事件仅传递一个信息——该事件已经发生了。

对于每个事件,都应该指明触发该事件的动作对象(例如系统、用户或其他外部事物)、接受事件的目标对象以及该事件的参数。

表 10.1 和表 10.2 分别给出了 ATM 系统的正常情况脚本和异常情况脚本。

表 10.1　ATM 系统的正常情况脚本

- ATM 请储户插卡；储户插入一张现金兑换卡
- ATM 接受该卡并读它上面的分行代码和卡号
- ATM 要求储户输入密码；储户输入自己的密码 1234 等数字
- ATM 请求总行验证卡号和密码；总行要求 39 号分行核对储户密码，然后通知 ATM 说这张卡有效
- ATM 要求储户选择事务类型（取款、转账、查询等）；储户选择"取款"
- ATM 要求储户输入取款额；储户输入 880
- ATM 确认取款额在预先规定的限额内，然后要求总行处理这个事务；总行把请求转给分行，该分行成功地处理完这项事务并返回该账户的新余额
- ATM 吐出现金并请储户拿走这些现金；储户拿走现金
- ATM 问储户是否继续这项事务；储户回答"不"
- ATM 打印账单，退出现金兑换卡，请储户拿走它们；储户取走账单和卡
- ATM 请储户插卡

表 10.2　ATM 系统的异常情况脚本

- ATM 请储户插卡；储户插入一张现金兑换卡
- ATM 接受这张卡并顺序读它上面的数字
- ATM 要求密码；储户误输入 8888
- ATM 请求总行验证输入的数字和密码；总行在向有关分行咨询之后拒绝这张卡
- ATM 显示"密码错"，并请储户重新输入密码；储户输入 1234；ATM 请总行验证后知道这次输入的密码正确
- ATM 请储户选择事务类型；储户选择"取款"
- ATM 询问取款额；储户改变主意不想取款了，他按下"取消"键
- ATM 退出现金兑换卡，并请储户拿走它；储户拿走他的卡
- ATM 请储户插卡

10.4.2　设想用户界面

大多数交互行为都可以分为应用逻辑和用户界面两部分。通常，系统分析员首先集中精力考虑系统的信息流和控制流，而不是首先考虑用户界面。事实上，采用不同界面（例如命令行或图形用户界面），可以实现同样的程序逻辑。应用逻辑是内在的、本质的内容，用户界面是外在的表现形式。动态模型着重表示应用系统的控制逻辑。

但是，用户界面的美观程度、方便程度、易学程度以及效率等，是用户使用系统时最先感受到的，用户对系统的"第一印象"往往从界面得来，用户界面的好坏往往对用户是否喜欢、是否接受一个系统起很重要的作用。因此，在分析阶段也不能完全忽略用户界面。在这个阶段用户界面的细节并不太重要，重要的是在这种界面下的信息交换方式。软件开发人员的目的是确保能够完成全部必要的信息交换，而不会丢失重要的信息。

不经过实际使用很难评价一个用户界面的优劣，因此，软件开发人员往往快速地建立

起用户界面的原型,供用户试用与评价。图 10.7 是初步设想出的 ATM 界面格式。

图 10.7 ATM 的界面格式

10.4.3 画事件跟踪图

完整、正确的脚本为建立动态模型奠定了必要的基础。但是,用自然语言书写的脚本往往不够简明,而且有时在阅读时会有二义性。为了有助于建立动态模型,通常在画状态图之前先画出事件跟踪图。为此首先需要进一步明确事件及事件与对象的关系。

1. 确定事件

应该仔细分析每个脚本,以便从中提取出所有外部事件。事件包括系统与用户(或外部设备)交互的所有信号、输入、输出、中断、动作等。从脚本中容易找出正常事件,但是,应该小心仔细,不要遗漏了异常事件和出错条件。

传递信息的对象的动作也是事件。例如,储户插入现金兑换卡、储户输入密码、ATM 吐出现金等都是事件。大多数对象到对象的交互行为都对应着事件。

应该把对控制流产生相同效果的那些事件组合在一起作为一类事件,并给它们取一个唯一的名字。例如,"吐出现金"是一个事件类,尽管这类事件中的每个个别事件的参数值不同(吐出的现金数额不同),然而这并不影响控制流。但是,应该把对控制流有不同影响的那些事件区分开来,不要误把它们组合在一起。例如"账户有效"、"账户无效"、"密码错"等都是不同的事件。一般说来,不同应用系统对相同事件的响应并不相同,因此,在最终分类所有事件之前,必须先画出状态图。如果从状态图中看出某些事件之间的差异对系统行为并没有影响,则可以忽略这些事件间的差异。

经过分析,应该区分出每类事件的发送对象和接受对象。一类事件相对它的发送对象来说是输出事件,但是相对它的接受对象来说则是输入事件。有时一个对象把事件发送给自己,在这种情况下,该事件既是输出事件又是输入事件。

2. 画出事件跟踪图

从脚本中提取出各类事件并确定了每类事件的发送对象和接受对象之后,就可以用事件跟踪图把事件序列以及事件与对象的关系,形象、清晰地表示出来。事件跟踪图实质上是扩充的脚本,可以认为事件跟踪图是简化的 UML 顺序图。

在事件跟踪图中，一条竖线代表一个对象，每个事件用一条水平的箭头线表示，箭头方向从事件的发送对象指向接受对象。时间从上向下递增，也就是说，画在最上面的水平箭头线代表最先发生的事件，画在最下面的水平箭头线所代表的事件最晚发生。箭头线之间的间距并没有具体含义，图中仅用箭头线在垂直方向上的相对位置表示事件发生的先后，并不表示两个事件之间的精确时间差。

图 10.8 是 ATM 系统正常情况下的事件跟踪图。

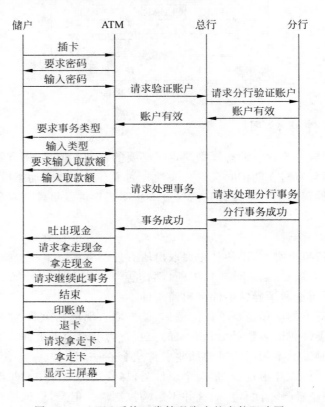

图 10.8　ATM 系统正常情况脚本的事件跟踪图

10.4.4　画状态图

状态图描绘事件与对象状态的关系。当对象接受了一个事件以后，它的下个状态取决于当前状态及所接受的事件。由事件引起的状态改变称为"转换"。如果一个事件并不引起当前状态发生转换，则可忽略这个事件。

通常，用一张状态图描绘一类对象的行为，它确定了由事件序列引出的状态序列。但是，也不是任何一个类都需要有一张状态图描绘它的行为。很多对象仅响应与过去历史无关的那些输入事件，或者把历史作为不影响控制流的参数。对于这类对象来说，状态图是不必要的。系统分析员应该集中精力仅考虑具有重要交互行为的那些类。

从一张事件跟踪图出发画状态图时，应该集中精力仅考虑影响一类对象的事件，也就是说，仅考虑事件跟踪图中指向某条竖线的那些箭头线。把这些事件作为状态图中的有向边(即箭头线),边上标以事件名。两个事件之间的间隔就是一个状态。一般说来,如果同一个对象对相同事件的响应不同,则这个对象处在不同状态。应该尽量给每个状态取个有意义的名字。通常,从事件跟踪图中当前考虑的竖线射出的箭头线,是这条竖线代表的对象达到某个状态时所做的行为(往往是引起另一类对象状态转换的事件)。

根据一张事件跟踪图画出状态图之后,再把其他脚本的事件跟踪图合并到已画出的状态图中。为此需在事件跟踪图中找出以前考虑过的脚本的分支点(例如"验证账户"就是一个分支点,因为验证的结果可能是"账户有效",也可能是"无效账户"),然后把其他脚本中的事件序列并入已有的状态图中,作为一条可选的路径。

考虑完正常事件之后再考虑边界情况和特殊情况,其中包括在不适当时候发生的事件(例如系统正在处理某个事务时,用户要求取消该事务)。有时用户(或外部设备)不能做出快速响应,然而某些资源又必须及时收回,于是在一定间隔后就产生了"超时"事件。对用户出错情况往往需要花费很多精力处理,并且会使原来清晰、紧凑的程序结构变得复杂、繁琐,但是,出错处理是不能省略的。

当状态图覆盖了所有脚本,包含了影响某类对象状态的全部事件时,该类的状态图就构造出来了。利用这张状态图可能会发现一些遗漏的情况。测试完整性和出错处理能力的最好方法,是设想各种可能出现的情况,多问几个"如果……,则……"的问题。

以 ATM 系统为例。"ATM"、"柜员终端"、"总行"和"分行"都是主动对象,它们相互发送事件;而"现金兑换卡"、"事务"和"账户"是被动对象,并不发送事件。"储户"和"柜员"虽然也是动作对象,但是,它们都是系统外部的因素,无须在系统内实现它们。因此,只需要考虑"ATM"、"总行"、"柜员终端"和"分行"的状态图。

图 10.9,图 10.10 和图 10.11 分别是"ATM"、"总行"和"分行"的状态图。由于"柜员终端"的状态图和"ATM"的状态图类似,为节省篇幅把它省略了。这些状态图都是简化的,尤其对异常情况和出错情况的考虑是相当粗略的(例如图 10.9 并没有表示在网络通信链路不通时的系统行为,实际上,在这种情况下 ATM 停止处理储户事务)。

10.4.5 审查动态模型

各个类的状态图通过共享事件合并起来,构成了系统的动态模型。在完成了每个具有重要交互行为的类的状态图之后,应该检查系统级的完整性和一致性。一般说来,每个事件都应该既有发送对象又有接受对象,当然,有时发送者和接受者是同一个对象。对于没有前驱或没有后继的状态应该着重审查,如果这个状态既不是交互序列的起点也不是终点,则发现了一个错误。

应该审查每个事件,跟踪它对系统中各个对象所产生的效果,以保证它们与每个脚本都匹配。

以 ATM 系统为例。在总行类的状态图中,事件"分行代码错"是由总行发出的,但是在 ATM 类的状态图中并没有一个状态接受这个事件。因此,在 ATM 类的状态图中应该再补充一个状态"do/显示分行代码错信息",它接受由前驱状态"do/验证账户"发出的事件"分行代码错",它的后续状态是"退卡"。

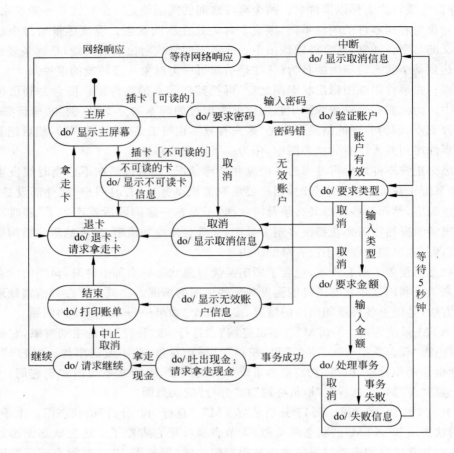

图 10.9　ATM 类的状态图

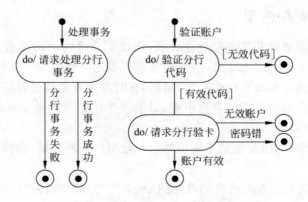

图 10.10　总行类的状态图

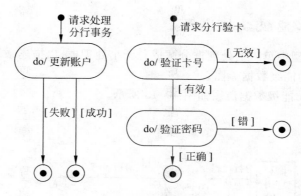

图 10.11 分行类的状态图

10.5 建立功能模型

功能模型表明了系统中数据之间的依赖关系,以及有关的数据处理功能,它由一组数据流图组成。其中的处理功能可以用 IPO 图(或表)、伪码等多种方式进一步描述。

通常在建立了对象模型和动态模型之后再建立功能模型。

本书第 2 章已经详细讲述了画数据流图的方法,本节结合 ATM 系统的例子,再复习一遍有关数据流图的概念和画法。

10.5.1 画出基本系统模型图

基本系统模型由若干个数据源点/终点,及一个处理框组成,这个处理框代表了系统加工、变换数据的整体功能。基本系统模型指明了目标系统的边界。由数据源点输入的数据和输出到数据终点的数据,是系统与外部世界之间的交互事件的参数。

图 10.12 是 ATM 系统的基本系统模型。尽管在储蓄所内储户的事务是由柜员通过柜员终端提交给系统的,但是信息的来源和最终接受者都是储户,因此,本系统的数据源点/终点为储户。另一个数据源点是现金兑换卡,因为系统从它上面读取分行代码和卡号等信息。

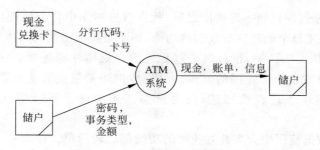

图 10.12 ATM 系统的基本系统模型

10.5.2 画出功能级数据流图

把基本系统模型中单一的处理框分解成若干个处理框，以描述系统加工、变换数据的基本功能，就得到功能级数据流图。

ATM 系统的功能级数据流图如图 10.13 所示。

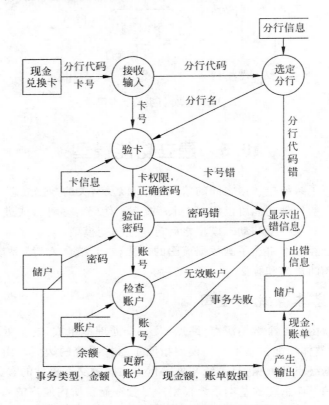

图 10.13 ATM 系统的功能级数据流图

10.5.3 描述处理框功能

把数据流图分解细化到一定程度之后，就应该描述图中各个处理框的功能。应该注意的是，要着重描述每个处理框所代表的功能，而不是实现功能的具体算法。

描述既可以是说明性的，也可以是过程性的。说明性描述规定了输入值和输出值之间的关系，以及输出值应遵循的规律。过程性描述则通过算法说明"做什么"。一般说来，说明性描述优于过程性描述，因为这类描述中通常不会隐含具体实现方面的考虑。

ATM 系统数据流图中大多数处理框的功能都比较简单。作为一个例子，表 10.3 给出了对"更新账户"这个处理功能的描述。

表 10.3　对更新账户功能的描述

更新账户(账号,事务类型,金额)→现金额,账单数据,信息

　　如果取款额超过账户当前余额,拒绝该事务且不付出现金。

　　如果取款额不超过账户当前余额,从余额中减去取款额后作为新的余额,付出储户要取的现金。

　　如果事务是存款,把存款额加到余额中得到新余额,不付出现金。

　　如果事务是查询,不付出现金。

　　在上述任何一种情况下,账单内容都是:ATM 号,日期,时间,账号,事务类型,事务金额(如果有的话),新余额。

10.6　定 义 服 务

正如 10.3 节指出的那样,"对象"是由描述其属性的数据,及可以对这些数据施加的操作(即服务),封装在一起构成的独立单元。因此,为建立完整的对象模型,既要确定类中应该定义的属性,又要确定类中应该定义的服务。然而在 10.3 节中已经指出,需要等到建立了动态模型和功能模型之后,才能最终确定类中应有的服务,因为这两个子模型更明确地描述了每个类中应该提供哪些服务。事实上,在确定类中应有的服务时,既要考虑该类实体的常规行为,又要考虑在本系统中特殊需要的服务。

1. 常规行为

在分析阶段可以认为,类中定义的每个属性都是可以访问的,也就是说,假设在每个类中都定义了读、写该类每个属性的操作。但是,通常无须在类图中显式表示这些常规操作。

2. 从事件导出的操作

状态图中发往对象的事件也就是该对象接收到的消息,因此该对象必须有由消息选择符指定的操作,这个操作修改对象状态(即属性值)并启动相应的服务。例如,在 ATM 系统中,发往 ATM 对象的事件"中止",启动该对象的服务"打印账单";发往分行的事件"请分行验卡"启动该对象的服务"验证卡号";而事件"处理分行事务"启动分行对象的服务"更新账户"。可以看出,所启动的这些服务通常就是接受事件的对象在相应状态的行为。

3. 与数据流图中处理框对应的操作

数据流图中的每个处理框都与一个对象(也可能是若干个对象)上的操作相对应。应该仔细对照状态图和数据流图,以便更正确地确定对象应该提供的服务。例如,在 ATM 系统中,从状态图上看出分行对象应该提供"验证卡号"服务,而在数据流图上与之对应的处理框是"验卡",根据实际应该完成的功能看,该对象提供的这个服务应该是"验卡"。

4. 利用继承减少冗余操作

应该尽量利用继承机制以减少所需定义的服务数目。只要不违背领域知识和常识,

就尽量抽取出相似类的公共属性和操作，以建立这些类的新父类，并在类等级的不同层次中正确地定义各个服务。

10.7 小 结

分析就是提取系统需求并建立问题域精确模型的过程，它包括理解、表达和验证3项主要工作内容。面向对象分析的关键工作，是分析、确定问题域中的对象及对象间的关系，并建立起问题域的对象模型。

大型、复杂系统的对象模型通常由下述5个层次组成：主题层、类与对象层、结构层、属性层和服务层。它们对应着在建立对象模型的过程中所应完成的5项工作。

大多数分析模型都不是一次完成的，为了理解问题域的全部含义，必须反复多次地进行分析。因此，分析工作不可能严格地按照预定顺序进行；分析工作也不是机械地把需求陈述转变为分析模型的过程。分析员必须与用户及领域专家反复交流、多次磋商，及时纠正错误认识并补充缺少的信息。

分析模型是系统分析员同用户及领域专家交流时有效的通信手段。最终的模型必须得到用户和领域专家的确认。在交流和确认的过程中，原型往往能起很大的促进作用。

一个好的分析模型应该正确完整地反映问题的本质属性，且不包含与问题无关的内容。分析的目标是全面深入地理解问题域，其中不应该涉及具体实现的考虑。但是，在实际的分析过程中完全不受与实现有关的影响也是不现实的。虽然分析的目的是用分析模型取代需求陈述，并把分析模型作为设计的基础，但是事实上，在分析与设计之间并不存在绝对的界线。

习 题 10

1. 用面向对象方法分析研究本书习题2第2题中描述的储蓄系统，试建立它的对象模型、动态模型和功能模型。

2. 用面向对象方法分析研究本书习题2第3题中描述的机票预订系统，试建立它的对象模型、动态模型和功能模型。

3. 用面向对象方法分析研究本书习题2第4题中描述的患者监护系统，试建立它的对象模型、动态模型和功能模型。

4. 下面是自动售货机系统的需求陈述，试建立它的对象模型、动态模型和功能模型：

自动售货机系统是一种无人售货系统。售货时，顾客把硬币投入机器的投币口中，机器检查硬币的大小、重量、厚度及边缘类型。有效的硬币是一元币、五角币、一角币、五分币、二分币和一分币。其他货币都被认为是假币。机器拒绝接收假币，并将其从退币孔退出。当机器接收了有效的硬币之后，就把硬币送入硬币储藏器中。顾客支付的货币根据硬币的面值进行累加。

自动售货机装有货物分配器。每个货物分配器中包含零个或多个价格相同的货物。顾客通过选择货物分配器来选择货物。如果货物分配器中有货物,而且顾客支付的货币值不小于该货物的价格,货物将被分配到货物传送孔送给顾客,并将适当的零钱返回到退币孔。如果分配器是空的,则和顾客支付的货币值相等的硬币将被送回到退币孔。如果顾客支付的货币值少于所选择的分配器中货物的价格,机器将等待顾客投进更多的货币。如果顾客决定不买所选择的货物,他投放进的货币将从退币孔中退出。

第11章　面向对象设计

如前所述,分析是提取和整理用户需求,并建立问题域精确模型的过程。设计则是把分析阶段得到的需求转变成符合成本和质量要求的、抽象的系统实现方案的过程。从面向对象分析到面向对象设计(OOD),是一个逐渐扩充模型的过程。或者说,面向对象设计就是用面向对象观点建立求解域模型的过程。

尽管分析和设计的定义有明显区别,但是在实际的软件开发过程中二者的界限是模糊的。许多分析结果可以直接映射成设计结果,而在设计过程中又往往会加深和补充对系统需求的理解,从而进一步完善分析结果。因此,分析和设计活动是一个多次反复迭代的过程。面向对象方法学在概念和表示方法上的一致性,保证了在各项开发活动之间的平滑(无缝)过渡,领域专家和开发人员能够比较容易地跟踪整个系统开发过程,这是面向对象方法与传统方法比较起来所具有的一大优势。

生命周期方法学把设计进一步划分成总体设计和详细设计两个阶段,类似地,也可以把面向对象设计再细分为系统设计和对象设计。系统设计确定实现系统的策略和目标系统的高层结构。对象设计确定解空间中的类、关联、接口形式及实现服务的算法。系统设计与对象设计之间的界限,比分析与设计之间的界限更模糊,本书不再对它们加以区分。

本章首先讲述为获得优秀设计结果应该遵循的准则,然后具体讲述面向对象设计的任务和方法。

11.1　面向对象设计的准则

所谓优秀设计,就是权衡了各种因素,从而使得系统在其整个生命周期中的总开销最小的设计。对大多数软件系统而言,60%以上的软件费用都用于软件维护,因此,优秀软件设计的一个主要特点就是容易维护。

本书第5章曾经讲述了指导软件设计的几条基本原理,这些原理在进行面向对象设计时仍然成立,但是增加了一些与面向对象方法密切相关的新特点，从而具体化为下列的面向对象设计准则。

1. 模块化

面向对象软件开发模式，很自然地支持了把系统分解成模块的设计原理：对象就是模块。它是把数据结构和操作这些数据的方法紧密地结合在一起所构成的模块。

2. 抽象

面向对象方法不仅支持过程抽象，而且支持数据抽象。类实际上是一种抽象数据类型，它对外开放的公共接口构成了类的规格说明（即协议），这种接口规定了外界可以使用的合法操作符，利用这些操作符可以对类实例中包含的数据进行操作。使用者无须知道这些操作符的实现算法和类中数据元素的具体表示方法，就可以通过这些操作符使用类中定义的数据。通常把这类抽象称为规格说明抽象。

此外，某些面向对象的程序设计语言还支持参数化抽象。所谓参数化抽象，是指当描述类的规格说明时并不具体指定所要操作的数据类型，而是把数据类型作为参数。这使得类的抽象程度更高，应用范围更广，可重用性更高。例如，C++语言提供的"模板"机制就是一种参数化抽象机制。

3. 信息隐藏

在面向对象方法中，信息隐藏通过对象的封装性实现：类结构分离了接口与实现，从而支持了信息隐藏。对于类的用户来说，属性的表示方法和操作的实现算法都应该是隐藏的。

4. 弱耦合

耦合是指一个软件结构内不同模块之间互连的紧密程度。在面向对象方法中，对象是最基本的模块，因此，耦合主要指不同对象之间相互关联的紧密程度。弱耦合是优秀设计的一个重要标准，因为这有助于使得系统中某一部分的变化对其他部分的影响降到最低程度。在理想情况下，对某一部分的理解、测试或修改，无须涉及系统的其他部分。

如果一类对象过多地依赖其他类对象来完成自己的工作，则不仅给理解、测试或修改这个类带来很大困难，而且还将大大降低该类的可重用性和可移植性。显然，类之间的这种相互依赖关系是紧耦合的。

当然，对象不可能是完全孤立的，当两个对象必须相互联系相互依赖时，应该通过类的协议（即公共接口）实现耦合，而不应该依赖于类的具体实现细节。

一般说来，对象之间的耦合可分为两大类，下面分别讨论这两类耦合。

（1）交互耦合

如果对象之间的耦合通过消息连接来实现，则这种耦合就是交互耦合。为使交互耦合尽可能松散，应该遵守下述准则。

- 尽量降低消息连接的复杂程度。应该尽量减少消息中包含的参数个数，降低参数的复杂程度。

- 减少对象发送(或接收)的消息数。

(2) 继承耦合

与交互耦合相反,应该提高继承耦合程度。继承是一般化类与特殊类之间耦合的一种形式。从本质上看,通过继承关系结合起来的基类和派生类,构成了系统中粒度更大的模块。因此,它们彼此之间应该结合得越紧密越好。

为获得紧密的继承耦合,特殊类应该确实是对它的一般化类的一种具体化。因此,如果一个派生类摒弃了它基类的许多属性,则它们之间是松耦合的。在设计时应该使特殊类尽量多继承并使用其一般化类的属性和服务,从而更紧密地耦合到其一般化类。

5. 强内聚

内聚衡量一个模块内各个元素彼此结合的紧密程度。也可以把内聚定义为:设计中使用的一个构件内的各个元素,对完成一个定义明确的目的所做出的贡献程度。在设计时应该力求做到高内聚。在面向对象设计中存在下述 3 种内聚:

(1) 服务内聚。一个服务应该完成一个且仅完成一个功能。

(2) 类内聚。设计类的原则是,一个类应该只有一个用途,它的属性和服务应该是高内聚的。类的属性和服务应该全都是完成该类对象的任务所必需的,其中不包含无用的属性或服务。如果某个类有多个用途,通常应该把它分解成多个专用的类。

(3) 一般-特殊内聚。设计出的一般-特殊结构,应该符合多数人的概念,更准确地说,这种结构应该是对相应的领域知识的正确抽取。

例如,虽然表面看来飞机与汽车有相似的地方(都用发动机驱动,都有轮子,……),但是,如果把飞机和汽车都作为“机动车”类的子类,则明显违背了人们的常识,这样的一般-特殊结构是低内聚的。正确的作法是,设置一个抽象类“交通工具”,把飞机和机动车作为交通工具类的子类,而汽车又是机动车类的子类。

一般说来,紧密的继承耦合与高度的一般-特殊内聚是一致的。

6. 可重用

软件重用是提高软件开发生产率和目标系统质量的重要途径。重用基本上从设计阶段开始。重用有两方面的含义:一是尽量使用已有的类(包括开发环境提供的类库,及以往开发类似系统时创建的类),二是如果确实需要创建新类,则在设计这些新类的协议时,应该考虑将来的可重复使用性。关于软件重用问题,将在 11.3 节进一步讨论。

11.2 启发规则

人们使用面向对象方法学开发软件的历史虽然不长,但也积累了一些经验。总结这些经验得出了几条启发规则,它们往往能帮助软件开发人员提高面向对象设计的质量。

1. 设计结果应该清晰易懂

使设计结果清晰、易读、易懂,是提高软件可维护性和可重用性的重要措施。显然,人们不会重用那些他们不理解的设计。保证设计结果清晰易懂的主要因素如下：

（1）用词一致。应该使名字与它所代表的事物一致，而且应该尽量使用人们习惯的名字。不同类中相似服务的名字应该相同。

（2）使用已有的协议。如果开发同一软件的其他设计人员已经建立了类的协议，或者在所使用的类库中已有相应的协议，则应该使用这些已有的协议。

（3）减少消息模式的数目。如果已有标准的消息协议，设计人员应该遵守这些协议。如果确需自己建立消息协议，则应该尽量减少消息模式的数目，只要可能，就使消息具有一致的模式，以利于读者理解。

（4）避免模糊的定义。一个类的用途应该是有限的，而且应该从类名可以较容易地推想出它的用途。

2. 一般-特殊结构的深度应适当

应该使类等级中包含的层次数适当。一般说来，在一个中等规模（大约包含100个类）的系统中，类等级层次数应保持为 7 ± 2。不应该仅仅从方便编码的角度出发随意创建派生类，应该使一般-特殊结构与领域知识或常识保持一致。

3. 设计简单的类

应该尽量设计小而简单的类，以便于开发和管理。当类很大的时候，要记住它的所有服务是非常困难的。经验表明，如果一个类的定义不超过一页纸（或两屏），则使用这个类是比较容易的。为使类保持简单，应该注意以下几点：

（1）避免包含过多的属性。属性过多通常表明这个类过分复杂了，它所完成的功能可能太多了。

（2）有明确的定义。为了使类的定义明确，分配给每个类的任务应该简单，最好能用一两个简单语句描述它的任务。

（3）尽量简化对象之间的合作关系。如果需要多个对象协同配合才能做好一件事，则破坏了类的简明性和清晰性。

（4）不要提供太多服务。一个类提供的服务过多，同样表明这个类过分复杂。典型地，一个类提供的公共服务不超过7个。

在开发大型软件系统时，遵循上述启发规则也会带来另一个问题：设计出大量较小的类，这同样会带来一定复杂性。解决这个问题的办法，是把系统中的类按逻辑分组，也就是划分"主题"。

4. 使用简单的协议

一般说来，消息中的参数不要超过3个。当然，不超过3个的限制也不是绝对的，但是，经验表明，通过复杂消息相互关联的对象是紧耦合的，对一个对象的修改往往导致其他对象的修改。

5. 使用简单的服务

面向对象设计出来的类中的服务通常都很小，一般只有3～5行源程序语句，可以用仅含一个动词和一个宾语的简单句子描述它的功能。如果一个服务中包含了过多的源程序语句,或者语句嵌套层次太多,或者使用了复杂的 CASE 语句,则应该仔细检查这个服务,设法分解或简化它。一般说来,应该尽量避免使用复杂的服务。如果需要在服务中使用 CASE 语句,通常应该考虑用一般-特殊结构代替这个类的可能性。

6. 把设计变动减至最小

通常,设计的质量越高,设计结果保持不变的时间也越长。即使出现必须修改设计的情况,也应该使修改的范围尽可能小。理想的设计变动曲线如图 11.1 所示。

在设计的早期阶段,变动较大,随着时间推移,设计方案日趋成熟,改动也越来越小了。图 11.1 中的峰值与出现设计错误或发生非预期变动的情况相对应。峰值越高,表明设计质量越差,可重用性也越差。

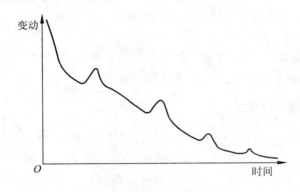

图 11.1　理想的设计变动情况

11.3　软 件 重 用

11.3.1　概述

1. 重用

重用也叫再用或复用,是指同一事物不作修改或稍加改动就多次重复使用。广义地说,软件重用可分为以下 3 个层次:

(1) 知识重用(例如软件工程知识的重用)。

(2) 方法和标准的重用(例如,面向对象方法或国家制定的软件开发规范的重用)。

(3) 软件成分的重用。

前两个重用层次属于知识工程研究的范畴,本节仅讨论软件成分重用问题。

2. 软件成分的重用级别

软件成分的重用可以进一步划分成以下 3 个级别:

(1) 代码重用

人们谈论得最多的是代码重用,通常把它理解为调用库中的模块。实际上,代码重用也可以采用下列几种形式中的任何一种。

- 源代码剪贴：这是最原始的重用形式。这种重用方式的缺点，是复制或修改原有代码时可能出错，更糟糕的是，存在严重的配置管理问题，人们几乎无法跟踪原始代码块多次修改重用的过程。
- 源代码包含：许多程序设计语言都提供包含（include）库中源代码的机制。使用这种重用形式时，配置管理问题有所缓解，因为修改了库中源代码之后，所有包含它的程序自然都必须重新编译。
- 继承：利用继承机制重用类库中的类时，无须修改已有的代码，就可以扩充或具体化在库中找出的类，因此，基本上不存在配置管理问题。

（2）设计结果重用

设计结果重用指的是，重用某个软件系统的设计模型（即求解域模型）。这个级别的重用有助于把一个应用系统移植到完全不同的软硬件平台上。

（3）分析结果重用

这是一种更高级别的重用，即重用某个系统的分析模型。这种重用特别适用于用户需求未改变，但系统体系结构发生了根本变化的场合。

3. 典型的可重用软件成分

更具体地说，可能被重用的软件成分主要有以下10种：

（1）项目计划。软件项目计划的基本结构和许多内容（例如软件质量保证计划）都是可以跨项目重用的。这样做减少了用于制定计划的时间，也降低了与建立进度表和进行风险分析等活动相关联的不确定性。

（2）成本估计。因为在不同项目中经常含有类似的功能，所以有可能在只做极少修改或根本不做修改的情况下，重用对该功能的成本估计结果。

（3）体系结构。即使在考虑不同的应用领域时，也很少有截然不同的程序和数据体系结构。因此，有可能创建一组类属的体系结构模板（例如事务处理体系结构），并把那些模板作为可重用的设计框架。通常把类属的体系结构模板称为领域体系结构。

（4）需求模型和规格说明。类和对象的模型及规格说明是明显的重用的候选者，此外，用传统软件工程方法开发的分析模型（例如数据流图），也是可重用的。

（5）设计。用传统方法开发的体系结构、数据、接口和过程设计结果，是重用的候选者，更常见的是，系统和对象设计是可重用的。

（6）源代码。用兼容的程序设计语言书写的、经过验证的程序构件，是重用的候选者。

（7）用户文档和技术文档。即使针对的应用是不同的，也经常有可能重用用户文档和技术文档的大部分。

（8）用户界面。这可能是最广泛被重用的软件成分，GUI（图形用户界面）软件经常被重用。因为它可占到一个应用程序的60%的代码量，因此，重用的效果非常显著。

（9）数据。在大多数经常被重用的软件成分中，被重用的数据包括：内部表、列表和记录结构，以及文件和完整的数据库。

（10）测试用例。一旦设计或代码构件将被重用,相关的测试用例应该"附属于"它们也被重用。

11.3.2　类构件

利用面向对象技术,可以更方便更有效地实现软件重用。面向对象技术中的"类",是比较理想的可重用软构件,不妨称之为类构件。类构件有 3 种重用方式,分别是实例重用、继承重用和多态重用。下面进一步讲述与类构件有关的内容。

1.可重用软构件应具备的特点

为使软构件也像硬件集成电路那样,能在构造各种各样的软件系统时方便地重复使用,就必须使它们满足下列要求:

（1）模块独立性强。具有单一、完整的功能,且经过反复测试被确认是正确的。它应该是一个不受或很少受外界干扰的封装体,其内部实现在外面是不可见的。

（2）具有高度可塑性。软构件的应用环境比集成电路更广阔、更复杂。显然,要求一个软构件能满足任何一个系统的设计需求是不现实的。因此,可重用的软构件必须具有高度可裁剪性,也就是说,必须提供为适应特定需求而扩充或修改已有构件的机制,而且所提供的机制必须使用起来非常简单方便。

（3）接口清晰、简明、可靠。软构件应该提供清晰、简明、可靠的对外接口,而且还应该有详尽的文档说明,以方便用户使用。

从本书第 9 章讲述的面向对象基本概念可以知道,精心设计的"类"基本上能满足上述要求,可以认为它是可重用软构件的雏形。

2. 类构件的重用方式

（1）实例重用

由于类的封装性,使用者无须了解实现细节就可以使用适当的构造函数,按照需要创建类的实例。然后向所创建的实例发送适当的消息,启动相应的服务,完成需要完成的工作。这是最基本的重用方式。此外,还可以用几个简单的对象作为类的成员创建出一个更复杂的类,这是实例重用的另一种形式。

虽然实例重用是最基本的重用方式,但是,设计出一个理想的类构件并不是一件容易的事情。例如,决定一个类对外提供多少服务就是一件相当困难的事。提供的服务过多,会增加接口复杂度,也会使类构件变得难于理解;提供的服务过少,则会因为过分一般化而失去重用价值。每个类构件的合理服务数都与具体应用环境密切相关,因此找到一个合理的折衷值是相当困难的。

（2）继承重用

面向对象方法特有的继承性提供了一种对已有的类构件进行裁剪的机制。当已有的类构件不能通过实例重用完全满足当前系统需求时,继承重用提供了一种安全地修改已有类构件,以便在当前系统中重用的手段。

为提高继承重用的效果,关键是设计一个合理的、具有一定深度的类构件继承层次结构。这样做有下述两个好处：

- 每个子类在继承父类的属性和服务的基础上，只加入少量新属性和新服务，这不仅降低了每个类构件的接口复杂度，表现出一个清晰的进化过程，提高了每个子类的可理解性，而且为软件开发人员提供了更多可重用的类构件。因此，在软件开发过程中，应该时刻注意提取这种潜在的可重用构件，必要时应在领域专家帮助下，建立符合领域知识的继承层次。
- 为多态重用奠定了良好基础。

（3）多态重用

利用多态性不仅可以使对象的对外接口更加一般化（基类与派生类的许多对外接口是相同的），从而降低了消息连接的复杂程度，而且还提供了一种简便可靠的软构件组合机制。系统运行时，根据接收消息的对象类型，由多态性机制启动正确的方法，去响应一个一般化的消息，从而简化了消息界面和软构件连接过程。

为充分实现多态重用，在设计类构件时，应该把注意力集中在下列一些可能影响重用性的操作上。

- 与表示方法有关的操作。例如不同实例的比较、显示、擦除等。
- 与数据结构、数据大小等有关的操作。
- 与外部设备有关的操作。例如设备控制。
- 实现算法在将来可能会改进（或改变）的核心操作。

如果不预先采取适当措施，上述这些操作会妨碍类构件的重用。因此，必须把它们从类的操作中分离出来，作为"适配接口"。例如，假设类 C 具有操作 $M_1, M_2, \cdots, M_n$ 和操作 $A_1, A_2, \cdots, A_k$，其中 $A_j (1 \leqslant j \leqslant k)$ 是上面列出的可能影响类 C 重用的几类操作，$M_i (1 \leqslant i \leqslant n)$ 是其他操作。如果 M_i 通过调用适配接口 A_j 而实现，则实际上 M 被 A 参数化了。在不同应用环境下，用户只需在派生类中重新定义 $A_j (1 \leqslant j \leqslant k)$ 就可以重用类 C。

还可以把适配接口再进一步细分为转换接口和扩充接口。转换接口，是为了克服与表示方法、数据结构或硬件特点相关的操作给重用带来的困难而设计的，这类接口是每个类构件在重用时都必须重新定义的服务的集合。当使用 C++ 语言编程时，应该在根类（或适当的基类）中，把属于转换接口的服务定义为纯虚函数。如果某个服务有多种可能的实现算法，则应该把它当作扩充接口。扩充接口与转换接口不同，并不需要强迫用户在派生类中重新定义它们，相反，如果在派生类中没有给出扩充接口的新算法，则将继承父类中的算法。当用 C++ 语言实现时，在基类中把这类服务定义为普通的虚函数。

11.3.3　软件重用的效益

近几年来软件产业界的实例研究表明，通过积极的软件重用能够获得可观的商业效益，产品质量、开发生产率和整体成本都得到了改善。

1. 质量

理想情况下，为了重用而开发的软件构件已被证明是正确的，且没有缺陷。事实上，由于不能定期进行形式化验证，错误可能而且也确实存在。但是，随着每一次重用，都会有一些错误被发现并被清除,构件的质量也会随之改善。随着时间的推移,构件将变成实质上无错误的。

HP 公司经研究发现,被重用的代码的错误率是每千行代码中有 0.9 个错误,而新开发的软件的错误率是每千行代码中有 4.1 个错误。对于一个包含 68% 重用代码的应用系统来说,错误率大约是每千行代码中有 2.0 个错误,与不使用重用的开发相比错误率降低了 51%。Henry 和 Faller 报告说,使用重用的开发可使软件质量改进 35%。虽然不同研究者报告的改善率并不完全相同,但是偏差都在合理的范围内,公正地说,重用确实能给软件产品的质量和可靠性带来实质性的提高。

2. 生产率

当把可重用的软件成分应用于软件开发的全过程时,创建计划、模型、文档、代码和数据所需花费的时间将减少,从而将用较少的投入给客户提供相同级别的产品,因此,生产率得到了提高。

由于应用领域、问题复杂程度、项目组的结构和大小、项目期限、可应用的技术等许多因素都对项目组的生产率有影响,因此,不同开发组织对软件重用带来生产率提高的数字的报告并不相同,但基本上 30%~50% 的重用大约可以导致生产率提高 25%~40%。

3. 成本

软件重用带来的净成本节省可以用下式估算:

$$C = C_s - C_r - C_d$$

其中,C_s 是项目从头开发(没有重用)时所需要的成本;C_r 是与重用相关联的成本;C_d 是交付给客户的软件的实际成本。

可以使用本书第 13 章讲述的技术来估算 C_s,而与重用相关联的成本 C_r 主要包括下述成本:

- 领域分析与建模的成本。
- 设计领域体系结构的成本。
- 为便于重用而增加的文档的成本。
- 维护和完善可重用的软件成分的成本。
- 为从外部获取构件所付出的版税和许可证费用。
- 创建(或购买)及运行重用库的费用。
- 对设计和实现可重用构件的人员的培训费用。

虽然和领域分析及运行重用库相关联的成本可能相当高,但是它们可以由许多项目分摊。上面列出的很多其他成本所解决的问题,实际上是良好软件工程实践的一部分,不管是否优先考虑重用,这些问题都应该解决。

11.4 系 统 分 解

人类解决复杂问题时普遍采用的策略是,"分而治之,各个击破"。同样,软件工程师在设计比较复杂的应用系统时普遍采用的策略,也是首先把系统分解成若干个比较小的部分,然后再分别设计每个部分。这样做有利于降低设计的难度,有利于分工协作,也有利于维护人员对系统理解和维护。

系统的主要组成部分称为子系统。通常根据所提供的功能来划分子系统,例如,编译系统可划分成词法分析、语法分析、中间代码生成、优化、目标代码生成和出错处理等子系统。一般说来,子系统的数目应该与系统规模基本匹配。

各个子系统之间应该具有尽可能简单、明确的接口。接口确定了交互形式和通过子系统边界的信息流,但是无须规定子系统内部的实现算法。因此,可以相对独立地设计各个子系统。

在划分和设计子系统时,应该尽量减少子系统彼此间的依赖性。

采用面向对象方法设计软件系统时,面向对象设计模型(即求解域的对象模型),与面向对象分析模型(即问题域的对象模型)一样,也由主题、类与对象、结构、属性、服务 5 个层次组成。这 5 个层次一层比一层表示的细节更多,可以把这 5 个层次想象为整个模型的水平切片。此外,大多数系统的面向对象设计模型,在逻辑上都由 4 大部分组成。这 4 大部分对应于组成目标系统的 4 个子系统,它们分别是问题域子系统、人机交互子系统、任务管理子系统和数据管理子系统。当然,在不同的软件系统中,这 4 个子系统的重要程度和规模可能相差很大,规模过大的在设计过程中应该进一步划分成更小的子系统,规模过小的可合并在其他子系统中。某些领域的应用系统在逻辑上可能仅由 3 个(甚至少于 3 个)子系统组成。

可以把面向对象设计模型的 4 大组成部分想象成整个模型的 4 个垂直切片。典型的面向对象设计模型可以用图 11.2 表示。

图 11.2　典型的面向对象设计模型

1. 子系统之间的两种交互方式

在软件系统中,子系统之间的交互有两种可能的方式,分别是客户-供应商(Client-supplier)关系和平等伙伴(peer-to-peer)关系。

(1) 客户-供应商关系

在这种关系中,作为"客户"的子系统调用作为"供应商"的子系统,后者完成某些服务工作并返回结果。使用这种交互方案,作为客户的子系统必须了解作为供应商的子系统的接口,然而后者却无须了解前者的接口,因为任何交互行为都是由前者驱动的。

(2) 平等伙伴关系

在这种关系中,每个子系统都可能调用其他子系统,因此,每个子系统都必须了解其他子系统的接口。由于各个子系统需要相互了解对方的接口,因此这种组织系统的方案比起客户-供应商方案来,子系统之间的交互更复杂,而且这种交互方式还可能存在通信环路,从而使系统难于理解,容易发生不易察觉的设计错误。

总地说来,单向交互比双向交互更容易理解,也更容易设计和修改,因此应该尽量使用客户-供应商关系。

2. 组织系统的两种方案

把子系统组织成完整的系统时,有水平层次组织和垂直块组织两种方案可供选择。

(1) 层次组织

这种组织方案把软件系统组织成一个层次系统,每层是一个子系统。上层在下层的基础上建立,下层为实现上层功能而提供必要的服务。每一层内所包含的对象,彼此间相互独立,而处于不同层次上的对象,彼此间往往有关联。实际上,在上、下层之间存在客户-供应商关系。低层子系统提供服务,相当于供应商,上层子系统使用下层提供的服务,相当于客户。

层次结构又可进一步划分成两种模式:封闭式和开放式。所谓封闭式,就是每层子系统仅仅使用其直接下层提供的服务。由于一个层次的接口只影响与其紧相邻的上一层,因此,这种工作模式降低了各层次之间的相互依赖性,更容易理解和修改。在开放模式中,某层子系统可以使用处于其下面的任何一层子系统所提供的服务。这种工作模式的优点,是减少了需要在每层重新定义的服务数目,使得整个系统更高效更紧凑。但是,开放模式的系统不符合信息隐藏原则,对任何一个子系统的修改都会影响处在更高层次的那些子系统。设计软件系统时到底采用哪种结构模式,需要权衡效率和模块独立性等多种因素,通盘考虑以后再做决定。

通常,在需求陈述中只描述了对系统顶层和底层的需求,顶层就是用户看到的目标系统,底层则是可以使用的资源。这两层往往差异很大,设计者必须设计一些中间层次,以减少不同层次之间的概念差异。

(2) 块状组织

这种组织方案把软件系统垂直地分解成若干个相对独立的、弱耦合的子系统,一个子系统相当于一块,每块提供一种类型的服务。

利用层次和块的各种可能的组合,可以成功地由多个子系统组成一个完整的软件系统。当混合使用层次结构和块状结构时,同一层次可以由若干块组成,而同一块也可以分为若干层。例如,图 11.3 表示一个应用系统的组织结构,这个应用系统采用了层次与块状的混合结构。

图 11.3 典型应用系统的组织结构

3. 设计系统的拓扑结构

由子系统组成完整的系统时，典型的拓扑结构有管道形、树形、星形等。设计者应该采用与问题结构相适应的、尽可能简单的拓扑结构，以减少子系统之间的交互数量。

11.5　设计问题域子系统

使用面向对象方法开发软件时，在分析与设计之间并没有明确的分界线，对于问题域子系统来说，情况更是如此。但是，分析与设计毕竟是性质不同的两类开发工作，分析工作可以而且应该与具体实现无关，设计工作则在很大程度上受具体实现环境的约束。在开始进行设计工作之前（至少在完成设计之前），设计者应该了解本项目预计要使用的编程语言，可用的软构件库（主要是类库）以及程序员的编程经验。

通过面向对象分析所得出的问题域精确模型，为设计问题域子系统奠定了良好的基础，建立了完整的框架。只要可能，就应该保持面向对象分析所建立的问题域结构。通常，面向对象设计仅需从实现角度对问题域模型做一些补充或修改，主要是增添、合并或分解类与对象、属性及服务，调整继承关系等。当问题域子系统过分复杂庞大时，应该把它进一步分解成若干个更小的子系统。

使用面向对象方法学开发软件，能够保持问题域组织框架的稳定性，从而便于追踪分析、设计和编程的结果。在设计与实现过程中所做的细节修改（例如增加具体类，增加属性或服务），并不影响开发结果的稳定性，因为系统的总体框架是基于问题域的。

对于需求可能随时间变化的系统来说，稳定性是至关重要的。稳定性也是能够在类似系统中重用分析、设计和编程结果的关键因素。为更好地支持系统在其生命期中的扩充，也同样需要稳定性。

下面介绍，在面向对象设计过程中，可能对面向对象分析所得出的问题域模型做的补充或修改。

1. 调整需求

有两种情况会导致修改通过面向对象分析所确定的系统需求：一是用户需求或外部环境发生了变化；二是分析员对问题域理解不透彻或缺乏领域专家帮助，以致面向对象分析模型不能完整、准确地反映用户的真实需求。

无论出现上述哪种情况，通常都只需简单地修改面向对象分析结果，然后再把这些修改反映到问题域子系统中。

2. 重用已有的类

代码重用从设计阶段开始，在研究面向对象分析结果时就应该寻找使用已有类的方法。若因为没有合适的类可以重用而确实需要创建新的类，则在设计这些新类的协议时，必须考虑到将来的可重用性。

如果有可能重用已有的类,则重用已有类的典型过程如下:

(1) 选择有可能被重用的已有类,标出这些候选类中对本问题无用的属性和服务,尽量重用那些能使无用的属性和服务降到最低程度的类。

(2) 在被重用的已有类和问题域类之间添加泛化关系(即从被重用的已有类派生出问题域类)。

(3) 标出问题域类中从已有类继承来的属性和服务,现在已经无须在问题域类内定义它们了。

(4) 修改与问题域类相关的关联,必要时改为与被重用的已有类相关的关联。

3. 把问题域类组合在一起

在面向对象设计过程中,设计者往往通过引入一个根类而把问题域类组合在一起。事实上,这是在没有更先进的组合机制可用时才采用的一种组合方法。此外,这样的根类还可以用来建立协议。

4. 增添一般化类以建立协议

在设计过程中常常发现,一些具体类需要有一个公共的协议,也就是说,它们都需要定义一组类似的服务(很可能还需要相应的属性)。在这种情况下可以引入一个附加类(例如根类),以便建立这个协议(即命名公共服务集合,这些服务在具体类中仔细定义)。

5. 调整继承层次

如果面向对象分析模型中包含了多重继承关系,然而所使用的程序设计语言却并不提供多重继承机制,则必须修改面向对象分析的结果。即使使用支持多重继承的语言,有时也会出于实现考虑而对面向对象分析结果作一些调整。下面分几种情况讨论。

(1) 使用多重继承机制

使用多重继承机制时,应该避免出现属性及服务的命名冲突。下面通过例子说明避免命名冲突的方法。

图 11.4 是一种多重继承模式的例子,这种模式可以称为窄菱形模式。使用这种模式时出现属性及服务命名冲突的可能性比较大。

图 11.5 是另一种多重继承模式,称为阔菱形模式。使用这种模式时,属性及服务的名字发生冲突的可能性比较小,但是,它需要用更多的类才能表示同一个设计。

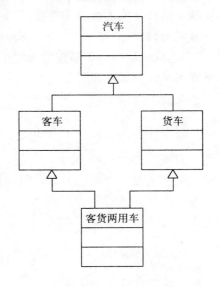

图 11.4　窄菱形模式

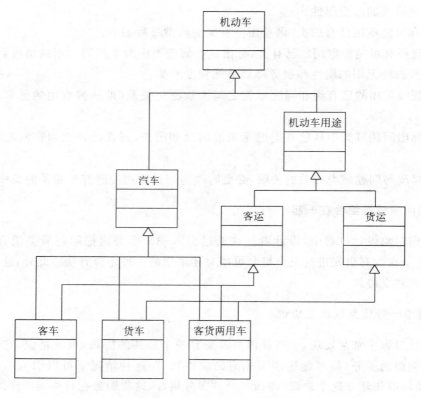

图 11.5　阔菱形模式

（2）使用单继承机制

如果打算使用仅提供单继承机制的语言实现系统，则必须把面向对象分析模型中的多重继承结构转换成单继承结构。

常见的做法是，把多重继承结构简化成单一的单继承层次结构，如图 11.6 所示。显然，在多重继承结构中的某些继承关系，经简化后将不再存在，这表明需要在各个具体类中重复定义某些属性和服务。

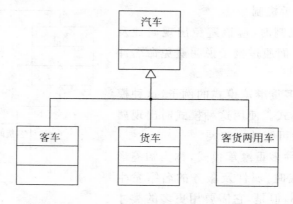

图 11.6　把多重继承简化为单一层次的单继承

6. ATM 系统实例

图 11.7 描绘了第 10 章给出的 ATM 系统的问题域子系统的结构。在面向对象设计过程中,把 ATM 系统的问题域子系统,进一步划分成了 3 个更小的子系统,它们分别是 ATM 站子系统、中央计算机子系统和分行计算机子系统。它们的拓扑结构为星形,以中央计算机为中心向外辐射,同所有 ATM 站及分行计算机通信。物理联结用专用电话线实现。根据 ATM 站号和分行代码,区分由每个 ATM 站和每台分行计算机联向中央计算机的电话线。

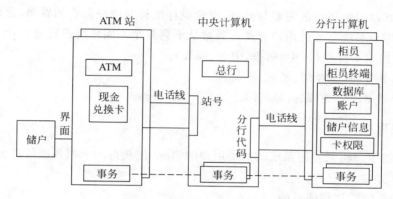

图 11.7　ATM 系统问题域子系统的结构

由于在面向对象分析过程中已经对 ATM 系统做了相当仔细的分析,而且假设所使用的实现环境能完全支持面向对象分析模型的实现,因此,在面向对象设计阶段无须对已有的问题域模型作实质性的修改或扩充。

11.6　设计人机交互子系统

在面向对象分析过程中,已经对用户界面需求做了初步分析,在面向对象设计过程中,则应该对系统的人机交互子系统进行详细设计,以确定人机交互的细节,其中包括指定窗口和报表的形式、设计命令层次等项内容。

人机交互部分的设计结果,将对用户情绪和工作效率产生重要影响。人机界面设计得好,则会使系统对用户产生吸引力,用户在使用系统的过程中会感到兴奋,能够激发用户的创造力,提高工作效率;相反,人机界面设计得不好,用户在使用过程中就会感到不方便、不习惯,甚至会产生厌烦和恼怒的情绪。

由于对人机界面的评价,在很大程度上由人的主观因素决定,因此,使用由原型支持的系统化的设计策略,是成功地设计人机交互子系统的关键。

本书 6.2 节已经全面系统地讲述了人机界面设计的问题、过程和设计指南,此处不再赘述。本节仅从面向对象设计的角度补充讲述一下设计人机交互子系统的策略。

1. 分类用户

人机交互界面是给用户使用的，显然，为设计好人机交互子系统，设计者应该认真研究使用它的用户。应该深入到用户的工作现场，仔细观察用户是怎样做他们的工作的，这对设计好人机交互界面是非常必要的。

在深入现场的过程中，设计者应该认真思考下述问题：用户必须完成哪些工作？设计者能够提供什么工具来支持这些工作的完成？怎样使得这些工具使用起来更方便更有效？

为了更好地了解用户的需要与爱好，以便设计出符合用户需要的界面，设计者首先应该把将来可能与系统交互的用户分类。通常从下列几个不同角度进行分类：

- 按技能水平分类（新手、初级、中级、高级）。
- 按职务分类（总经理、经理、职员）。
- 按所属集团分类（职员、顾客）。

2. 描述用户

应该仔细了解将来使用系统的每类用户的情况，把获得的下列各项信息记录下来：

- 用户类型。
- 使用系统欲达到的目的。
- 特征（年龄、性别、受教育程度、限制因素等）。
- 关键的成功因素（需求、爱好、习惯等）。
- 技能水平。
- 完成本职工作的脚本。

3. 设计命令层次

设计命令层次的工作通常包含以下几项内容。

（1）研究现有的人机交互含义和准则

现在，Windows 已经成了微机上图形用户界面事实上的工业标准。所有 Windows 应用程序的基本外观及给用户的感受都是相同的（例如，每个程序至少有一个窗口，它由标题栏标识；程序中大多数功能可通过菜单选用；选中某些菜单项会弹出对话框，用户可通过它输入附加信息；……）。Windows 程序通常还遵守广大用户习以为常的许多约定（例如，File 菜单的最后一个菜单项是 Exit；在文件列表框中用鼠标单击某个表项，则相应的文件名变亮，若用鼠标双击则会打开该文件；……）。

设计图形用户界面时，应该保持与普通 Windows 应用程序界面相一致，并遵守广大用户习惯的约定，这样才会被用户接受和喜爱。

（2）确定初始的命令层次

所谓命令层次，实质上是用过程抽象机制组织起来的、可供选用的服务的表示形式。设计命令层次时，通常先从对服务的过程抽象着手，然后再进一步修改它们，以适合具体应用环境的需要。

（3）精化命令层次

为进一步修改完善初始的命令层次，应该考虑下列一些因素：

- 次序：仔细选择每个服务的名字，并在命令层的每一部分内把服务排好次序。排序时或者把最常用的服务放在最前面，或者按照用户习惯的工作步骤排序。
- 整体-部分关系：寻找在这些服务中存在的整体-部分模式，这样做有助于在命令层中分组组织服务。
- 宽度和深度：由于人的短期记忆能力有限，命令层次的宽度和深度都不应该过大。
- 操作步骤：应该用尽量少的单击、拖动和击键组合来表达命令，而且应该为高级用户提供简捷的操作方法。

4. 设计人机交互类

人机交互类与所使用的操作系统及编程语言密切相关。例如，在 Windows 环境下运行的 Visual C++ 语言提供了 MFC 类库，设计人机交互类时，往往仅需从 MFC 类库中选出一些适用的类，然后从这些类派生出符合自己需要的类就可以了。

11.7　设计任务管理子系统

虽然从概念上说，不同对象可以并发地工作，但是，在实际系统中，许多对象之间往往存在相互依赖关系。此外，在实际使用的硬件中，可能仅由一个处理器支持多个对象。因此，设计工作的一项重要内容就是，确定哪些是必须同时动作的对象，哪些是相互排斥的对象。然后进一步设计任务管理子系统。

1. 分析并发性

通过面向对象分析建立起来的动态模型，是分析并发性的主要依据。如果两个对象彼此间不存在交互，或者它们同时接受事件，则这两个对象在本质上是并发的。通过检查各个对象的状态图及它们之间交换的事件，能够把若干个非并发的对象归并到一条控制线中。所谓控制线，是一条遍及状态图集合的路径，在这条路径上每次只有一个对象是活动的。在计算机系统中用任务（task）实现控制线，一般认为任务是进程（process）的别名。通常把多个任务的并发执行称为多任务。

对于某些应用系统来说，通过划分任务，可以简化系统的设计及编码工作。不同的任务标识了必须同时发生的不同行为。这种并发行为既可以在不同的处理器上实现，也可以在单个处理器上利用多任务操作系统仿真实现（通常采用时间分片策略仿真多处理器环境）。

2. 设计任务管理子系统

常见的任务有事件驱动型任务、时钟驱动型任务、优先任务、关键任务和协调任务等。设计任务管理子系统，包括确定各类任务并把任务分配给适当的硬件或软件去执行。

（1）确定事件驱动型任务

某些任务是由事件驱动的，这类任务可能主要完成通信工作。例如，与设备、屏幕窗口、其他任务、子系统、另一个处理器或其他系统通信。事件通常是表明某些数据到达的信号。

在系统运行时，这类任务的工作过程如下：任务处于睡眠状态（不消耗处理器时间），等待来自数据线或其他数据源的中断；一旦接收到中断就唤醒了该任务，接收数据并把数据放入内存缓冲区或其他目的地，通知需要知道这件事的对象，然后该任务又回到睡眠状态。

（2）确定时钟驱动型任务

某些任务每隔一定时间间隔就被触发以执行某些处理，例如，某些设备需要周期性地获得数据；某些人机接口、子系统、任务、处理器或其他系统也可能需要周期性地通信。在这些场合往往需要使用时钟驱动型任务。

时钟驱动型任务的工作过程如下：任务设置了唤醒时间后进入睡眠状态；任务睡眠（不消耗处理器时间），等待来自系统的中断；一旦接收到这种中断，任务就被唤醒并做它的工作，通知有关的对象，然后该任务又回到睡眠状态。

（3）确定优先任务

优先任务可以满足高优先级或低优先级的处理需求。

- 高优先级：某些服务具有很高的优先级，为了在严格限定的时间内完成这种服务，可能需要把这类服务分离成独立的任务。
- 低优先级：与高优先级相反，有些服务是低优先级的，属于低优先级处理（通常指那些背景处理）。设计时可能用额外的任务把这样的处理分离出来。

（4）确定关键任务

关键任务是有关系统成功或失败的关键处理，这类处理通常都有严格的可靠性要求。在设计过程中可能用额外的任务把这样的关键处理分离出来，以满足高可靠性处理的要求。对高可靠性处理应该精心设计和编码，并且应该严格测试。

（5）确定协调任务

当系统中存在3个以上任务时，就应该增加一个任务，用它作为协调任务。

引入协调任务会增加系统的总开销（增加从一个任务到另一个任务的转换时间），但是引入协调任务有助于把不同任务之间的协调控制封装起来。使用状态转换矩阵可以比较方便地描述该任务的行为。这类任务应该仅做协调工作，不要让它再承担其他服务工作。

（6）尽量减少任务数

必须仔细分析和选择每个确实需要的任务。应该使系统中包含的任务数尽量少。

设计多任务系统的主要问题是，设计者常常为了自己处理时的方便而轻率地定义过多的任务。这样做加大了设计工作的技术复杂度，并使系统变得不易理解，从而也加大了系统维护的难度。

（7）确定资源需求

使用多处理器或固件，主要是为了满足高性能的需求。设计者必须通过计算系统载荷（即每秒处理的业务数及处理一个业务所花费的时间），来估算所需要的CPU（或其他固件）的处理能力。

设计者应该综合考虑各种因素,以决定哪些子系统用硬件实现,哪些子系统用软件实现。下述两个因素可能是使用硬件实现某些子系统的主要原因。

- 现有的硬件完全能满足某些方面的需求,例如,买一块浮点运算卡比用软件实现浮点运算要容易得多。
- 专用硬件比通用的 CPU 性能更高。例如,目前在信号处理系统中广泛使用固件实现快速傅里叶变换。

设计者在决定到底采用软件还是硬件的时候,必须综合权衡一致性、成本、性能等多种因素,还要考虑未来的可扩充性和可修改性。

11.8　设计数据管理子系统

数据管理子系统是系统存储或检索对象的基本设施,它建立在某种数据存储管理系统之上,并且隔离了数据存储管理模式(文件、关系数据库或面向对象数据库)的影响。

11.8.1　选择数据存储管理模式

不同的数据存储管理模式有不同的特点,适用范围也不相同,设计者应该根据应用系统的特点选择适用的模式。

1. 文件管理系统

文件管理系统是操作系统的一个组成部分,使用它长期保存数据具有成本低和简单等特点,但是,文件操作的级别低,为提供适当的抽象级别还必须编写额外的代码。此外,不同操作系统的文件管理系统往往有明显差异。

2. 关系数据库管理系统

关系数据库管理系统的理论基础是关系代数,它不仅理论基础坚实而且有下列一些主要优点:

(1) 提供了各种最基本的数据管理功能(例如中断恢复,多用户共享,多应用共享,完整性,事务支持等)。

(2) 为多种应用提供了一致的接口。

(3) 标准化的语言(大多数商品化关系数据库管理系统都使用 SQL 语言)。

但是,为了做到通用与一致,关系数据库管理系统通常都相当复杂,且有下述一些具体缺点,以致限制了这种系统的普遍使用。

(1) 运行开销大:即使只完成简单的事务(例如只修改表中的一行),也需要较长的时间。

(2) 不能满足高级应用的需求:关系数据库管理系统是为商务应用服务的,商务应用中数据量虽大但数据结构却比较简单。事实上,关系数据库管理系统很难用在数据类型丰富或操作不标准的应用中。

(3) 与程序设计语言的连接不自然:SQL 语言支持面向集合的操作,是一种非过程性语言；然而大多数程序设计语言本质上却是过程性的，每次只能处理一个记录。

3. 面向对象数据库管理系统

面向对象数据库管理系统是一种新技术，主要有两种设计途径：扩展的关系数据库管理系统和扩展的面向对象程序设计语言。

（1）扩展的关系数据库管理系统是在关系数据库的基础上，增加了抽象数据类型和继承机制，此外还增加了创建及管理类和对象的通用服务。

（2）扩展的面向对象程序设计语言扩充了面向对象程序设计语言的语法和功能，增加了在数据库中存储和管理对象的机制。开发人员可以用统一的面向对象观点进行设计，不再需要区分存储数据结构和程序数据结构（即生命期短暂的数据）。

目前，大多数"对象"数据管理模式都采用"复制对象"的方法：先保留对象值，然后，在需要时创建该对象的一个副本。扩展的面向对象程序设计语言则扩充了这种机制，它支持"永久对象"方法：准确存储对象（包括对象的内部标识在内），而不是仅仅存储对象值。使用这种方法，当从存储器中检索出一个对象的时候，它就完全等同于原先存在的那个对象。"永久对象"方法，为在多用户环境中从对象服务器中共享对象奠定了基础。

11.8.2 设计数据管理子系统

设计数据管理子系统，既需要设计数据格式又需要设计相应的服务。

1. 设计数据格式

设计数据格式的方法与所使用的数据存储管理模式密切相关，下面分别介绍适用于每种数据存储管理模式的设计方法。

（1）文件系统

- 定义第一范式表：列出每个类的属性表；把属性表规范成第一范式，从而得到第一范式表的定义。
- 为每个第一范式表定义一个文件。
- 测量性能和需要的存储容量。
- 修改原设计的第一范式，以满足性能和存储需求。

必要时把泛化结构的属性压缩在单个文件中，以减少文件数量。

必要时把某些属性组合在一起，并用某种编码值表示这些属性，而不再分别使用独立的域表示每个属性。这样做可以减少所需要的存储空间，但是增加了处理时间。

（2）关系数据库管理系统

- 定义第三范式表：列出每个类的属性表；把属性表规范成第三范式，从而得出第三范式表的定义。
- 为每个第三范式表定义一个数据库表。
- 测量性能和需要的存储容量。
- 修改先前设计的第三范式，以满足性能和存储需求。

（3）面向对象数据库管理系统

- 扩展的关系数据库途径：使用与关系数据库管理系统相同的方法。
- 扩展的面向对象程序设计语言途径：不需要规范化属性的步骤，因为数据库管理系统本身具有把对象值映射成存储值的功能。

2. 设计相应的服务

如果某个类的对象需要存储起来，则在这个类中增加一个属性和服务，用于完成存储对象自身的工作。应该把为此目的增加的属性和服务作为"隐含"的属性和服务，即无须在面向对象设计模型的属性和服务层中显式地表示它们，仅需在关于类与对象的文档中描述它们。

这样设计之后，对象将知道怎样存储自己。用于"存储自己"的属性和服务，在问题域子系统和数据管理子系统之间构成一座必要的桥梁。利用多重继承机制，可以在某个适当的基类中定义这样的属性和服务，然后，如果某个类的对象需要长期存储，该类就从基类中继承这样的属性和服务。

下面介绍使用不同数据存储管理模式时的设计要点。

（1）文件系统

被存储的对象需要知道打开哪个（些）文件，怎样把文件定位到正确的记录上，怎样检索出旧值（如果有的话），以及怎样用现有值更新它们。

此外，还应该定义一个 ObjectServer（对象服务器）类，并创建它的实例。该类提供下列服务：

- 通知对象保存自身。
- 检索已存储的对象（查找，读值，创建并初始化对象），以便把这些对象提供给其他子系统使用。

注意，为提高性能应该批量处理访问文件的要求。

（2）关系数据库管理系统

被存储的对象，应该知道访问哪些数据库表，怎样访问所需要的行，怎样检索出旧值（如果有的话），以及怎样用现有值更新它们。

此外，还应该定义一个 ObjectServer 类，并声明它的对象。该类提供下列服务：

- 通知对象保存自身。
- 检索已存储的对象（查找，读值，创建并初始化对象），以便由其他子系统使用这些对象。

（3）面向对象数据库管理系统

- 扩展的关系数据库途径：与使用关系数据库管理系统时方法相同。
- 扩展的面向对象程序设计语言途径：无须增加服务，这种数据库管理系统已经给每个对象提供了"存储自己"的行为。只需给需要长期保存的对象加个标记，然后由面向对象数据库管理系统负责存储和恢复这类对象。

11.8.3　例子

为具体说明数据管理子系统的设计方法，下面再看看图 11.7 所示的 ATM 系统。

从图中可以看出，唯一的永久性数据存储放在分行计算机中。因为必须保持数据的一致性和完整性，而且常常有多个并发事务同时访问这些数据，因此，采用成熟的商品化关系数据库管理系统存储数据。应该把每个事务作为一个不可分割的批操作来处理，由事务封锁账户直到该事务结束为止。

在这个例子中，需要存储的对象主要是账户类的对象。为了支持数据管理子系统的实现，账户类对象必须知道自己是怎样存储的，有两种方法可以达到这个目的。

（1）每个对象自己保存自己

账户类对象在接到"存储自己"的通知后，知道怎样把自身存储起来（需要增加一个属性和一个服务来定义上述行为）。

（2）由数据管理子系统负责存储对象

账户类对象在接到"存储自己"的通知后，知道应该向数据管理子系统发送什么消息，以便由数据管理子系统把它的状态保存起来，为此也需要增加属性和服务来定义上述行为。使用这种方法的优点，是无须修改问题域子系统。

如上一小节所述，应该定义一个数据管理类 ObjectServer，并声明它的对象。这个类提供下列服务：

- 通知对象保存自身或保存需长期存储的对象的状态。
- 检索已存储的对象并使之"复活"。

11.9　设计类中的服务

面向对象分析得出的对象模型，通常并不详细描述类中的服务。面向对象设计则是扩充、完善和细化面向对象分析模型的过程，设计类中的服务是它的一项重要工作内容。

11.9.1　确定类中应有的服务

需要综合考虑对象模型、动态模型和功能模型，才能正确确定类中应有的服务。对象模型是进行对象设计的基本框架。但是，面向对象分析得出的对象模型，通常只在每个类中列出很少几个最核心的服务。设计者必须把动态模型中对象的行为以及功能模型中的数据处理，转换成由适当的类所提供的服务。

一张状态图描绘了一类对象的生命周期，图中的状态转换是执行对象服务的结果。对象的许多服务都与对象接收到的事件密切相关，事实上，事件就表现为消息，接收消息的对象必然有由消息选择符指定的服务，该服务改变对象状态（修改相应的属性值），并完成对象应做的动作。对象的动作既与事件有关，也与对象的状态有关。因此，完成服务的算法自然也和对象的状态有关。如果一个对象在不同状态可以接受同样事件，而且在不同状态接收到同样事件时其行为不同，则实现服务的算法中需要有一个依赖于状态的 DO_CASE 型控制结构。

功能模型指明了系统必须提供的服务。状态图中状态转换所触发的动作,在功能模型中有时可能扩展成一张数据流图。数据流图中的某些处理可能与对象提供的服务相对应,下列规则有助于确定操作的目标对象(即应该在该对象所属的类中定义这个服务)。

(1) 如果某个处理的功能是从输入流中抽取一个值,则该输入流就是目标对象。

(2) 如果某个处理具有类型相同的输入流和输出流,而且输出流实质上是输入流的另一种形式,则该输入输出流就是目标对象。

(3) 如果某个处理从多个输入流得出输出值,则该处理是输出类中定义的一个服务。

(4) 如果某个处理把对输入流处理的结果输出给数据存储或动作对象,则该数据存储或动作对象就是目标对象。

当一个处理涉及多个对象时,为确定把它作为哪个对象的服务,设计者必须判断哪个对象在这个处理中起主要作用。通常在起主要作用的对象类中定义这个服务。下面两条规则有助于确定处理的归属。

(1) 如果处理影响或修改了一个对象,则最好把该处理与处理的目标(而不是触发者)联系在一起。

(2) 考察处理涉及的对象类及这些类之间的关联,从中找出处于中心地位的类。如果其他类和关联围绕这个中心类构成星形,则这个中心类就是处理的目标。

11.9.2　设计实现服务的方法

在面向对象设计过程中还应该进一步设计实现服务的方法,主要应该完成以下几项工作:

1. 设计实现服务的算法

设计实现服务的算法时,应该考虑下列几个因素:

(1) 算法复杂度。通常选用复杂度较低(即效率较高)的算法,但也不要过分追求高效率,应以能满足用户需求为准。

(2) 容易理解与容易实现。容易理解与容易实现的要求往往与高效率有矛盾,设计者应该对这两个因素适当折衷。

(3) 易修改。应该尽可能预测将来可能做的修改,并在设计时预先做些准备。

2. 选择数据结构

在分析阶段,仅需考虑系统中需要的信息的逻辑结构,在面向对象设计过程中,则需要选择能够方便、有效地实现算法的物理数据结构。

3. 算法与数据结构的关系

设计阶段是解决"怎么做"的时候了,因此,确定实现服务方法中所需要的算法与数据结构是非常关键的。主要考虑下列因素:

(1) 分析问题寻找数据特点,提炼出所有可行有效的算法;

(2) 定义与所提炼算法相关联的数据结构;

(3) 依据此数据结构进行算法的详细设计;

（4）进行一定规模的实验与评测；

（5）确定最佳设计。

4. 定义内部类和内部操作

在面向对象设计过程中，可能需要增添一些在需求陈述中没有提到的类，这些新增加的类，主要用来存放在执行算法过程中所得出的某些中间结果。

此外，复杂操作往往可以用简单对象上的更低层操作来定义。因此，在分解高层操作时常常引入新的低层操作。在面向对象设计过程中应该定义这些新增加的低层操作。

11.10 设 计 关 联

在对象模型中，关联是联结不同对象的纽带，它指定了对象相互间的访问路径。在面向对象设计过程中，设计人员必须确定实现关联的具体策略。既可以选定一个全局性的策略统一实现所有关联，也可以分别为每个关联选择具体的实现策略，以与它在应用系统中的使用方式相适应。

为了更好地设计实现关联的途径，首先应该分析使用关联的方式。

1. 关联的遍历

在应用系统中，使用关联有两种可能的方式：单向遍历和双向遍历。在应用系统中，某些关联只需要单向遍历，这种单向关联实现起来比较简单，另外一些关联可能需要双向遍历，双向关联实现起来稍微麻烦一些。

在使用原型法开发软件的时候，原型中所有关联都应该是双向的，以便于增加新的行为，快速地扩充和修改原型。

2. 实现单向关联

用指针可以方便地实现单向关联。如果关联的重数是一元的（如图11.8所示），则实现关联的指针是一个简单指针；如果重数是多元的，则需要用一个指针集合实现关联（参见图11.9）。

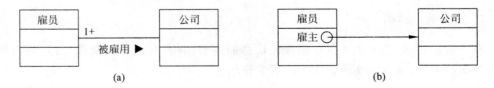

图 11.8 用指针实现单向关联

（a）关联；（b）实现

3. 实现双向关联

许多关联都需要双向遍历，当然，两个方向遍历的频度往往并不相同。实现双向关联有下列3种方法：

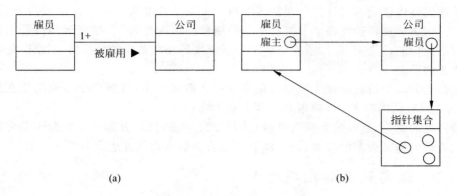

图 11.9　用指针实现双向关联

（a）关联；（b）实现

（1）只用属性实现一个方向的关联，当需要反向遍历时就执行一次正向查找。如果两个方向遍历的频度相差很大，而且需要尽量减少存储开销和修改时的开销，则这是一种很有效的实现双向关联的方法。

（2）两个方向的关联都用属性实现。具体实现方法已在前面讲过，如图 11.9 所示。这种方法能实现快速访问，但是，如果修改了一个属性，则相关的属性也必须随之修改，才能保持该关联链的一致性。当访问次数远远多于修改次数时，这种实现方法很有效。

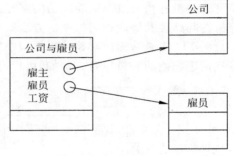

图 11.10　用对象实现关联

（3）用独立的关联对象实现双向关联。关联对象不属于相互关联的任何一个类，它是独立的关联类的实例，如图 11.10 所示。

4. 关联对象的实现

本书 9.4.2 节曾经讲过，可以引入一个关联类来保存描述关联性质的信息，关联中的每个连接对应着关联类的一个对象。实现关联对象的方法取决于关联的重数。对于一对一关联来说，关联对象可以与参与关联的任一个对象合并。对于一对多关联来说，关联对象可以与“多”端对象合并。如果是多对多关联，则关联链的性质不可能只与一个参与关联的对象有关，通常用一个独立的关联类来保存描述关联性质的信息，这个类的每个实例表示一条具体的关联链及该链的属性（参见图 11.10）。

11.11　设　计　优　化

11.11.1　确定优先级

系统的各项质量指标并不是同等重要的，设计人员必须确定各项质量指标的相对重要性（即确定优先级），以便在优化设计时制定折衷方案。

系统的整体质量与设计人员所制定的折衷方案密切相关。最终产品成功与否，在很大程度上取决于是否选择好了系统目标。最糟糕的情况是，没有站在全局高度正确确定各项质量指标的优先级，以致系统中各个子系统按照相互对立的目标做了优化，这将导致系统资源的严重浪费。

在折衷方案中设置的优先级应该是模糊的。事实上，不可能指定精确的优先级数值（例如速度 48%，内存 25%，费用 8%，可修改性 19%）。

最常见的情况，是在效率和清晰性之间寻求适当的折衷方案。下面两小节分别讲述在优化设计时提高效率的技术，以及建立良好的继承结构的方法。

11.11.2　提高效率的几项技术

1. 增加冗余关联以提高访问效率

在面向对象分析过程中，应该避免在对象模型中存在冗余的关联，因为冗余关联不仅没有增添任何信息，反而会降低模型的清晰程度。但是，在面向对象设计过程中，当考虑用户的访问模式，及不同类型的访问彼此间的依赖关系时，就会发现，分析阶段确定的关联可能并没有构成效率最高的访问路径。下面用设计公司雇员技能数据库的例子，说明分析访问路径及提高访问效率的方法。

图 11.11 是从面向对象分析模型中摘取的一部分。公司类中的服务 find_skill 返回具有指定技能的雇员集合。例如，用户可能询问公司中会讲日语的雇员有哪些人。

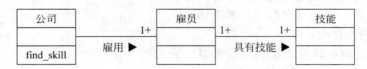

图 11.11　公司、雇员及技能之间的关联链

假设某公司共有 2 000 名雇员，平均每名雇员会 10 种技能，则简单的嵌套查询将遍历雇员对象 2 000 次，针对每名雇员平均再遍历技能对象 10 次。如果全公司仅有 5 名雇员精通日语，则查询命中率仅有 1/4 000。

提高访问效率的一种方法是使用哈希（Hash）表："具有技能"这个关联不再利用无序表实现，而是改用哈希表实现。只要"会讲日语"是用唯一一个技能对象表示，这样改进后就会使查询次数由 20 000 次减少到 2 000 次。

但是，当仅有极少数对象满足查询条件时，查询命中率仍然很低。在这种情况下，更有效的提高查询效率的改进方法是，给那些需要经常查询的对象建立索引。例如，针对上述例子，可以增加一个额外的限定关联"精通语言"，用来联系公司与雇员这两类对象，如图 11.12 所示。利用适当的冗余关联，可以立即查到精通某种具体语言的雇员，而无须多余的访问。当然，索引也必然带来开销：占用内存空间，而且每当修改基关联时也必须相应地修改索引。因此，应该只给那些经常执行并且开销大、命中率低的查询建立索引。

2. 调整查询次序

改进了对象模型的结构，从而优化了常用的遍历之后，接下来就应该优化算法了。

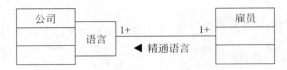

图 11.12　为雇员技能数据库建立索引

优化算法的一个途径是尽量缩小查找范围。例如,假设用户在使用上述的雇员技能数据库的过程中,希望找出既会讲日语又会讲法语的所有雇员。如果某公司只有 5 位雇员会讲日语,会讲法语的雇员却有 200 人,则应该先查找会讲日语的雇员,然后再从这些会讲日语的雇员中查找同时又会讲法语的人。

3. 保留派生属性

通过某种运算而从其他数据派生出来的数据,是一种冗余数据。通常把这类数据"存储"(或称为"隐藏")在计算它的表达式中。如果希望避免重复计算复杂表达式所带来的开销,可以把这类冗余数据作为派生属性保存起来。

派生属性既可以在原有类中定义,也可以定义新类,并用新类的对象保存它们。每当修改了基本对象之后,所有依赖于它的、保存派生属性的对象也必须相应地修改。

11.11.3　调整继承关系

在面向对象设计过程中,建立良好的继承关系是优化设计的一项重要内容。继承关系能够为一个类族定义一个协议,并能在类之间实现代码共享以减少冗余。一个基类和它的子孙类在一起称为一个类继承。在面向对象设计中,建立良好的类继承是非常重要的。利用类继承能够把若干个类组织成一个逻辑结构。

下面讨论与建立类继承有关的问题。

1. 抽象与具体

在设计类继承时,很少使用纯粹自顶向下的方法。通常的作法是,首先创建一些满足具体用途的类,然后对它们进行归纳,一旦归纳出一些通用的类以后,往往可以根据需要再派生出具体类。在进行了一些具体化(即专门化)的工作之后,也许就应该再次归纳了。对于某些类继承来说,这是一个持续不断的演化过程。

图 11.13 用一个人们在日常生活中熟悉的例子,说明上述从具体到抽象,再到具体的过程。

2. 为提高继承程度而修改类定义

如果在一组相似的类中存在公共的属性和公共的行为,则可以把这些公共的属性和行为抽取出来放在一个共同的祖先类中,供其子类继承,如图 11.13(a)和(b)所示。在对现有类进行归纳的时候,要注意下述两点:(1)不能违背领域知识和常识;(2)应该确保现有类的协议(即同外部世界的接口)不变。

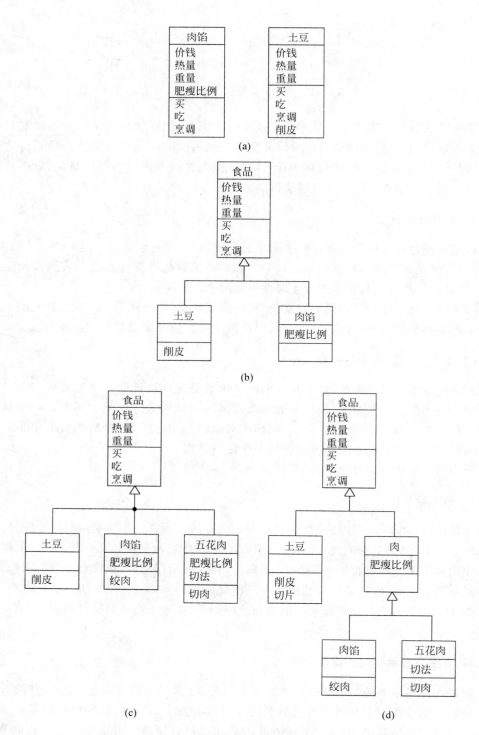

图 11.13　设计类继承的例子

（a）先创建一些具体类；（b）归纳出抽象类；（c）进一步具体化；（d）再次归纳

更常见的情况是,各个现有类中的属性和行为(操作),虽然相似却并不完全相同,在这种情况下需要对类的定义稍加修改,才能定义一个基类供其子类从中继承需要的属性或行为。

有时抽象出一个基类之后,在系统中暂时只有一个子类能从它继承属性和行为,显然,在当前情况下抽象出这个基类并没有获得共享的好处。但是,这样做通常仍然是值得的,因为将来可能重用这个基类。

3. 利用委托实现行为共享

仅当存在真实的一般-特殊关系(即子类确实是父类的一种特殊形式)时,利用继承机制实现行为共享才是合理的。

有时程序员只想用继承作为实现操作共享的一种手段,并不打算确保基类和派生类具有相同的行为。在这种情况下,如果从基类继承的操作中包含了子类不应有的行为,则可能引起麻烦。例如,假设程序员正在实现一个 Stack(后进先出栈)类,类库中已经有一个 List(表)类。如果程序员从 List 类派生出 Stack 类,则如图 11.14(a)所示:把一个元素压入栈,等价于在表尾加入一个元素;把一个元素弹出栈,相当于从表尾移走一个元素。但是,与此同时,也继承了一些不需要的表操作。例如,从表头移走一个元素或在表头增加一个元素。万一用户错误地使用了这类操作,Stack 类将不能正常工作。

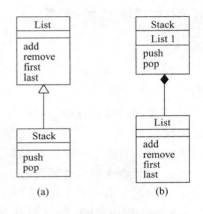

图 11.14　用表实现栈的两种方法
(a) 用继承实现;(b) 用委托实现

如果只想把继承作为实现操作共享的一种手段,则利用委托(即把一类对象作为另一类对象的属性,从而在两类对象间建立组合关系)也可以达到同样目的,而且这种方法更安全。使用委托机制时,只有有意义的操作才委托另一类对象实现,因此,不会发生不慎继承了无意义(甚至有害)操作的问题。

图 11.14(b)描绘了委托 List 类实现 Stack 类操作的方法。Stack 类的每个实例都包含一个私有的 List 类实例(或指向 List 类实例的指针)。Stack 对象的操作 push(压栈),委托 List 类对象通过调用 last(定位到表尾)和 add(加入一个元素)操作实现,而 pop(出栈)操作则通过 List 的 last 和 remove(移走一个元素)操作实现。

11.12　小　　结

面向对象设计就是用面向对象观点建立求解空间模型的过程。通过面向对象分析得出的问题域模型为建立求解空间模型奠定了坚实基础。分析与设计本质上是一个多次反复迭代的过程,而面向对象分析与面向对象设计的界限尤其模糊。

优秀设计是使得目标系统在其整个生命周期中总开销最小的设计,为获得优秀的设计结果,应该遵循一些基本准则。本章结合面向对象方法学固有的特点讲述了面向对象设计准则，并介绍了一些有助于提高设计质量的启发式规则。

重用是提高软件生产率和目标系统质量的重要途径，它基本上始于设计。本章结合面向对象方法学的特点，对软件重用做了较全面的介绍，其中着重讲述了类构件重用技术。

用面向对象方法设计软件，原则上也是先进行总体设计（即系统设计），然后再进行详细设计（对象设计），当然，它们之间的界限非常模糊，事实上是一个多次反复迭代的过程。

大多数求解空间模型，在逻辑上由4大部分组成。本章分别讲述了问题域子系统、人机交互子系统、任务管理子系统和数据管理子系统的设计方法。此外还讲述了设计类中服务的方法及实现关联的策略。

通常应该在设计工作开始之前，对系统的各项质量指标的相对重要性做认真分析和仔细权衡，制定出恰当的系统目标。在设计过程中根据既定的系统目标，做必要的优化工作。

习 题 11

1. 面向对象设计应该遵循哪些准则？简述每条准则的内容，并说明遵循这条准则的必要性。

2. 简述有助于提高面向对象设计质量的每条主要启发规则的内容和必要性。

3. 为什么说类构件是目前比较理想的可重用软构件？它有哪些重用方式？

4. 试用面向对象方法，设计本书第2章中给出的订货系统的例子。

5. 试用面向对象方法，设计本书习题2第2题中描述的储蓄系统。

6. 试用面向对象方法，设计本书习题2第3题中描述的机票预订系统。

7. 试用面向对象方法，设计本书习题2第4题中描述的患者监护系统。

8. 有若干行C语言代码，要求统计出该代码中共有多少个关键字？试设计出相关算法和数据结构。

注：C语言的关键集合如下（32个）：

auto double int struct break else long switch case enum register typedef char extern return union const float short unsigned continue for signed void default goto sizeof volatile do if while static

第12章

面向对象实现

面向对象实现主要包括两项工作：把面向对象设计结果翻译成用某种程序语言书写的面向对象程序；测试并调试面向对象的程序。

面向对象程序的质量基本上由面向对象设计的质量决定，但是，所采用的程序语言的特点和程序设计风格也将对程序的可靠性、可重用性及可维护性产生深远影响。

目前，软件测试仍然是保证软件可靠性的主要措施，对于面向对象的软件来说，情况也是如此。面向对象测试的目标，也是用尽可能低的测试成本发现尽可能多的软件错误。但是，面向对象程序中特有的封装、继承和多态等机制，也给面向对象测试带来一些新特点，增加了测试和调试的难度。必须在实践中努力探索适合于面向对象软件的更有效的测试方法。

12.1　程序设计语言

12.1.1　面向对象语言的优点

面向对象设计的结果既可以用面向对象语言、也可以用非面向对象语言实现。使用面向对象语言时，由于语言本身充分支持面向对象概念的实现，因此，编译程序可以自动把面向对象概念映射到目标程序中。使用非面向对象语言编写面向对象程序，则必须由程序员自己把面向对象概念映射到目标程序中。例如，C语言并不直接支持类或对象的概念，程序员只能在结构（struct）中定义变量和相应的函数（事实上，不能直接在结构中定义函数而是要利用指针间接定义）。所有非面向对象语言都不支持一般-特殊结构的实现，使用这类语言编程时要么完全回避继承的概念，要么在声明特殊化类时，把对一般化类的引用嵌套在它里面。

到底应该选用面向对象语言还是非面向对象语言，关键不在于语言功能强弱。从原理上说，使用任何一种通用语言都可以实现面向对象概念。当然，使用面向对象语言，实现面向对象概念，远比使用非面向对象语言方便，但是，方便性也并不是决定选择何种语言的关键因素。选择编程语言的关键因素，是语言的一致的表达能力、可重用性及可维护性。从面向对象观点看来，能够更完整、更准确地表达问题域语义的面向对象语言的语法是非常重要的，因为这会带来下述 3 个重要优点。

1. 一致的表示方法

从前面章节的讲述中可以知道，面向对象开发基于不随时间变化的、一致的表示方法。这种表示方法应该从问题域到 OOA，从 OOA 到 OOD，最后从 OOD 到面向对象编程（OOP），始终稳定不变。一致的表示方法既有利于在软件开发过程中始终使用统一的概念，也有利于维护人员理解软件的各种配置成分。

2. 可重用性

为了能带来可观的商业利益，必须在更广泛的范围中运用重用机制，而不是仅仅在程序设计这个层次上进行重用。因此，在 OOA、OOD 直到 OOP 中都显式地表示问题域语义，其意义是十分深远的。随着时间的推移，软件开发组织既可能重用它在某个问题域内的 OOA 结果，也可能重用相应的 OOD 和 OOP 结果。

3. 可维护性

尽管人们反复强调保持文档与源程序一致的必要性，但是，在实际工作中很难做到交付两类不同的文档，并使它们保持彼此完全一致。特别是考虑到进度、预算、能力和人员等限制因素时，做到两类文档完全一致几乎是不可能的。因此，维护人员最终面对的往往只有源程序本身。

以 ATM 系统为例，说明在程序内部表达问题域语义对维护工作的意义。假设在维护该系统时没有合适的文档资料可供参阅，于是维护人员人工浏览程序或使用软件工具扫描程序，记下或打印出程序显式陈述的问题域语义，维护人员看到"ATM"、"账户"、"现金兑换卡"等，这对维护人员理解所要维护的软件将有很大帮助。

因此，在选择编程语言时，应该考虑的首要因素，是在供选择的语言中哪个语言能最好地表达问题域语义。一般说来，应该尽量选用面向对象语言来实现面向对象分析、设计的结果。

12.1.2　面向对象语言的技术特点

面向对象语言的形成借鉴了历史上许多程序语言的特点，从中吸取了丰富的营养。当今的面向对象语言，从 20 世纪 50 年代诞生的 LISP 语言中引进了动态联编的概念和交互式开发环境的思想，从 20 世纪 60 年代推出的 SIMULA 语言中引进了类的概念和继承机制，此外，还受到 20 世纪 70 年代末期开发的 Modula_2 语言和 Ada 语言中数据抽象机制的影响。

20 世纪 80 年代以来，面向对象语言像雨后春笋一样大量涌现，形成了两大类面向对象语言。一类是纯面向对象语言，如 Smalltalk 和 Eiffel 等语言。另一类是混合型面向对象语言，也就是在过程语言的基础上增加面向对象机制，如 C++ 等语言。

一般说来,纯面向对象语言着重支持面向对象方法研究和快速原型的实现,而混合型面向对象语言的目标则是提高运行速度和使传统程序员容易接受面向对象思想。成熟的面向对象语言通常都提供丰富的类库和强有力的开发环境。

下面介绍在选择面向对象语言时应该着重考察的一些技术特点。

1. 支持类与对象概念的机制

所有面向对象语言都允许用户动态创建对象,并且可以用指针引用动态创建的对象。允许动态创建对象,就意味着系统必须处理内存管理问题,如果不及时释放不再需要的对象所占用的内存,动态存储分配就有可能耗尽内存。

有两种管理内存的方法,一种是由语言的运行机制自动管理内存,即提供自动回收"垃圾"的机制;另一种是由程序员编写释放内存的代码。自动管理内存不仅方便而且安全,但是必须采用先进的垃圾收集算法才能减少开销。某些面向对象的语言(如 C ++)允许程序员定义析构函数(destructor)。每当一个对象超出范围或被显式删除时,就自动调用析构函数。这种机制使得程序员能够方便地构造和唤醒释放内存的操作,却又不是垃圾收集机制。

2. 实现整体-部分(即聚集)结构的机制

一般说来,有两种实现方法,分别使用指针和独立的关联对象实现整体-部分结构。大多数现有的面向对象语言并不显式支持独立的关联对象,在这种情况下,使用指针是最容易的实现方法,通过增加内部指针可以方便地实现关联。

3. 实现一般-特殊(即泛化)结构的机制

既包括实现继承的机制也包括解决名字冲突的机制。所谓解决名字冲突,指的是处理在多个基类中可能出现的重名问题,这个问题仅在支持多重继承的语言中才会遇到。某些语言拒绝接受有名字冲突的程序,另一些语言提供了解决冲突的协议。不论使用何种语言,程序员都应该尽力避免出现名字冲突。

4. 实现属性和服务的机制

对于实现属性的机制应该着重考虑以下几个方面:支持实例连接的机制;属性的可见性控制;对属性值的约束。对于服务来说,主要应该考虑下列因素:支持消息连接(即表达对象交互关系)的机制;控制服务可见性的机制;动态联编。

所谓动态联编,是指应用系统在运行过程中,当需要执行一个特定服务的时候,选择(或联编)实现该服务的适当算法的能力。动态联编机制使得程序员在向对象发送消息时拥有较大自由,在发送消息前,无须知道接受消息的对象当时属于哪个类。

5. 类型检查

程序设计语言可以按照编译时进行类型检查的严格程度来分类。如果语言仅要求每个变量或属性隶属于一个对象,则是弱类型的;如果语法规定每个变量或属性必须准确地属于某个特定的类，则这样的语言是强类型的。面向对象语言在这方面差异很大，例如，Smalltalk 实际上是一种无类型语言（所有变量都是未指定类的对象）；C ++ 和 Eiffel 则是强类型语言。混合型语言（如 C ++ 、Objective_C 等）甚至允许属性值不是对象而是某种预定义的基本类型数据（如整数和浮点数等），这可以提高操作的效率。

强类型语言主要有两个优点：一是有利于在编译时发现程序错误，二是增加了优化的可能性。通常使用强类型编译型语言开发软件产品，使用弱类型解释型语言快速开发原型。总地说来，强类型语言有助于提高软件的可靠性和运行效率，现代的程序语言理论支持强类型检查，大多数新语言都是强类型的。

6. 类库

大多数面向对象语言都提供一个实用的类库。某些语言本身并没有规定提供什么样的类库，而是由实现这种语言的编译系统自行提供类库。存在类库，许多软构件就不必由程序员从头编写了，这为实现软件重用带来很大方便。

类库中往往包含实现通用数据结构（例如，动态数组、表、队列、栈、树等）的类，通常把这些类称为包容类。在类库中还可以找到实现各种关联的类。

更完整的类库通常还提供独立于具体设备的接口类（例如，输入输出流），此外，用于实现窗口系统的用户界面类也非常有用，它们构成一个相对独立的图形库。

7. 效率

许多人认为面向对象语言的主要缺点是效率低。产生这种印象的一个原因是，某些早期的面向对象语言是解释型的而不是编译型的。事实上，使用拥有完整类库的面向对象语言，有时能比使用非面向对象语言得到运行更快的代码。这是因为类库中提供了更高效的算法和更好的数据结构，例如，程序员已经无须编写实现哈希表或平衡树算法的代码了，类库中已经提供了这类数据结构，而且算法先进、代码精巧可靠。

认为面向对象语言效率低的另一个理由是，这种语言在运行时使用动态联编实现多态性，这似乎需要在运行时查找继承树，以得到定义给定操作的类。事实上，绝大多数面向对象语言都优化了这个查找过程，从而实现了高效率查找。只要在程序运行时始终保持类结构不变，就能在子类中存储各个操作的正确入口点，从而使得动态联编成为查找哈希表的高效过程，不会由于继承树深度加大或类中定义的操作数增加而降低效率。

8. 持久保存对象

任何应用程序都对数据进行处理，如果希望数据能够不依赖于程序执行的生命期而长时间保存下来，则需要提供某种保存数据的方法。希望长期保存数据主要出于以下两个原因：

（1）为实现在不同程序之间传递数据，需要保存数据；

（2）为恢复被中断了的程序的运行，首先需要保存数据。

一些面向对象语言（例如 C ++ ），没有提供直接存储对象的机制。这些语言的用户必须自己管理对象的输入输出，或者购买面向对象的数据库管理系统。

另外一些面向对象语言(例如 Smalltalk),把当前的执行状态完整地保存在磁盘上。还有一些面向对象语言,提供了访问磁盘对象的输入输出操作。

通过在类库中增加对象存储管理功能,可以在不改变语言定义或不增加关键字的情况下,就在开发环境中提供这种功能。然后,可以从"可存储的类"中派生出需要持久保存的对象,该对象自然继承了对象存储管理功能。这就是 Eiffel 语言采用的策略。

理想情况下,应该使程序设计语言语法与对象存储管理语法实现无缝集成。

9. 参数化类

在实际的应用程序中,常常看到这样一些软件元素(即函数、类等软件成分),从它们的逻辑功能看,彼此是相同的,所不同的主要是处理的对象(数据)类型不同。例如,对于一个向量(一维数组)类来说,不论是整型向量、浮点型向量,还是其他任何类型的向量,针对它的数据元素所进行的基本操作都是相同的(例如插入、删除、检索等),当然,不同向量的数据元素的类型是不同的。如果程序语言提供一种能抽象出这类共性的机制,则对减少冗余和提高可重用性是大有好处的。

所谓参数化类,就是使用一个或多个类型去参数化一个类的机制,有了这种机制,程序员就可以先定义一个参数化的类模板(即在类定义中包含以参数形式出现的一个或多个类型),然后把数据类型作为参数传递进来,从而把这个类模板应用在不同的应用程序中,或用在同一应用程序的不同部分。Eiffel 语言中就有参数化类,C++ 语言也提供了类模板。

10. 开发环境

软件工具和软件工程环境对软件生产率有很大影响。由于面向对象程序中继承关系和动态联编等引入的特殊复杂性,面向对象语言所提供的软件工具或开发环境就显得尤其重要了。至少应该包括下列一些最基本的软件工具:编辑程序,编译程序或解释程序,浏览工具和调试器(debugger)等。

编译程序或解释程序是最基本、最重要的软件工具。编译与解释的差别主要是速度和效率不同。利用解释程序解释执行用户的源程序,虽然速度慢、效率低,但却可以更方便更灵活地进行调试。编译型语言适于用来开发正式的软件产品,优化工作做得好的编译程序能生成效率很高的目标代码。有些面向对象语言(例如 Objective_C)除提供编译程序外,还提供一个解释工具,从而给用户带来很大方便。

某些面向对象语言的编译程序,先把用户源程序翻译成一种中间语言程序,然后再把中间语言程序翻译成目标代码。这样做可能会使得调试器不能理解原始的源程序。在评价调试器时,首先应该弄清楚它是针对原始的面向对象源程序,还是针对中间代码进行调试。如果是针对中间代码进行调试,则会给调试人员带来许多不便。此外,面向对象的调试器,应该能够查看属性值和分析消息连接的后果。

在开发大型系统的时候,需要有系统构造工具和变动控制工具。因此应该考虑语言本身是否提供了这种工具,或者该语言能否与现有的这类工具很好地集成起来。经验表明,传统的系统构造工具(例如,UNIX 的 Make)目前对许多应用系统来说都已经太原始了。

12.1.3 选择面向对象语言

开发人员在选择面向对象语言时，还应该着重考虑以下一些实际因素。

1. 将来能否占主导地位

在若干年以后，哪种面向对象的程序设计语言将占主导地位呢？为了使自己的产品在若干年后仍然具有很强的生命力，人们可能希望采用将来占主导地位的语言编程。

根据目前占有的市场份额，以及专业书刊和学术会议上所做的分析、评价，人们往往能够对未来哪种面向对象语言将占据主导地位做出预测。

但是，最终决定选用哪种面向对象语言的实际因素，往往是诸如成本之类的经济因素而不是技术因素。

2. 可重用性

采用面向对象方法开发软件的基本目的和主要优点，是通过重用提高软件生产率。因此，应该优先选用能够最完整、最准确地表达问题域语义的面向对象语言。

3. 类库和开发环境

决定可重用性的因素，不仅仅是面向对象程序语言本身，开发环境和类库也是非常重要的因素。事实上，语言、开发环境和类库这3个因素综合起来，共同决定了可重用性。

考虑类库的时候，不仅应该考虑是否提供了类库，还应该考虑类库中提供了哪些有价值的类。随着类库的日益成熟和丰富，在开发新应用系统时，需要开发人员自己编写的代码将越来越少。

为便于积累可重用的类和重用已有的类，在开发环境中，除了提供前述的基本软件工具外，还应该提供使用方便的类库编辑工具和浏览工具。其中的类库浏览工具应该具有强大的联想功能。

4. 其他因素

在选择编程语言时，应该考虑的其他因素还有：对用户学习面向对象分析、设计和编码技术所能提供的培训服务；在使用这个面向对象语言期间能提供的技术支持；能提供给开发人员使用的开发工具、开发平台、发行平台；对机器性能和内存的需求；集成已有软件的容易程度等。

12.2　程序设计风格

在本书第7章已经强调指出，良好的程序设计风格对保证程序质量的重要性。良好的程序设计风格对面向对象实现来说尤其重要，不仅能明显减少维护或扩充的开销，而且有助于在新项目中重用已有的程序代码。

良好的面向对象程序设计风格,既包括传统的程序设计风格准则,也包括为适应面向对象方法所特有的概念(例如,继承性)而必须遵循的一些新准则。

12.2.1　提高可重用性

面向对象方法的一个主要目标,就是提高软件的可重用性。正如 11.3 节所述,软件重用有多个层次,在编码阶段主要涉及代码重用问题。一般说来,代码重用有两种:一种是本项目内的代码重用,另一种是新项目重用旧项目的代码。内部重用主要是找出设计中相同或相似的部分,然后利用继承机制共享它们。为做到外部重用(即一个项目重用另一项目的代码),则必须有长远眼光,需要反复考虑精心设计。虽然为实现外部重用而需要考虑的面,比为实现内部重用而需要考虑的面更广,但是,有助于实现这两类重用的程序设计准则却是相同的。下面讲述主要的准则。

1. 提高方法的内聚

一个方法(即服务)应该只完成单个功能。如果某个方法涉及两个或多个不相关的功能,则应该把它分解成几个更小的方法。

2. 减小方法的规模

应该减小方法的规模,如果某个方法规模过大(代码长度超过一页纸可能就太大了),则应该把它分解成几个更小的方法。

3. 保持方法的一致性

保持方法的一致性,有助于实现代码重用。一般说来,功能相似的方法应该有一致的名字、参数特征(包括参数个数、类型和次序)、返回值类型、使用条件及出错条件等。

4. 把策略与实现分开

从所完成的功能看,有两种不同类型的方法。一类方法负责做出决策,提供变元,并且管理全局资源,可称为策略方法。另一类方法负责完成具体的操作,但却并不做出是否执行这个操作的决定,也不知道为什么执行这个操作,可称为实现方法。

策略方法应该检查系统运行状态,并处理出错情况,它们并不直接完成计算或实现复杂的算法。策略方法通常紧密依赖于具体应用,这类方法比较容易编写,也比较容易理解。

实现方法仅仅针对具体数据完成特定处理,通常用于实现复杂的算法。实现方法并不制定决策,也不管理全局资源,如果在执行过程中发现错误,它们应该只返回执行状态而不对错误采取行动。由于实现方法是自含式算法,相对独立于具体应用,因此,在其他应用系统中也可能重用它们。

为提高可重用性,在编程时不要把策略和实现放在同一个方法中,应该把算法的核心部分放在一个单独的具体实现方法中。为此需要从策略方法中提取出具体参数,作为调用实现方法的变元。

5. 全面覆盖

如果输入条件的各种组合都可能出现，则应该针对所有组合写出方法，而不能仅仅针对当前用到的组合情况写方法。例如，如果在当前应用中需要写一个方法，以获取表中第一个元素，则至少还应该为获取表中最后一个元素再写一个方法。

此外，一个方法不应该只能处理正常值，对空值、极限值及界外值等异常情况也应该能够作出有意义的响应。

6. 尽量不使用全局信息

应该尽量降低方法与外界的耦合程度，不使用全局信息是降低耦合度的一项主要措施。

7. 利用继承机制

在面向对象程序中，使用继承机制是实现共享和提高重用程度的主要途径。

（1）调用子过程。最简单的做法是把公共的代码分离出来，构成一个被其他方法调用的公用方法。可以在基类中定义这个公用方法，供派生类中的方法调用，如图 12.1 所示。

（2）分解因子。有时提高相似类代码可重用性的一个有效途径，是从不同类的相似方法中分解出不同的"因子"（即不同的代码），把余下的代码作为公用方法中的公共代码，把分解出的因子作为名字相同算法不同的方法，放在不同类中定义，并被这个公用方法调用，如图 12.2 所示。使用这种途径通常额外定义一个抽象基类，并在这个抽象基类中定义公用方法。把这种途径与面向对象语言提供的多态性机制结合起来，让派生类继承抽象基类中定义的公用方法，可以明显降低为增添新子类而需付出的工作量，因为只需在新子类中编写其特有的代码。

图 12.1　通过调用公用方法
实现代码重用

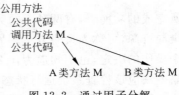

图 12.2　通过因子分解
实现代码重用

（3）使用委托。继承关系的存在意味着子类"即是"父类，因此，父类的所有方法和属性应该都适用于子类。仅当确实存在一般-特殊关系时，使用继承才是恰当的。继承机制使用不当将造成程序难于理解、修改和扩充。

当逻辑上不存在一般-特殊关系时，为重用已有的代码，可以利用委托机制，如本书 11.11.3 小节所述。

（4）把代码封装在类中。程序员往往希望重用用其他方法编写的、解决同一类应用问题的程序代码。重用这类代码的一个比较安全的途径,是把被重用的代码封装在类中。

例如,在开发一个数学分析应用系统的过程中,已知有现成的实现矩阵变换的商品软件包,程序员不想用 C++ 语言重写这个算法,于是他定义一个矩阵类把这个商品软件包的功能封装在该类中。

12.2.2　提高可扩充性

上一小节所述的提高可重用性的准则,也能提高程序的可扩充性。此外,下列的面向对象程序设计准则也有助于提高可扩充性。

1. 封装实现策略

应该把类的实现策略(包括描述属性的数据结构、修改属性的算法等)封装起来,对外只提供公有的接口,否则将降低今后修改数据结构或算法的自由度。

2. 不要用一个方法遍历多条关联链

一个方法应该只包含对象模型中的有限内容。违反这条准则将导致方法过分复杂,既不易理解,也不易修改扩充。

3. 避免使用多分支语句

一般说来,可以利用 DO_CASE 语句测试对象的内部状态,而不要用来根据对象类型选择应有的行为,否则在增添新类时将不得不修改原有的代码。应该合理地利用多态性机制,根据对象当前类型,自动决定应有的行为。

4. 精心确定公有方法

公有方法是向公众公布的接口。对这类方法的修改往往会涉及许多其他类,因此,修改公有方法的代价通常都比较高。为提高可修改性,降低维护成本,必须精心选择和定义公有方法。私有方法是仅在类内使用的方法,通常利用私有方法来实现公有方法。删除、增加或修改私有方法所涉及的面要窄得多,因此代价也比较低。

同样,属性和关联也可以分为公有和私有两大类,公有的属性或关联又可进一步设置为具有只读权限或只写权限两类。

12.2.3　提高健壮性

程序员在编写实现方法的代码时,既应该考虑效率,也应该考虑健壮性。所谓健壮性就是在硬件故障、输入的数据无效或操作错误等意外环境下,系统能做出适当响应的程度。通常需要在健壮性与效率之间做出适当的折衷。必须认识到,对于任何一个实用软件来说,健壮性都是不可忽略的质量指标。为提高健壮性应该遵守以下 4 条准则。

1. 预防用户的操作错误

软件系统必须具有处理用户操作错误的能力。当用户在输入数据时发生错误,不应该引起程序运行中断，更不应该造成"死机"。任何一个接收用户输入数据的方法，对其接收到的数据都必须进行检查，即使发现了非常严重的错误，也应该给出恰当的提示信息，并准备再次接收用户的输入。

2. 检查参数的合法性

对公有方法，尤其应该着重检查其参数的合法性，因为用户在使用公有方法时可能违反参数的约束条件。

3. 不要预先确定限制条件

在设计阶段，往往很难准确地预测出应用系统中使用的数据结构的最大容量需求。因此不应该预先设定限制条件。如果有必要和可能，则应该使用动态内存分配机制，创建未预先设定限制条件的数据结构。

4. 先测试后优化

为在效率与健壮性之间做出合理的折衷，应该在为提高效率而进行优化之前，先测试程序的性能，人们常常惊奇地发现，事实上大部分程序代码所消耗的运行时间并不多。应该仔细研究应用程序的特点，以确定哪些部分需要着重测试（例如，最坏情况出现的次数及处理时间，可能需要着重测试）。经过测试，合理地确定为提高性能应该着重优化的关键部分。如果实现某个操作的算法有许多种，则应该综合考虑内存需求、速度及实现的简易程度等因素，经合理折衷选定适当的算法。

12.3　测　试　策　略

测试软件的经典策略是，从"小型测试"开始，逐步过渡到"大型测试"。用软件测试的专业术语描述，就是从单元测试开始，逐步进入集成测试，最后进行确认测试和系统测试。对于传统的软件系统来说，单元测试集中测试最小的可编译的程序单元（过程模块），一旦把这些单元都测试完之后，就把它们集成到程序结构中去；在集成过程中还应该进行一系列的回归测试，以发现模块接口错误和新单元加入到程序中所带来的副作用；最后，把软件系统作为一个整体来测试，以发现软件需求错误。测试面向对象软件的策略与上述策略基本相同，但也有许多新特点。

12.3.1　面向对象的单元测试

当考虑面向对象的软件时，单元的概念改变了。"封装"导致了类和对象的定义，这意味着类和类的实例（对象）包装了属性（数据）和处理这些数据的操作（也称为方法或服务）。现在，最小的可测试单元是封装起来的类和对象。一个类可以包含一组不同的操作，而一个特定的操作也可能存在于一组不同的类中。因此，对于面向对象的软件来说，单元测试的含义发生了很大变化。

测试面向对象软件时，不能再孤立地测试单个操作，而应该把操作作为类的一部分来测试。例如,假设有一个类层次,操作 X 在超类中定义并被一组子类继承,每个子类都使用操作 X,但是,X 调用子类中定义的操作并处理子类的私有属性。由于在不同的子类中使用操作 X 的环境有微妙的差别,因此有必要在每个子类的语境中测试操作 X。这就说明,当测试面向对象软件时,传统的单元测试方法是不适用的,不能再在"真空"中(即孤立地)测试单个操作。

12.3.2　面向对象的集成测试

因为在面向对象的软件中不存在层次的控制结构,传统的自顶向下或自底向上的集成策略就没有意义了。此外,由于构成类的各个成分彼此间存在直接或间接的交互,一次集成一个操作到类中(传统的渐增式集成方法)通常是不现实的。

面向对象软件的集成测试主要有下述两种不同的策略:

(1) 基于线程的测试(thread based testing)。这种策略把响应系统的一个输入或一个事件所需要的那些类集成起来。分别集成并测试每个线程,同时应用回归测试以保证没有产生副作用。

(2) 基于使用的测试(use based testing)。这种方法首先测试几乎不使用服务器类的那些类(称为独立类),把独立类都测试完之后,再测试使用独立类的下一个层次的类(称为依赖类)。对依赖类的测试一个层次一个层次地持续进行下去,直至把整个软件系统构造完为止。

在测试面向对象的软件过程中,应该注意发现不同的类之间的协作错误。集群测试(cluster testing)是面向对象软件集成测试的一个步骤。在这个测试步骤中,用精心设计的测试用例检查一群相互协作的类(通过研究对象模型可以确定协作类),这些测试用例力图发现协作错误。

12.3.3　面向对象的确认测试

在确认测试或系统测试层次,不再考虑类之间相互连接的细节。和传统的确认测试一样,面向对象软件的确认测试也集中检查用户可见的动作和用户可识别的输出。为了导出确认测试用例,测试人员应该认真研究动态模型和描述系统行为的脚本,以确定最可能发现用户交互需求错误的情景。

当然,传统的黑盒测试方法(见本书第 7 章)也可用于设计确认测试用例,但是,对于面向对象的软件来说,主要还是根据动态模型和描述系统行为的脚本来设计确认测试用例。

12.4　设计测试用例

目前,面向对象软件的测试用例的设计方法,还处于研究、发展阶段。与传统软件测试(测试用例的设计由软件的输入-处理-输出视图或单个模块的算法细节驱动)不同,面向对象测试关注于设计适当的操作序列以检查类的状态。

12.4.1　测试类的方法

前面已经讲过，软件测试从"小型测试"开始，逐步过渡到"大型测试"。对面向对象的软件来说，小型测试着重测试单个类和类中封装的方法。测试单个类的方法主要有随机测试、划分测试和基于故障的测试3种。

1. 随机测试

下面通过银行应用系统的例子，简要地说明这种测试方法。该系统的account（账户）类有下列操作：open（打开），setup（建立），deposit（存款），withdraw（取款），balance（余额），summarize（清单），creditLimit（透支限额）和close（关闭）。上列每个操作都可以应用于account类的实例，但是，该系统的性质也对操作的应用施加了一些限制，例如，必须在应用其他操作之前先打开账户，在完成了全部操作之后才能关闭账户。即使有这些限制，可做的操作也有许多种排列方法。一个account类实例的最小行为历史包括下列操作：

open • setup • deposit • withdraw • close

这就是对account类的最小测试序列。但是，在下面的序列中可能发生许多其他行为：

open • setup • deposit • [deposit | withdraw | balance | summarize | creditLimit]^n • withdraw • close

从上列序列可以随机地产生一系列不同的操作序列，例如：

测试用例 ♯ r1：open • setup • deposit • deposit • balance • summarize • withdraw • close

测试用例 ♯ r2：open • setup • deposit • withdraw • deposit • balance • creditLimit • withdraw • close

执行上述这些及另外一些随机产生的测试用例，可以测试类实例的不同生存历史。

2. 划分测试

与测试传统软件时采用等价划分方法类似，采用划分测试（partition testing）方法可以减少测试类时所需的测试用例的数量。首先，把输入和输出分类，然后设计测试用例以测试划分出的每个类别。下面介绍划分类别的方法。

（1）基于状态的划分

这种方法根据类操作改变类状态的能力来划分类操作。再一次考虑account类，状态操作包括deposit和withdraw，而非状态操作有balance，summarize和creditLimit。设计测试用例，以分别测试改变状态的操作和不改变状态的操作。例如，用这种方法可以设计出如下的测试用例：

测试用例 ♯ p1：open • setup • deposit • deposit • withdraw • withdraw • close

测试用例 ♯ p2：open • setup • deposit • summarize • creditLimit • withdraw • close

测试用例 ♯ p1改变状态，而测试用例 ♯ p2测试不改变状态的操作（在最小测试序列中的操作除外）。

（2）基于属性的划分

这种方法根据类操作使用的属性来划分类操作。对于 account 类来说，可以使用属性 balance 来定义划分，从而把操作划分成以下 3 个类别：

- 使用 balance 的操作；
- 修改 balance 的操作；
- 不使用也不修改 balance 的操作。

然后，为每个类别设计测试序列。

（3）基于功能的划分

这种方法根据类操作所完成的功能来划分类操作。例如，可以把 account 类中的操作分类为初始化操作（open，setup），计算操作（deposit，withdraw），查询操作（balance，summarize，creditLimit）和终止操作（close）。然后为每个类别设计测试序列。

3. 基于故障的测试

基于故障的测试（fault based testing）与传统的错误推测法类似，也是首先推测软件中可能有的错误，然后设计出最可能发现这些错误的测试用例。例如，软件工程师经常在问题的边界处犯错误，因此，在测试 SQRT（计算平方根）操作（该操作在输入为负数时返回出错信息）时，应该着重检查边界情况：一个接近零的负数和零本身。其中"零本身"用于检查程序员是否犯了如下错误：

把语句 if(x＞＝0)calculate_square_root(　)；

误写成 if(x＞0)calculate_square_root(　)；

为了推测出软件中可能有的错误，应该仔细研究分析模型和设计模型，而且在很大程度上要依靠测试人员的经验和直觉。如果推测得比较准确，则使用基于故障的测试方法能够用相当低的工作量发现大量错误；反之，如果推测不准，则这种方法的效果并不比随机测试技术的效果好。

12.4.2　集成测试方法

开始集成面向对象系统以后，测试用例的设计变得更加复杂。在这个测试阶段，必须对类间协作进行测试。为了举例说明设计类间测试用例的方法，这里扩充 12.4.1 小节引入的银行系统的例子，使它包含图 12.3 所示的类和协作。图中箭头方向代表消息的传递方向，箭头线上的标注给出了作为由消息所蕴涵的协作的结果而调用的操作。

和测试单个类相似，测试类协作可以使用随机测试方法和划分测试方法，以及基于情景的测试和行为测试来完成。

1. 多类测试

Kirani 和 Tsai 建议使用下列步骤，以生成多个类的随机测试用例。

- 对每个客户类，使用类操作符列表来生成一系列随机测试序列。这些操作符向服务器类实例发送消息。
- 对所生成的每个消息，确定协作类和在服务器对象中的对应操作符。

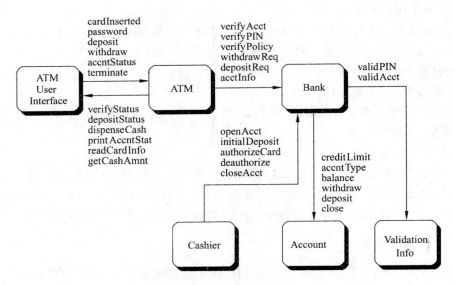

图 12.3   银行系统的类-协作图

- 对服务器对象中的每个操作符（已经被来自客户对象的消息调用），确定传递的消息。
- 对每个消息，确定下一层被调用的操作符，并把这些操作符结合进测试序列中。

为了说明怎样用上述步骤生成多个类的随机测试用例，考虑 Bank 类相对于 ATM 类（见图 12.3）的操作序列：

verifyAcct • verifyPIN • [(verifyPolicy • withdrawReq)|depositReq|acctInfoReq]^n

对 Bank 类的随机测试用例可能是：

测试用例 ♯r3：verifyAcct • verifyPIN • depositReq

为了考虑在上述这个测试中涉及的协作者，需要考虑与测试用例 ♯r3 中的每个操作相关联的消息。Bank 必须和 ValidationInfo 协作以执行 verifyAcct 和 verifyPIN，Bank 还必须和 Account 协作以执行 depositReq。因此，测试上面提到的协作的新测试用例是：

测试用例 ♯r4：verifyAcct$_{Bank}$ • [validAcct$_{ValidationInfo}$] • verifyPIN$_{Bank}$ • [validPIN$_{validationInfo}$] • depositReq • [deposit$_{account}$]

多个类的划分测试方法类似于单个类的划分测试方法（见 12.4.1 节）。但是，对于多类测试来说，应该扩充测试序列以包括那些通过发送给协作类的消息而被调用的操作。另一种划分测试方法，根据与特定类的接口来划分类操作。如图 12.3 所示，Bank 类接收来自 ATM 类和 Cashier 类的消息，因此，可以通过把 Bank 类中的方法划分成服务于 ATM 的和服务于 Cashier 的两类来测试它们。还可以用基于状态的划分（见 12.4.1 节），进一步精化划分。

2. 从动态模型导出测试用例

在本书第 9 章中已经讲过，怎样用状态转换图作为表示类的动态行为的模型。类的

状态图可以帮助人们导出测试该类（及与其协作的那些类）的动态行为的测试用例。图
12.4 给出了前面讨论过的 account 类的状态图，从图可见，初始转换经过了 empty acct 和
setup acct 这两个状态，而类实例的大多数行为发生在 working acct 状态中，最终的
withdraw 和 close 使得 account 类分别向 nonworking acct 状态和 dead acct 状态转换。

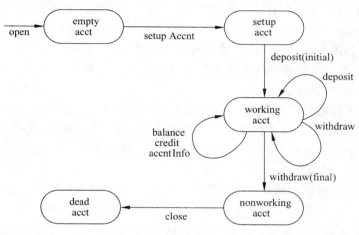

图 12.4　account 类的状态转换图

　　设计出的测试用例应该覆盖所有状态，也就是说，操作序列应该使得 account 类实例
遍历所有允许的状态转换：

　　测试用例♯s1：open・setupAccnt・deposit(initial)・withdraw(final)・close
应该注意，上面列出的序列与 12.4.1 节讨论的最小测试序列相同。向最小序列中加入附
加的测试序列，可以得出其他测试用例：

　　测试用例♯s2：open・setupAccnt・deposit(initial)・deposit・balance・credit・
withdraw(final)・close

　　测试用例♯s3：open・setupAccnt・deposit(initial)・deposit・withdraw・
accntInfo・withdraw(final)・close

　　还可以导出更多测试用例，以保证该类的所有行为都被适当地测试了。在类的行为
导致与一个或多个类协作的情况下，应该使用多个状态图去跟踪系统的行为流。

12.5　小　　结

　　面向对象方法学把分析、设计和实现很自然地联系在一起了。虽然面向对象设计原
则上不依赖于特定的实现环境，但是实现结果和实现成本却在很大程度上取决于实现环
境。因此，直接支持面向对象设计范式的面向对象程序语言、开发环境及类库，对于面向
对象实现来说是非常重要的。

　　为了把面向对象设计结果顺利地转变成面向对象程序，首先应该选择一种适当的程
序设计语言。面向对象的程序设计语言非常适合用来实现面向对象设计结果。事实上，
具有方便的开发环境和丰富的类库的面向对象程序设计语言，是实现面向对象设计的最

佳选择。

良好的程序设计风格对于面向对象实现来说格外重要。它既包括传统的程序设计风格准则，也包括与面向对象方法的特点相适应的一些新准则。

面向对象方法学使用独特的概念和技术完成软件开发工作，因此，在测试面向对象程序的时候，除了继承传统的测试技术之外，还必须研究与面向对象程序特点相适应的新的测试技术。

面向对象测试的总目标与传统软件测试的目标相同，也是用最小的工作量发现最多的错误。但是，面向对象测试的策略和技术与传统测试有所不同，测试的焦点从过程构件（传统模块）移向了对象类。

一旦完成了面向对象程序设计，就开始对每个类进行单元测试。测试类时使用的方法主要有随机测试、划分测试和基于故障的测试。每种方法都测试类中封装的操作。应该设计测试序列以保证相关的操作受到充分测试。检查对象的状态（由对象的属性值表示），以确定是否存在错误。

可以采用基于线程或基于使用的策略完成集成测试。基于线程的测试，集成一组相互协作以对某个输入或某个事件作出响应的类。基于使用的测试，从那些不使用服务器类的类开始，按层次构造系统。设计集成测试用例，也可以采用随机测试和划分测试方法。此外，从动态模型导出的测试用例，可以测试指定的类及其协作者。

面向对象系统的确认测试也是面向黑盒的，并且可以应用传统的黑盒方法完成测试工作。但是，基于情景的测试是面向对象系统确认测试的主要方法。

习　题　12

1. 面向对象实现应该选用哪种程序设计语言？为什么？
2. 面向对象程序设计语言主要有哪些技术特点？
3. 选择面向对象程序设计语言时主要应该考虑哪些因素？
4. 良好的面向对象程序设计风格主要有哪些准则？
5. 测试面向对象软件时，单元测试、集成测试和确认测试各有哪些新特点？
6. 测试面向对象软件时，主要有哪些设计单元测试用例的方法？
7. 测试面向对象软件时，主要有哪些设计集成测试用例的方法？
8. 测试面向对象软件时，主要有哪些设计确认测试用例的方法？
9. 试用 C++ 语言实现（编程并测试）本书习题 11 第 4 题要求设计的订货系统。

软件项目管理

在经历了若干个大型软件工程项目的失败之后,人们才逐渐认识到软件项目管理的重要性和特殊性。事实上,这些项目的失败并不是由于从事软件开发工作的软件工程师无能,正相反,他们之中的绝大多数是当时杰出的技术专家。这些工程项目的失败主要是因为管理不善。

所谓管理就是通过计划、组织和控制等一系列活动,合理地配置和使用各种资源,以达到既定目标的过程。

软件项目管理先于任何技术活动之前开始,并且贯穿于软件的整个生命周期之中。

软件项目管理过程从一组项目计划活动开始,而制定计划的基础是工作量估算和完成期限估算。为了估算项目的工作量和完成期限,首先需要估算软件的规模。

13.1 估算软件规模

13.1.1 代码行技术

代码行技术是比较简单的定量估算软件规模的方法。这种方法依据以往开发类似产品的经验和历史数据,估计实现一个功能所需要的源程序行数。当有以往开发类似产品的历史数据可供参考时,用这种方法估计出的数值还是比较准确的。把实现每个功能所需要的源程序行数累加起来,就可得到实现整个软件所需要的源程序行数。

为了使得对程序规模的估计值更接近实际值,可以由多名有经验的软件工程师分别做出估计。每个人都估计程序的最小规模(a)、最大规模(b)和最可能的规模(m),分别算出这 3 种规模的平均值 $\bar{a}$、$\bar{b}$ 和 $\bar{m}$ 之后,再用下式计算程序规模的估计值:

$$L = \frac{\bar{a} + 4\bar{m} + \bar{b}}{6} \tag{13.1}$$

用代码行技术估算软件规模时,当程序较小时常用的单位是代码行数

（LOC），当程序较大时常用的单位是千行代码数（KLOC）。

代码行技术的主要优点是，代码是所有软件开发项目都有的"产品"，而且很容易计算代码行数。代码行技术的缺点是：源程序仅是软件配置的一个成分，用它的规模代表整个软件的规模似乎不太合理；用不同语言实现同一个软件所需要的代码行数并不相同；这种方法不适用于非过程语言。为了克服代码行技术的缺点，人们又提出了功能点技术。

13.1.2 功能点技术

功能点技术依据对软件信息域特性和软件复杂性的评估结果，估算软件规模。这种方法用功能点（FP）为单位度量软件规模。

1. 信息域特性

功能点技术定义了信息域的 5 个特性，分别是输入项数（Inp）、输出项数（Out）、查询数（Inq）、主文件数（Maf）和外部接口数（Inf）。下面讲述这 5 个特性的含义。

（1）输入项数：用户向软件输入的项数，这些输入给软件提供面向应用的数据。输入不同于查询，后者单独计数，不计入输入项数中。

（2）输出项数：软件向用户输出的项数，它们向用户提供面向应用的信息，例如，报表和出错信息等。报表内的数据项不单独计数。

（3）查询数：查询即是一次联机输入，它导致软件以联机输出方式产生某种即时响应。

（4）主文件数：逻辑主文件（即数据的一个逻辑组合，它可能是大型数据库的一部分或是一个独立的文件）的数目。

（5）外部接口数：机器可读的全部接口（例如，磁盘或磁带上的数据文件）的数量，用这些接口把信息传送给另一个系统。

2. 估算功能点的步骤

用下述 3 个步骤，可估算出一个软件的功能点数（即软件规模）。

（1）计算未调整的功能点数 UFP

首先，把产品信息域的每个特性（即 Inp、Out、Inq、Maf 和 Inf）都分类为简单级、平均级或复杂级，并根据其等级为每个特性分配一个功能点数（例如，一个简单级的输入项分配 3 个功能点，一个平均级的输入项分配 4 个功能点，而一个复杂级的输入项分配 6 个功能点）。

然后，用下式计算未调整的功能点数 UFP：

$$UFP = a_1 \times Inp + a_2 \times Out + a_3 \times Inq + a_4 \times Maf + a_5 \times Inf$$

其中，$a_i (1 \leqslant i \leqslant 5)$ 是信息域特性系数，其值由相应特性的复杂级别决定，如表 13.1 所示。

（2）计算技术复杂性因子 TCF

这一步骤度量 14 种技术因素对软件规模的影响程度。这些因素包括高处理率、性能标准（例如，响应时间）、联机更新等，在表 13.2 中列出了全部技术因素，并用 $F_i (1 \leqslant i \leqslant 14)$ 代表这些因素。根据软件的特点，为每个因素分配一个从 0（不存在或对软件规模无

影响)到 5(有很大影响)的值。然后,用下式计算技术因素对软件规模的综合影响程度 DI:

$$DI = \sum_{i=1}^{14} F_i$$

技术复杂性因子 TCF 由下式计算:

$$TCF = 0.65 + 0.01 \times DI$$

因为 DI 的值在 0~70 之间,所以 TCF 的值在 0.65~1.35 之间。

表 13.1　信息域特性系数值

特性系数 ＼ 复杂级别	简单	平均	复杂
输入系数 a_1	3	4	6
输出系数 a_2	4	5	7
查询系数 a_3	3	4	6
文件系数 a_4	7	10	15
接口系数 a_5	5	7	10

表 13.2　技术因素

序号	F_i	技术因素
1	F_1	数据通信
2	F_2	分布式数据处理
3	F_3	性能标准
4	F_4	高负荷的硬件
5	F_5	高处理率
6	F_6	联机数据输入
7	F_7	终端用户效率
8	F_8	联机更新
9	F_9	复杂的计算
10	F_{10}	可重用性
11	F_{11}	安装方便
12	F_{12}	操作方便
13	F_{13}	可移植性
14	F_{14}	可维护性

(3) 计算功能点数 FP

用下式计算功能点数 FP:

$$FP = UFP \times TCF$$

功能点数与所用的编程语言无关,看起来功能点技术比代码行技术更合理一些。但是,在判断信息域特性复杂级别和技术因素的影响程度时,存在着相当大的主观因素。

13.2　工作量估算

软件估算模型使用由经验导出的公式来预测软件开发工作量，工作量是软件规模（KLOC 或 FP）的函数，工作量的单位通常是人月（pm）。

支持大多数估算模型的经验数据，都是从有限个项目的样本集中总结出来的，因此，没有一个估算模型可以适用于所有类型的软件和开发环境。

13.2.1　静态单变量模型

这类模型的总体结构形式如下：

$$E = A + B \times (ev)^C$$

其中，A、B 和 C 是由经验数据导出的常数，E 是以人月为单位的工作量，ev 是估算变量（KLOC 或 FP）。下面给出几个典型的静态单变量模型。

1. 面向 KLOC 的估算模型

（1）Walston_Felix 模型

$$E = 5.2 \times (KLOC)^{0.91}$$

（2）Bailey_Basili 模型

$$E = 5.5 + 0.73 \times (KLOC)^{1.16}$$

（3）Boehm 简单模型

$$E = 3.2 \times (KLOC)^{1.05}$$

（4）Doty 模型（在 KLOC＞9 时适用）

$$E = 5.288 \times (KLOC)^{1.047}$$

2. 面向 FP 的估算模型

（1）Albrecht & Gaffney 模型

$$E = -13.39 + 0.0545FP$$

（2）Maston，Barnett 和 Mellichamp 模型

$$E = 585.7 + 15.12FP$$

从上面列出的模型可以看出，对于相同的 KLOC 或 FP 值，用不同模型估算将得出不同的结果。主要原因是，这些模型多数都是仅根据若干应用领域中有限个项目的经验数据推导出来的，适用范围有限。因此，必须根据当前项目的特点选择适用的估算模型，并且根据需要适当地调整（例如修改模型常数）估算模型。

13.2.2　动态多变量模型

动态多变量模型也称为软件方程式，它是根据从 4 000 多个当代软件项目中收集的生产率数据推导出来的。该模型把工作量看作软件规模和开发时间这两个变量的函数。动态多变量估算模型的形式如下：

$$E = (LOC \times B^{0.333}/P)^3 \times (1/t)^4 \tag{13.2}$$

其中,

E 是以人月或人年为单位的工作量;

t 是以月或年为单位的项目持续时间;

B 是特殊技术因子,它随着对测试、质量保证、文档及管理技术的需求的增加而缓慢增加,对于较小的程序(KLOC=5~15),$B=0.16$,对于超过 70 KLOC 的程序,$B=0.39$;

P 是生产率参数,它反映了下述因素对工作量的影响。

- 总体过程成熟度及管理水平。
- 使用良好的软件工程实践的程度。
- 使用的程序设计语言的级别。
- 软件环境的状态。
- 软件项目组的技术及经验。
- 应用系统的复杂程度。

开发实时嵌入式软件时,P 的典型值为 2 000;开发电信系统和系统软件时,$P=10 000$;对于商业应用系统来说,$P=28 000$。可以从历史数据导出适用于当前项目的生产率参数值。

从(13.2)式可以看出,开发同一个软件(即 LOC 固定)的时候,如果把项目持续时间延长一些,则可降低完成项目所需的工作量。

13.2.3　COCOMO2 模型

COCOMO 是构造性成本模型(constructive cost model)的英文缩写。1981 年 Boehm 在《软件工程经济学》中首次提出了 COCOMO 模型,本书第三版曾对此模型作了介绍。1997 年 Boehm 等人提出的 COCOMO2 模型,是原始的 COCOMO 模型的修订版,它反映了 10 多年来在成本估计方面所积累的经验。

COCOMO2 给出了 3 个层次的软件开发工作量估算模型,这 3 个层次的模型在估算工作量时,对软件细节考虑的详尽程度逐级增加。这些模型既可以用于不同类型的项目,也可以用于同一个项目的不同开发阶段。这 3 个层次的估算模型分别如下:

(1) 应用系统组成模型。这个模型主要用于估算构建原型的工作量,模型名字暗示在构建原型时大量使用已有的构件。

(2) 早期设计模型。这个模型适用于体系结构设计阶段。

(3) 后体系结构模型。这个模型适用于完成体系结构设计之后的软件开发阶段。

下面以后体系结构模型为例,介绍 COCOMO2 模型。该模型把软件开发工作量表示成代码行数(KLOC)的非线性函数:

$$E = a \times \text{KLOC}^b \times \prod_{i=1}^{17} f_i \tag{13.3}$$

其中:

E 是开发工作量(以人月为单位);

a 是模型系数;

KLOC 是估计的源代码行数(以千行为单位);

b 是模型指数；

$f_i(i=1\sim17)$ 是成本因素。

每个成本因素都根据它的重要程度和对工作量影响的大小被赋予一定数值（称为工作量系数）。这些成本因素对任何一个项目的开发工作量都有影响，即使不使用 COCOMO2 模型估算工作量，也应该重视这些因素。Boehm 把成本因素划分成产品因素、平台因素、人员因素和项目因素等 4 类。

表 13.3 列出了 COCOMO2 模型使用的成本因素及与之相联系的工作量系数。与原始的 COCOMO 模型相比，COCOMO2 模型使用的成本因素有下述变化，这些变化反映了在过去十几年中软件行业取得的巨大进步。

表 13.3 成本因素及工作量系数

成本因素	级 别					
	甚低	低	正常	高	甚高	特高
产品因素						
要求的可靠性	0.75	0.88	1.00	1.15	1.39	
数据库规模		0.93	1.00	1.09	1.19	
产品复杂程度	0.75	0.88	1.00	1.15	1.30	1.66
要求的可重用性		0.91	1.00	1.14	1.29	1.49
需要的文档量	0.89	0.95	1.00	1.06	1.13	
平台因素						
执行时间约束			1.00	1.11	1.31	1.67
主存约束			1.00	1.06	1.21	1.57
平台变动		0.87	1.00	1.15	1.30	
人员因素						
分析员能力	1.50	1.22	1.00	0.83	0.67	
程序员能力	1.37	1.16	1.00	0.87	0.74	
应用领域经验	1.22	1.10	1.00	0.89	0.81	
平台经验	1.24	1.10	1.00	0.92	0.84	
语言和工具经验	1.25	1.12	1.00	0.88	0.81	
人员连续性	1.24	1.10	1.00	0.92	0.84	
项目因素						
使用软件工具	1.24	1.12	1.00	0.86	0.72	
多地点开发	1.25	1.10	1.00	0.92	0.84	0.78
要求的开发进度	1.29	1.10	1.00	1.00	1.00	

（1）新增加了 4 个成本因素，它们分别是要求的可重用性、需要的文档量、人员连续性（即人员稳定程度）和多地点开发。这个变化表明，这些因素对开发成本的影响日益增加。

（2）略去了原始模型中的两个成本因素（计算机切换时间和使用现代程序设计实践）。现在，开发人员普遍使用工作站开发软件，批处理的切换时间已经不再是问题。而"现代程序设计实践"已经发展成内容更广泛的"成熟的软件工程实践"的概念，并且在 COCOMO2 工作量方程的指数 b 中考虑了这个因素的影响。

（3）某些成本因素（分析员能力、平台经验、语言和工具经验）对生产率的影响（即工作量系数最大值与最小值的比率）增加了，另一些成本因素（程序员能力）的影响减小了。

为了确定工作量方程中模型指数 b 的值，原始的 COCOMO 模型把软件开发项目划分成组织式、半独立式和嵌入式这样 3 种类型，并指定每种项目类型所对应的 b 值（分别是 1.05，1.12 和 1.20）。COCOMO2 采用了更加精细得多的 b 分级模型，这个模型使用 5 个分级因素 $W_i (1 \leqslant i \leqslant 5)$，其中每个因素都划分成从甚低（$W_i = 5$）到特高（$W_i = 0$）的 6 个级别，然后用下式计算 b 的数值：

$$b = 1.01 + 0.01 \times \sum_{i=1}^{5} W_i \tag{13.4}$$

因此，b 的取值范围为 1.01～1.26。显然，这种分级模式比原始 COCOMO 模型的分级模式更精细、更灵活。

COCOMO2 使用的 5 个分级因素如下所述。

（1）项目先例性。这个分级因素指出，对于开发组织来说该项目的新奇程度。诸如开发类似系统的经验，需要创新体系结构和算法，以及需要并行开发硬件和软件等因素的影响，都体现在这个分级因素中。

（2）开发灵活性。这个分级因素反映出，为了实现预先确定的外部接口需求及为了及早开发出产品而需要增加的工作量。

（3）风险排除度。这个分级因素反映了重大风险已被消除的比例。在多数情况下，这个比例和指定了重要模块接口（即选定了体系结构）的比例密切相关。

（4）项目组凝聚力。这个分级因素表明了开发人员相互协作时可能存在的困难。这个因素反映了开发人员在目标和文化背景等方面相一致的程度，以及开发人员组成一个小组工作的经验。

（5）过程成熟度。这个分级因素反映了按照能力成熟度模型（见 13.7 节）度量出的项目组织的过程成熟度。

在原始的 COCOMO 模型中，仅粗略地考虑了前两个分级因素对指数 b 之值的影响。

工作量方程中模型系数 a 的典型值为 3.0，在实际工作中应该根据历史经验数据确定一个适合本组织当前开发的项目类型的数值。

13.3 进 度 计 划

不论从事哪种技术性项目，实际情况都是，在实现一个大目标之前往往必须完成数以百计的小任务（也称为作业）。这些任务中有一些是处于"关键路径"（见 13.3.5 节）之外的，其完成时间如果没有严重拖后，就不会影响整个项目的完成时间；其他任务则处于关键路径之中，如果这些"关键任务"的进度拖后，则整个项目的完成日期就会拖后，管理人员应该高度关注关键任务的进展情况。

没有一个普遍适用于所有软件项目的任务集合，因此，一个有效的软件过程应该定义一个适用于当前项目的任务集合。一个任务集合包括一组软件工程工作任务、里程碑和可交付的产品。为一个项目所定义的任务集合，必须包括为获得高质量的软件产品而应该完成的所有任务，但是同时又不能让项目组承担不必要的工作。

项目管理者的目标是定义全部项目任务，识别出关键任务，跟踪关键任务的进展状况，以保证能及时发现拖延进度的情况。为达到上述目标，管理者必须制定一个足够详细的进度表，以便监督项目进度并控制整个项目。

软件项目的进度安排是这样一种活动，它通过把工作量分配给特定的软件工程任务并规定完成各项任务的起止日期，从而将估算出的项目工作量分布于计划好的项目持续期内。进度计划将随着时间的流逝而不断演化。在项目计划的早期，首先制定一个宏观的进度安排表，标识出主要的软件工程活动和这些活动影响到的产品功能。随着项目的进展，把宏观进度表中的每个条目都精化成一个详细进度表，从而标识出完成一个活动所必须实现的一组特定任务，并安排好实现这些任务的进度。

13.3.1 估 算 开 发 时 间

估算出完成给定项目所需的总工作量之后，接下来需要回答的问题就是：用多长时间才能完成该项目的开发工作？对于一个估计工作量为 20 人月的项目，可能想出下列几种进度表。

- 1 个人用 20 个月完成该项目。
- 4 个人用 5 个月完成该项目。
- 20 个人用 1 个月完成该项目。

但是，这些进度表并不现实，实际上软件开发时间与从事开发工作的人数之间并不是简单的反比关系。

通常，成本估算模型也同时提供了估算开发时间 T 的方程。与工作量方程不同，各种模型估算开发时间的方程很相似，例如：

（1）Walston_Felix 模型

$$T = 2.5E^{0.35}$$

（2）原始的 COCOMO 模型

$$T = 2.5E^{0.38}$$

（3）COCOMO2 模型

$$T = 3.0E^{0.33+0.2\times(b-1.01)}$$

（4）Putnam 模型

$$T = 2.4E^{1/3}$$

其中：

E 是开发工作量（以人月为单位）；

T 是开发时间（以月为单位）。

用上列方程计算出的 T 值，代表正常情况下的开发时间。客户往往希望缩短软件开发时间，显然，为了缩短开发时间应该增加从事开发工作的人数。但是，经验告诉人们，随着开发小组规模的扩大，个人生产率将下降，以致开发时间与从事开发工作的人数并不成反比关系。出现这种现象主要有下述两个原因。

- 当小组变得更大时，每个人需要用更多时间与组内其他成员讨论问题、协调工作，因此增加了通信开销。
- 如果在开发过程中增加小组人员，则最初一段时间内项目组总生产率不仅不会提高反而会下降。这是因为新成员在开始时不仅不是生产力，而且在他们学习期间还需要花费小组其他成员的时间。

综合上述两个原因，存在被称为 Brooks 规律的下述现象：向一个已经延期的项目增加人力，只会使得它更加延期。

下面来研究项目组规模与项目组总生产率的关系。

项目组成员之间的通信路径数，由项目组人数和项目组结构决定。如果项目组共有 P 名组员，每个组员必须与所有其他组员通信以协调开发活动，则通信路径数为 $P(P-1)/2$。如果每个组员只需与另外一个组员通信，则通信路径数为 $P-1$。通信路径数少于 $P-1$ 是不合理的，因为那将导致出现与任何人都没有联系的组员。

因此，通信路径数大约在 $P\sim P^2/2$ 的范围内变化。也就是说，在一个层次结构的项目组中，通信路径数为 P^a，其中 $1<a<2$。

对于某一个组员来说，他与其他组员通信的路径数在 $1\sim(P-1)$ 的范围内变化。如果不与任何人通信时个人生产率为 L，而且每条通信路径导致生产率减少 l，则组员个人平均生产率为

$$L_r = L - l(P-1)^r \tag{13.5}$$

其中，r 是对通信路径数的度量，$0<r\leqslant1$（假设至少有一名组员需要与一个以上的其他组员通信，因此 $r>0$）。

对于一个规模为 P 的项目组，从(13.5)式导出项目组的总生产率为

$$L_{tot} = P(L - l(P-1)^r) \tag{13.6}$$

对于给定的一组 L, l 和 r 的值，总生产率 L_{tot} 是项目组规模 P 的函数。随着 P 值增加，L_{tot} 将从 0 增大到某个最大值，然后再下降。因此，存在一个最佳的项目组规模 P_{opt}，这个规模的项目组其总生产率最高。

下面举例说明项目组规模与生产率的关系。假设个人最高生产率为 500LOC/月（即 $L=500$），每条通信路径导致生产率下降 10%（即 $l=50$）。如果每个组员都必须与组内所

有其他组员通信($r=1$)，则项目组规模与生产率的关系列在表 13.4 中，可见，在这种情况下项目组的最佳规模是 5.5 人，即 $P_{opt}=5.5$。

表 13.4　项目组规模对生产率的影响

项目组规模	个人生产率	总生产率
1	500	500
2	450	900
3	400	1 200
4	350	1 400
5	300	1 500
5.5	275	1 512
6	250	1 500
7	200	1 400
8	150	1 200

事实上，做任何事情都需要时间，因此不可能用"人力换时间"的办法无限缩短一个软件的开发时间。Boehm 根据经验指出，软件项目的开发时间最多可以减少到正常开发时间的 75%。如果要求一个软件系统的开发时间过短，则开发成功的概率几乎为零。

13.3.2　Gantt 图

Gantt（甘特）图是历史悠久、应用广泛的制定进度计划的工具，下面通过一个非常简单的例子介绍这种工具。

假设有一座陈旧的矩形木板房需要重新油漆。这项工作必须分 3 步完成：首先刮掉旧漆，然后刷上新漆，最后清除溅在窗户上的油漆。假设一共分配了 15 名工人去完成这项工作，然而工具却很有限：只有 5 把刮旧漆用的刮板，5 把刷漆用的刷子，5 把清除溅在窗户上的油漆用的小刮刀。怎样安排才能使工作进行得更有效呢？

一种做法是首先刮掉四面墙壁上的旧漆，然后给每面墙壁都刷上新漆，最后清除溅在每个窗户上的油漆。显然这是效率最低的做法，因为总共有 15 名工人，然而每种工具却只有 5 件，这样安排工作在任何时候都有 10 名工人闲着没活干。

读者可能已经想到，应该采用"流水作业法"，也就是说，首先由 5 名工人用刮板刮掉第 1 面墙上的旧漆（这时其余 10 名工人休息），当第 1 面墙刮净后，另外 5 名工人立即用刷子给这面墙刷新漆（与此同时拿刮板的 5 名工人转去刮第 2 面墙上的旧漆），一旦刮旧漆的工人转到第 3 面墙而且刷新漆的工人转到第 2 面墙以后，余下的 5 名工人立即拿起刮刀去清除溅在第 1 面墙窗户上的油漆，……。这样安排使每个工人都有活干，因此能够在较短的时间内完成任务。

假设木板房的第 2、4 两面墙的长度比第 1、3 两面墙的长度长一倍，此外，不同工作需要用的时间长短也不同，刷新漆最费时间，其次是刮旧漆，清理（即清除溅在窗户上的油漆）需要的时间最少。表 13.5 列出了估计每道工序需要用的时间。可以使用图 13.1 中的 Gantt 图描绘上述流水作业过程：在时间为零时开始刮第 1 面墙上的旧漆，两小时后刮旧漆的工人转去刮第 2 面墙，同时另 5 名工人开始给第 1 面墙刷新漆，每当给一面墙刷完新漆之后,第 3 组的 5 名工人立即清除溅在这面墙窗户上的漆。从图 13.1 可以看出,12 小时后刮完所有旧漆,20 小时后完成所有墙壁的刷漆工作,再过 2 小时后清理工作结束。因此全部工程在 22 小时后结束,如果用前述的第一种做法,则需要 36 小时。

表 13.5　各道工序估计需用的时间(小时)

墙壁 ＼ 工序	刮旧漆	刷新漆	清理
1 或 3	2	3	1
2 或 4	4	6	2

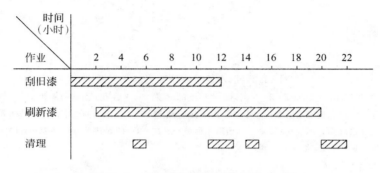

图 13.1　旧木板房刷漆工程的 Gantt 图

13.3.3　工程网络

上一小节介绍的 Gantt 图能很形象地描绘任务分解情况,以及每个子任务(作业)的开始时间和结束时间,因此是进度计划和进度管理的有力工具。它具有直观简明和容易掌握、容易绘制的优点,但是 Gantt 图也有 3 个主要缺点。

(1) 不能显式地描绘各项作业彼此间的依赖关系。

(2) 进度计划的关键部分不明确,难于判定哪些部分应当是主攻和主控的对象。

(3) 计划中有潜力的部分及潜力的大小不明确,往往造成潜力的浪费。

当把一个工程项目分解成许多子任务,并且它们彼此间的依赖关系又比较复杂时,仅仅用 Gantt 图作为安排进度的工具是不够的,不仅难于做出既节省资源又保证进度的计划,而且还容易发生差错。

工程网络是制定进度计划时另一种常用的图形工具,它同样能描绘任务分解情况以及每项作业的开始时间和结束时间,此外,它还显式地描绘各个作业彼此间的依赖关系。因此,工程网络是系统分析和系统设计的强有力的工具。

在工程网络中用箭头表示作业(例如,刮旧漆,刷新漆,清理等),用圆圈表示事件(一项作业开始或结束)。注意,事件仅仅是可以明确定义的时间点,它并不消耗时间和资源。作业通常既消耗资源又需要持续一定时间。图 13.2 是旧木板房刷漆工程的工程网络。图中表示刮第 1 面墙上旧漆的作业开始于事件 1,结束于事件 2。用开始事件和结束事件的编号标识一个作业,因此"刮第 1 面墙上旧漆"是作业 1—2。

在工程网络中的一个事件，如果既有箭头进入又有箭头离开，则它既是某些作业的结束又是另一些作业的开始。例如，图13.2中事件2既是作业1—2（刮第1面墙上的旧漆）的结束，又是作业2—3（刮第2面墙上旧漆）和作业2—4（给第1面墙刷新漆）的开始。也就是说，只有第1面墙上的旧漆刮完之后，才能开始刮第2面墙上旧漆和给第1面墙刷新漆这两个作业。因此，工程网络显式地表示了作业之间的依赖关系。

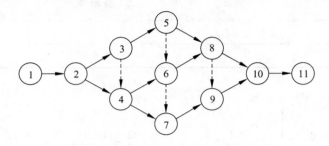

图13.2　旧木板房刷漆工程的工程网络

图中：1—2刮第1面墙上的旧漆；2—3刮第2面墙上的旧漆；2—4给第1面墙刷新漆；3—5刮第3面墙上旧漆；4—6给第2面墙刷新漆；4—7清理第1面墙窗户；5—8刮第4面墙上旧漆；6—8给第3面墙刷新漆；7—9清理第2面墙窗户；8—10给第4面墙刷新漆；9—10清理第3面墙窗户；10—11清理第4面墙窗户；虚拟作业：3—4；5—6；6—7；8—9。

在图13.2中还有一些虚线箭头，它们表示虚拟作业，也就是事实上并不存在的作业。引入虚拟作业是为了显式地表示作业之间的依赖关系。例如，事件4既是给第1面墙刷新漆结束，又是给第2面墙刷新漆开始（作业4—6）。但是，在开始给第2面墙刷新漆之前，不仅必须已经给第1面墙刷完了新漆，而且第2面墙上的旧漆也必须已经刮净（事件3）。也就是说，在事件3和事件4之间有依赖关系，或者说在作业2—3（刮第2面墙上旧漆）和作业4—6（给第2面墙刷新漆）之间有依赖关系，虚拟作业3—4明确地表示了这种依赖关系。注意，虚拟作业既不消耗资源也不需要时间。读者可以研究图13.2，参考图下面对各项作业的描述，解释引入其他虚拟作业的原因。

13.3.4　估算工程进度

画出类似图13.2那样的工程网络之后，系统分析员就可以借助它的帮助估算工程进度了。为此需要在工程网络上增加一些必要的信息。

首先，把每个作业估计需要使用的时间写在表示该项作业的箭头上方。注意，箭头长度和它代表的作业持续时间没有关系，箭头仅表示依赖关系，它上方的数字才表示作业的持续时间。

其次，为每个事件计算下述两个统计数字：最早时刻EET和最迟时刻LET。这两个数字将分别写在表示事件的圆圈的右上角和右下角，如图13.3左下角的符号所示。

事件的最早时刻是该事件可以发生的最早时间。通常工程网络中第一个事件的最早时刻定义为零，其他事件的最早时刻在工程网络上从左至右按事件发生顺序计算。计算最早时刻EET使用下述3条简单规则。

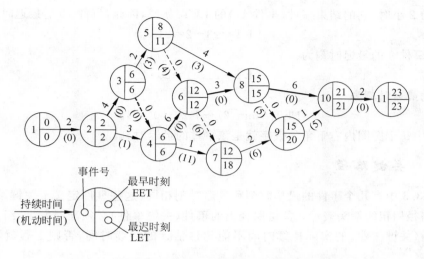

图 13.3　旧木板房刷漆工程的完整的工程网络
（粗线箭头是关键路径）

（1）考虑进入该事件的所有作业。

（2）对于每个作业都计算它的持续时间与起始事件的 EET 之和。

（3）选取上述和数中的最大值作为该事件的最早时刻 EET。

例如，从图 13.2 可以看出事件 2 只有一个作业（作业 1—2）进入，就是说，仅当作业 1—2 完成时事件 2 才能发生，因此事件 2 的最早时刻就是作业 1—2 最早可能完成的时刻。定义事件 1 的最早时刻为零，据估计，作业 1—2 的持续时间为 2 小时，也就是说，作业 1—2 最早可能完成的时刻为 2，因此，事件 2 的最早时刻为 2。同样，只有一个作业（作业 2—3）进入事件 3，这个作业的持续时间为 4 小时，所以事件 3 的最早时刻为 2+4=6。事件 4 有两个作业（2—4 和 3—4）进入，只有这两个作业都完成之后，事件 4 才能出现（事件 4 代表上述两个作业的结束）。已知事件 2 的最早时刻为 2，作业 2—4 的持续时间为 3 小时；事件 3 的最早时刻为 6，作业 3—4（这是一个虚拟作业）的持续时间为 0，按照上述 3 条规则，可以算出事件 4 的最早时刻为

$$EET = \max\{2+3, 6+0\} = 6$$

按照这种方法，不难沿着工程网络从左至右顺序算出每个事件的最早时刻，计算结果标在图 13.3 的工程网络中（每个圆圈内右上角的数字）。

事件的最迟时刻是在不影响工程竣工时间的前提下，该事件最晚可以发生的时刻。按照惯例，最后一个事件（工程结束）的最迟时刻就是它的最早时刻。其他事件的最迟时刻在工程网络上从右至左按逆作业流的方向计算。计算最迟时刻 LET 使用下述 3 条规则。

（1）考虑离开该事件的所有作业。

（2）从每个作业的结束事件的最迟时刻中减去该作业的持续时间。

（3）选取上述差数中的最小值作为该事件的最迟时刻 LET。

例如，按照惯例，图 13.3 中事件 11 的最迟时刻和最早时刻相同，都是 23。逆作业流方向接下来应该计算事件 10 的最迟时刻，离开这个事件的只有作业 10—11，该作业的持

续时间为 2 小时，它的结束事件（事件 11）的 LET 为 23，因此，事件 10 的最迟时刻为

$$LET = 23 - 2 = 21$$

类似地，事件 9 的最迟时刻为

$$LET = 21 - 1 = 20$$

事件 8 的最迟时刻为

$$LET = \min\{21 - 6, 20 - 0\} = 15$$

图 13.3 中每个圆圈内右下角的数字就是该事件的最迟时刻。

13.3.5　关键路径

图 13.3 中有几个事件的最早时刻和最迟时刻相同，这些事件定义了关键路径，在图中关键路径用粗线箭头表示。关键路径上的事件（关键事件）必须准时发生，组成关键路径的作业（关键作业）的实际持续时间不能超过估计的持续时间，否则工程就不能准时结束。

工程项目的管理人员应该密切注视关键作业的进展情况，如果关键事件出现的时间比预计的时间晚，则会使最终完成项目的时间拖后；如果希望缩短工期，只有往关键作业中增加资源才会有效。

13.3.6　机动时间

不在关键路径上的作业有一定程度的机动余地——实际开始时间可以比预定时间晚一些，或者实际持续时间可以比预定的持续时间长一些，而并不影响工程的结束时间。一个作业可以有的全部机动时间等于它的结束事件的最迟时刻减去它的开始事件的最早时刻，再减去这个作业的持续时间：

$$机动时间 = (LET)_{结束} - (EET)_{开始} - 持续时间$$

对于前述油漆旧木板房的例子，计算得到的非关键作业的机动时间列在表 13.6 中。

表 13.6　旧木板房刷漆网络中的机动时间

作　业	LET（结束）	EET（开始）	持续时间	机动时间
2—4	6	2	3	1
3—5	11	6	2	3
4—7	18	6	1	11
5—6	12	8	0	4
5—8	15	8	4	3
6—7	18	12	0	6
7—9	20	12	2	6
8—9	20	15	0	5
9—10	21	15	1	5

在工程网络中每个作业的机动时间写在代表该项作业的箭头下面的括号里（参看图 13.3）。

在制定进度计划时仔细考虑和利用工程网络中的机动时间，往往能够安排出既节省

资源又不影响最终竣工时间的进度表。例如,研究图 13.3(或表 13.6)可以看出,清理前三面墙窗户的作业都有相当多机动时间,也就是说,这些作业可以晚些开始或者持续时间长一些(少用一些资源),并不影响竣工时间。此外,刮第 3、第 4 面墙上旧漆和给第 1 面墙刷新漆的作业也都有机动时间,而且这后三项作业的机动时间之和大于清理前三面墙窗户需要用的工作时间。因此,有可能仅用 10 名工人在同样时间内(23 小时)完成旧木板房刷漆工程。进一步研究图 13.3 中的工程网络可以看出,确实能够只用 10 名工人在同样时间内完成这项任务,而且可以安排出几套不同的进度计划,都可以既减少 5 名工人又不影响竣工时间。在图 13.4 中的 Gantt 图描绘了其中的一种方案。

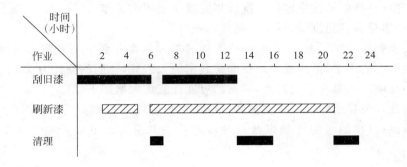

图 13.4　旧木板房刷漆工程改进的 Gantt 图之一

图中:粗实线代表由甲组工人完成的作业;斜划线代表由乙组工人完成的作业

　　图 13.4 的方案不仅比图 13.1 的方案明显节省人力,而且改正了图 13.1 中的一个错误:因为给第 2 面墙刷新漆的作业 4—6 不仅必须在给第 1 面墙刷完新漆之后(作业 2—4 结束),而且还必须在把第 2 面墙上的旧漆刮净之后(作业 2—3 和虚拟作业 3—4 结束)才能开始,所以给第 1 面墙刷完新漆之后不能立即开始给第 2 面墙刷新漆的作业,需等到把第 2 面墙上旧漆刮净之后才能开始,也就是说,全部工程需要 23 个小时而不是 22 个小时。

　　这个简单例子明显说明了工程网络比 Gantt 图优越的地方:它显式地定义事件及作业之间的依赖关系,Gantt 图只能隐含地表示这种关系。但是 Gantt 图的形式比工程网络更简单更直观,为更多的人所熟悉,因此,应该同时使用这两种工具制订和管理进度计划,使它们互相补充取长补短。

　　以上通过旧木板房刷新漆工程的简单例子,介绍了制订进度计划的两个重要工具和方法。软件工程项目虽然比这个简单例子复杂得多,但是计划和管理的基本方法仍然是自顶向下分解,也就是把项目分解为若干个阶段,每个阶段再分解成许多更小的任务,每个任务又可进一步分解为若干个步骤等。这些阶段、任务和步骤之间有复杂的依赖关系,因此,工程网络和 Gantt 图同样是安排进度和管理工程进展情况的强有力的工具。第 13.2 节中介绍的工作量估计技术可以帮助人们估计每项任务的工作量,根据人力分配情况,可以进一步确定每项任务的持续时间。从这些基本数据出发,根据作业之间的依赖关系,利用工程网络和 Gantt 图可以制定出合理的进度计划,并且能够科学地管理软件开发工程的进展情况。

13.4　人　员　组　织

软件项目成功的关键是有高素质的软件开发人员。然而大多数软件的规模都很大，单个软件开发人员无法在给定期限内完成开发工作，因此，必须把多名软件开发人员合理地组织起来，使他们有效地分工协作共同完成开发工作。

为了成功地完成软件开发工作，项目组成员必须以一种有意义且有效的方式彼此交互和通信。如何组织项目组是一个重要的管理问题，管理者应该合理地组织项目组，使项目组有较高生产率，能够按预定的进度计划完成所承担的工作。经验表明，项目组组织得越好，其生产率越高，而且产品质量也越好。

除了追求更好的组织方式之外，每个管理者的目标都是建立有凝聚力的项目组。一个有高度凝聚力的小组，由一批团结得非常紧密的人组成，他们的整体力量大于个体力量的总和。一旦项目组具有了凝聚力，成功的可能性就大大增加了。

现有的软件项目组的组织方式很多，通常，组织软件开发人员的方法，取决于所承担的项目的特点、以往的组织经验以及管理者的看法和喜好。下面介绍 3 种典型的组织方式。

13.4.1　民主制程序员组

民主制程序员组的一个重要特点是，小组成员完全平等，享有充分民主，通过协商做出技术决策。因此，小组成员之间的通信是平行的，如果小组内有 n 个成员，则可能的通信信道共有 $n(n-1)/2$ 条。

程序设计小组的人数不能太多，否则组员间彼此通信的时间将多于程序设计时间。此外，通常不能把一个软件系统划分成大量独立的单元，因此，如果程序设计小组人数太多，则每个组员所负责开发的程序单元与系统其他部分的界面将是复杂的，不仅出现接口错误的可能性增加，而且软件测试将既困难又费时间。

一般说来，程序设计小组的规模应该比较小，以 2～8 名成员为宜。如果项目规模很大，用一个小组不能在预定时间内完成开发任务，则应该使用多个程序设计小组，每个小组承担工程项目的一部分任务，在一定程度上独立自主地完成各自的任务。系统的总体设计应该能够保证由各个小组负责开发的各部分之间的接口是良好定义的，并且是尽可能简单的。

小组规模小，不仅可以减少通信问题，而且还有其他好处。例如，容易确定小组的质量标准，而且用民主方式确定的标准更容易被大家遵守；组员间关系密切，能够互相学习等。

民主制程序员组通常采用非正式的组织方式，也就是说，虽然名义上有一个组长，但是他和组内其他成员完成同样的任务。在这样的小组中，由全体讨论协商决定应该完成的工作，并且根据每个人的能力和经验分配适当的任务。

民主制程序员组的主要优点是，组员们对发现程序错误持积极的态度，这种态度有助于更快速地发现错误，从而导致高质量的代码。

　　民主制程序员组的另一个优点是，组员们享有充分民主，小组有高度凝聚力，组内学术空气浓厚，有利于攻克技术难关。因此，当有技术难题需要解决时，也就是说，当所要开发的软件的技术难度较高时，采用民主制程序员组是适宜的。

　　如果组内多数成员是经验丰富技术熟练的程序员，那么上述非正式的组织方式可能会非常成功。在这样的小组内组员享有充分民主，通过协商，在自愿的基础上作出决定，因此能够增强团结、提高工作效率。但是，如果组内多数成员技术水平不高，或是缺乏经验的新手，那么这种非正式的组织方式也有严重缺点：由于没有明确的权威指导开发工程的进行，组员间将缺乏必要的协调，最终可能导致工程失败。

　　为了使少数经验丰富、技术高超的程序员在软件开发过程中能够发挥更大作用，程序设计小组也可以采用下一小节中介绍的另外一种组织形式。

13.4.2　主程序员组

　　美国 IBM 公司在 20 世纪 70 年代初期开始采用主程序员组的组织方式。采用这种组织方式主要出于下述几点考虑。

　　(1) 软件开发人员多数比较缺乏经验。

　　(2) 程序设计过程中有许多事务性的工作，例如，大量信息的存储和更新。

　　(3) 多渠道通信很费时间，将降低程序员的生产率。

　　主程序员组用经验多、技术好、能力强的程序员作为主程序员，同时，利用人和计算机在事务性工作方面给主程序员提供充分支持，而且所有通信都通过一两个人进行。这种组织方式类似于外科手术小组的组织：主刀大夫对手术全面负责，并且完成制订手术方案、开刀等关键工作，同时又有麻醉师、护士长等技术熟练的专门人员协助和配合他的工作。此外，必要时手术组还要请其他领域的专家(例如，心脏科医生或妇产科医生)协助。

　　上述比喻突出了主程序员组的两个重要特性。

　　(1) 专业化。该组每名成员仅完成他们受过专业训练的那些工作。

　　(2) 层次性。主刀大夫指挥每名组员工作，并对手术全面负责。

　　当时，典型的主程序员组的组织形式如图 13.5 所示。该组由主程序员、后备程序员、编程秘书以及 1～3 名程序员组成。在必要的时候，该组还有其他领域的专家协助。

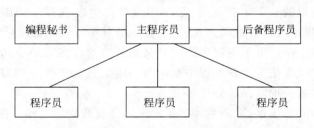

图 13.5　主程序员组的结构

　　主程序员组核心人员的分工如下所述。

　　(1) 主程序员既是成功的管理人员又是经验丰富、技术好、能力强的高级程序员，负责体系结构设计和关键部分(或复杂部分)的详细设计，并且负责指导其他程序员完成详细设计和编码工作。如图 13.5 所示，程序员之间没有通信渠道，所有接口问题都由主程序员处理。主程序员对每行代码的质量负责，因此，他还要对组内其他成员的工作成果进行复查。

（2）后备程序员也应该技术熟练而且富于经验，他协助主程序员工作并且在必要时（例如，主程序员生病、出差或"跳槽"）接替主程序员的工作。因此，后备程序员必须在各方面都和主程序员一样优秀，并且对本项目的了解也应该和主程序员一样深入。平时，后备程序员的工作主要是，设计测试方案、分析测试结果及独立于设计过程的其他工作。

（3）编程秘书负责完成与项目有关的全部事务性工作，例如，维护项目资料库和项目文档，编译、链接、执行源程序和测试用例。

注意，上面介绍的是 20 世纪 70 年代初期的主程序员组组织结构，现在的情况已经和当时大不相同了，程序员已经有了自己的终端或工作站，他们自己完成代码的输入、编辑、编译、链接和测试等工作，无须由编程秘书统一做这些工作。典型的主程序员组的现代形式将在下一小节介绍。

虽然图 13.5 所示的主程序员组的组织方式说起来有不少优点，但是，它在许多方面却是不切实际的。

首先，如前所述，主程序员应该是高级程序员和优秀管理者的结合体。承担主程序员工作需要同时具备这两方面的才能，但是，在现实社会中这样的人才并不多见。通常，既缺乏成功的管理者也缺乏技术熟练的程序员。

其次，后备程序员更难找。人们期望后备程序员像主程序员一样优秀，但是，他们必须坐在"替补席"上，拿着较低的工资等待随时接替主程序员的工作。几乎没有一个高级程序员或高级管理人员愿意接受这样的工作。

再次，编程秘书也很难找到。专业的软件技术人员一般都厌烦日常的事务性工作，但是，人们却期望编程秘书整天只干这类工作。

人们需要一种更合理、更现实的组织程序员组的方法，这种方法应该能充分结合民主制程序员组和主程序员组的优点，并且能用于实现更大规模的软件产品。

13.4.3 现代程序员组

民主制程序员组的一个主要优点，是小组成员都对发现程序错误持积极、主动的态度。但是，使用主程序员组的组织方式时，主程序员对每行代码的质量负责，因此，他必须参与所有代码审查工作。由于主程序员同时又是负责对小组成员进行评价的管理员，他参与代码审查工作就会把所发现的程序错误与小组成员的工作业绩联系起来，从而造成小组成员出现不愿意发现错误的心理。

解决上述问题的方法是，取消主程序员的大部分行政管理工作。前面已经指出，很难找到既是高度熟练的程序员又是成功的管理员的人，取消主程序员的行政管理工作，不仅解决了小组成员不愿意发现程序错误的心理问题，也使得寻找主程序员的人选不再那么困难。于是，实际的"主程序员"应该由两个人共同担任：一个技术负责人，负责小组的技术活动；一个行政负责人，负责所有非技术性事务的管理决策。这样的组织结构如图 13.6 所示。技术组长自然要参与全部代码审查工作，因为他要对代码的各方面质量负责;相反,行政组长不可以参与代码审查工作,因为他的职责是对程序员的业绩进行评价。行政组长应该在常规调度会议上了解每名组员的技术能力和工作业绩。

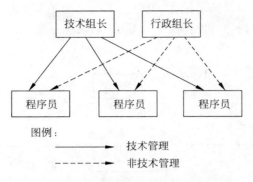

图 13.6　现代程序员组的结构

　　在开始工作之前明确划分技术组长和行政组长的管理权限是很重要的。但是,即使已经做了明确分工,有时也会出现职责不清的矛盾。例如,考虑年度休假问题,行政组长有权批准某个程序员休年假的申请,因为这是一个非技术性问题,但是技术组长可能马上否决了这个申请,因为已经接近预定的项目结束日期,目前人手非常紧张。解决这类问题的办法是求助于更高层的管理人员,对行政组长和技术组长都认为是属于自己职责范围内的事务,制定一个处理方案。

　　由于程序员组成员人数不宜过多,当软件项目规模较大时,应该把程序员分成若干个小组,采用图 13.7 所示的组织结构。该图描绘的是技术管理组织结构,非技术管理组织结构与此类似。由图可以看出,产品开发作为一个整体是在项目经理的指导下进行的,程序员向他们的组长汇报工作,而组长则向项目经理汇报工作。当产品规模更大时,可以适当增加中间管理层次。

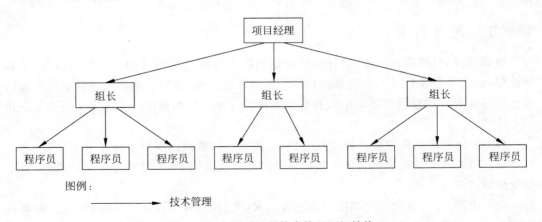

图 13.7　大型项目的技术管理组织结构

　　把民主制程序员组和主程序员组的优点结合起来的另一种方法,是在合适的地方采用分散做决定的方法,如图 13.8 所示。这样做有利于形成畅通的通信渠道,以便充分发挥每个程序员的积极性和主动性，集思广益攻克技术难关。这种组织方式对于适合采用民主方法的那类问题（例如研究性项目或遇到技术难题需要用集体智慧攻关）非常有效。尽管这种组织方式适当地发扬了民主，但是上下级之间的箭头（即管理关系）仍然是向下的，也就是说，是在集中指导下发扬民主。显然，如果程序员可以指挥项目经理，则只会引起混乱。

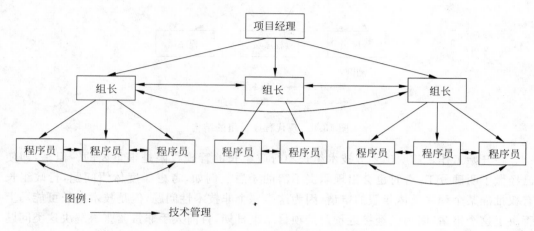

图 13.8　包含分散决策的组织方式

13.5　质量保证

质量是产品的生命，不论生产何种产品，质量都是极端重要的。软件产品开发周期长，耗费巨大的人力和物力，更必须特别注意保证质量。那么，什么是软件的质量呢？怎样在开发过程中保证软件的质量呢？本节着重讨论这两个问题。

13.5.1　软件质量

概括地说，软件质量就是"软件与明确地和隐含地定义的需求相一致的程度"。更具体地说，软件质量是软件与明确地叙述的功能和性能需求、文档中明确描述的开发标准以及任何专业开发的软件产品都应该具有的隐含特征相一致的程度。上述定义强调了下述的 3 个要点。

（1）软件需求是度量软件质量的基础，与需求不一致就是质量不高。

（2）指定的开发标准定义了一组指导软件开发的准则，如果没有遵守这些准则，肯定会导致软件质量不高。

（3）通常，有一组没有显式描述的隐含需求（例如，软件应该是容易维护的）。如果软件满足明确描述的需求，但却不满足隐含的需求，那么软件的质量仍然是值得怀疑的。

虽然软件质量是难于定量度量的软件属性，但是仍然能够提出许多重要的软件质量指标（其中绝大多数目前还处于定性度量阶段）。

本节介绍影响软件质量的主要因素，这些因素是从管理角度对软件质量的度量。可以把这些质量因素分成 3 组，分别反映用户在使用软件产品时的 3 种不同倾向或观点。这 3 种倾向是：产品运行、产品修改和产品转移。图 13.9 描绘了软件质量因素和上述 3 种倾向（或产品活动）之间的关系，表 13.7 列出了软件质量因素的简明定义。

可理解性（我能理解它吗？）　　可移植性（我能在另一台机器上使用它吗？）
可维修性（我能修复它吗？）　　可再用性（我能再用它的某些部分吗？）
灵活性　（我能改变它吗？）　　互运行性（我能把它和另一个系统结合吗？）
可测试性（我能测试它吗？）

正确性（它按我的需要工作吗？）
健壮性（对意外环境它能适当地响应吗？）
效率　（完成预定功能时它需要的计算机资源多吗？）
完整性（它是安全的吗？）
可用性（我能使用它吗？）
风险　（能按预定计划完成它吗？）

图 13.9　软件质量因素与产品活动的关系

表 13.7　软件质量因素的定义

质量因素	定　　义
正确性	系统满足规格说明和用户目标的程度，即，在预定环境下能正确地完成预期功能的程度
健壮性	在硬件发生故障、输入的数据无效或操作错误等意外环境下，系统能做出适当响应的程度
效率	为了完成预定的功能，系统需要的计算资源的多少
完整性（安全性）	对未经授权的人使用软件或数据的企图，系统能够控制（禁止）的程度
可用性	系统在完成预定应该完成的功能时令人满意的程度
风险	按预定的成本和进度把系统开发出来，并且为用户所满意的概率
可理解性	理解和使用该系统的容易程度
可维修性	诊断和改正在运行现场发现的错误所需要的工作量的大小
灵活性（适应性）	修改或改进正在运行的系统需要的工作量的多少
可测试性	软件容易测试的程度
可移植性	把程序从一种硬件配置和（或）软件系统环境转移到另一种配置和环境时，需要的工作量多少。有一种定量度量的方法是：用原来程序设计和调试的成本除移植时需用的费用
可再用性	在其他应用中该程序可以被再次使用的程度（或范围）
互运行性	把该系统和另一个系统结合起来需要的工作量的多少

13.5.2 软件质量保证措施

软件质量保证（software quality assurance，SQA）的措施主要有：基于非执行的测试（也称为复审或评审），基于执行的测试（即以前讲过的软件测试）和程序正确性证明。复审主要用来保证在编码之前各阶段产生的文档的质量；基于执行的测试需要在程序编写出来之后进行，它是保证软件质量的最后一道防线；程序正确性证明使用数学方法严格验证程序是否与对它的说明完全一致。

参加软件质量保证工作的人员，可以划分成下述两类。

- 软件工程师通过采用先进的技术方法和度量，进行正式的技术复审以及完成计划周密的软件测试来保证软件质量。
- SQA 小组的职责，是辅助软件工程师以获得高质量的软件产品。其从事的软件质量保证活动主要是：计划，监督，记录，分析和报告。简而言之，SQA 小组的作用是，通过确保软件过程的质量来保证软件产品的质量。

1. 技术复审的必要性

正式技术复审的显著优点是，能够较早发现软件错误，从而可防止错误被传播到软件过程的后续阶段。

统计数字表明，在大型软件产品中检测出的错误，60％～70％属于规格说明错误或设计错误，而正式技术复审在发现规格说明错误和设计错误方面的有效性高达 75％。由于能够检测出并排除掉绝大部分这类错误，复审可大大降低后续开发和维护阶段的成本。

实际上，正式技术复审是软件质量保证措施的一种，包括走查（walkthrough）和审查（inspection）等具体方法。走查的步骤比审查少，而且没有审查正规。

2. 走查

走查组由 4～6 名成员组成。以走查规格说明的小组为例，成员至少包括一名负责起草规格说明的人，一名负责该规格说明的管理员，一位客户代表，以及下阶段开发组（在本例中是设计组）的一名代表和 SQA 小组的一名代表。其中 SQA 小组的代表应该作为走查组的组长。

为了能发现重大错误，走查组成员最好是经验丰富的高级技术人员。必须把被走查的材料预先分发给走查组每位成员。走查组成员应该仔细研究材料并列出两张表：一张表是他不理解的术语，另一张是他认为不正确的术语。

走查组组长引导该组成员走查文档，力求发现尽可能多的错误。走查组的任务仅仅是标记出错误而不是改正错误，改正错误的工作应该由该文档的编写组完成。走查的时间最长不要超过 2 小时，这段时间应该用来发现和标记错误，而不是改正错误。

走查主要有下述两种方式。

（1）参与者驱动法。参与者按照事先准备好的列表，提出他们不理解的术语和认为不正确的术语。文档编写组的代表必须回答每个质疑，要么承认确实有错误，要么对质疑做出解释。

（2）文档驱动法。文档编写者向走查组成员仔细解释文档。走查组成员在此过程中不时针对事先准备好的问题或解释过程中发现的问题提出质疑。这种方法可能比第一种方法更有效，往往能检测出更多错误。经验表明，使用文档驱动法时许多错误是由文档讲解者自己发现的。

3. 审查

审查的范围比走查广泛得多，它的步骤也比较多。通常，审查过程包括下述 5 个基本步骤。

（1）综述。由负责编写文档的一名成员向审查组综述该文档。在综述会结束时把文档分发给每位与会者。

（2）准备。评审员仔细阅读文档。最好列出在审查中发现的错误的类型，并按发生频率把错误类型分级，以辅助审查工作。这些列表有助于评审员们把注意力集中到最常发生错误的区域。

（3）审查。评审组仔细走查整个文档。和走查一样，这一步的目的也是发现文档中的错误，而不是改正它们。通常每次审查会不超过 90 分钟。审查组组长应该在一天之内写出一份关于审查的报告。

（4）返工。文档的作者负责解决在审查报告中列出的所有错误及问题。

（5）跟踪。组长必须确保所提出的每个问题都得到了圆满的解决（要么修正了文档，要么澄清了被误认为是错误的条目）。必须仔细检查对文档所做的每个修正，以确保没有引入新的错误。如果在审查过程中返工量超过 5％，则应该由审查组再对文档全面地审查一遍。

通常，审查组由 4 人组成。组长既是审查组的管理人员又是技术负责人。审查组必须包括负责当前阶段开发工作的项目组代表和负责下一阶段开发工作的项目组代表，此外，还应该包括一名 SQA 小组的代表。

审查过程不仅步数比走查多，而且每个步骤都是正规的。审查的正规性体现在：仔细划分错误类型，并把这些信息运用在后续阶段的文档审查中以及未来产品的审查中。

审查是检测软件错误的一种好方法，利用审查可以在软件过程的早期阶段发现并改正错误，也就是说，能在修正错误的代价变得很昂贵之前就发现并改正错误。因此，审查是一种经济有效的错误检测方法。

4. 程序正确性证明

测试可以暴露程序中的错误，因此是保证软件可靠性的重要手段；但是，测试只能证明程序中有错误，并不能证明程序中没有错误。因此，对于保证软件可靠性来说，测试是一种不完善的技术，人们自然希望研究出完善的正确性证明技术。一旦研究出实用的正确性证明程序（即能自动证明其他程序的正确性的程序），软件可靠性将更有保证，测试工作量将大大减少。但是，即使有了正确性证明程序，软件测试也仍然是需要的，因为程序正确性证明只证明程序功能是正确的，并不能证明程序的动态特性是符合要求的，此外，正确性证明过程本身也可能发生错误。

正确性证明的基本思想是证明程序能完成预定的功能。因此，应该提供对程序功能的严格数学说明，然后根据程序代码证明程序确实能实现它的功能说明。

在 20 世纪 60 年代初期，人们已经开始研究程序正确性证明的技术，提出了许多不同的技术方法。虽然这些技术方法本身很复杂，但是它们的基本原理却是相当简单的。

如果在程序的若干个点上，设计者可以提出关于程序变量及它们的关系的断言，那么在每一点上的断言都应该永远是真的。假设在程序的 $P_1, P_2, \cdots, P_n$ 等点上的断言分别是 $a(1), a(2), \cdots, a(n)$，其中 $a(1)$ 必须是关于程序输入的断言，$a(n)$ 必须是关于程序输出的断言。

为了证明在点 P_i 和 P_{i+1} 之间的程序语句是正确的，必须证明执行这些语句之后将使断言 $a(i)$ 变成 $a(i+1)$。如果对程序内所有相邻点都能完成上述证明过程，则证明了输入断言加上程序可以导出输出断言。如果输入断言和输出断言是正确的，而且程序确实是可以终止的（不包含死循环），则上述过程就证明了程序的正确性。

人工证明程序正确性，对于评价小程序可能有些价值，但是在证明大型软件的正确性时，不仅工作量太大，更主要的是在证明的过程中很容易包含错误，因此是不实用的。为了实用的目的，必须研究能证明程序正确性的自动系统。

目前已经研究出证明 PASCAL 和 LISP 程序正确性的程序系统，正在对这些系统进行评价和改进。现在这些系统还只能对较小的程序进行评价，毫无疑问还需要做许多工作，这样的系统才能实际用于大型程序的正确性证明。

13.6　软件配置管理

任何软件开发都是迭代过程，也就是说，在设计过程会发现需求说明书中的问题，在实现过程又会暴露出设计中的错误，……。此外，随着时间推移客户的需求也会或多或少发生变化。因此，在开发软件的过程中，变化（或称为变动）既是必要的，又是不可避免的。但是，变化也很容易失去控制，如果不能适当地控制和管理变化，势必造成混乱并产生许多严重的错误。

软件配置管理是在软件的整个生命期内管理变化的一组活动。具体地说，这组活动用来：

（1）标识变化。

（2）控制变化。

（3）确保适当地实现了变化。

（4）向需要知道这类信息的人报告变化。

软件配置管理不同于软件维护。维护是在软件交付给用户使用后才发生的，而配置管理是在软件项目启动时就开始，并且一直持续到软件退役后才终止的一组跟踪和控制活动。

软件配置管理的目标是，使变化更正确且更容易被适应，在必须变化时减少所需花费的工作量。

13.6.1　软件配置

1. 软件配置项

软件过程的输出信息可以分为 3 类：

（1）计算机程序（源代码和可执行程序）。

（2）描述计算机程序的文档（供技术人员或用户使用）。

（3）数据（程序内包含的或在程序外的）。

上述这些项组成了在软件过程中产生的全部信息，人们把它们统称为软件配置，而这些项就是软件配置项。

随着软件开发过程的进展，软件配置项的数量迅速增加。不幸的是，由于前述的种种原因，软件配置项的内容随时都可能发生变化。为了开发出高质量的软件产品，软件开发人员不仅要努力保证每个软件配置项正确，而且必须保证一个软件的所有配置项是完全一致的。

可以把软件配置管理看作是应用于整个软件过程的软件质量保证活动，是专门用于管理变化的软件质量保证活动。

2. 基线

基线是一个软件配置管理概念，它有助于人们在不严重妨碍合理变化的前提下来控制变化。IEEE 把基线定义为：已经通过了正式复审的规格说明或中间产品，它可以作为进一步开发的基础，并且只有通过正式的变化控制过程才能改变它。

简而言之，基线就是通过了正式复审的软件配置项。在软件配置项变成基线之前，可以迅速而非正式地修改它。一旦建立了基线之后，虽然仍然可以实现变化，但是，必须应用特定的、正式的过程（称为规程）来评估、实现和验证每个变化。

除了软件配置项之外，许多软件工程组织也把软件工具置于配置管理之下，也就是说，把特定版本的编辑器、编译器和其他 CASE 工具，作为软件配置的一部分"固定"下来。因为当修改软件配置项时必然要用到这些工具，为防止不同版本的工具产生的结果不同，应该把软件工具也基线化，并且列入到综合的配置管理过程之中。

13.6.2　软件配置管理过程

软件配置管理是软件质量保证的重要一环，它的主要任务是控制变化，同时也负责各个软件配置项和软件各种版本的标识、软件配置审计以及对软件配置发生的任何变化的报告。

具体来说，软件配置管理主要有 5 项任务：标识、版本控制、变化控制、配置审计和报告。

1. 标识软件配置中的对象

为了控制和管理软件配置项，必须单独命名每个配置项，然后用面向对象方法组织它们。可以标识出两类对象：基本对象和聚集对象（可以把聚集对象作为代表软件配置完整版本的一种机制）。基本对象是软件工程师在分析、设计、编码或测试过程中创建出来的"文本单元"，例如，需求规格说明的一个段落、一个模块的源程序清单或一组测试用例。聚集对象是基本对象和其他聚集对象的集合。

每个对象都有一组能唯一地标识它的特征：名字、描述、资源表和"实现"。其中，对象名是无二义性地标识该对象的一个字符串。

在设计标识软件对象的模式时，必须认识到对象在整个生命周期中一直都在演化，因此，所设计的标识模式必须能无歧义地标识每个对象的不同版本。

2. 版本控制

版本控制联合使用规程和工具，以管理在软件工程过程中所创建的配置对象的不同版本。借助于版本控制技术，用户能够通过选择适当的版本来指定软件系统的配置。实现这个目标的方法是，把属性和软件的每个版本关联起来，然后通过描述一组所期望的属性来指定和构造所需要的配置。

上面提到的"属性"，既可以简单到仅是赋给每个配置对象的具体版本号，也可以复杂到是一个布尔变量串，其指明了施加到系统上的功能变化的具体类型。

3. 变化控制

对于大型软件开发项目来说，无控制的变化将迅速导致混乱。变化控制把人的规程和自动工具结合起来，以提供一个控制变化的机制。典型的变化控制过程如下：接到变化请求之后，首先评估该变化在技术方面的得失、可能产生的副作用、对其他配置对象和系统功能的整体影响以及估算出的修改成本。评估的结果形成"变化报告"，该报告供"变化控制审批者"审阅。所谓变化控制审批者既可以是一个人也可以由一组人组成，其对变化的状态和优先级做最终决策。为每个被批准的变化都生成一个"工程变化命令"，其描述将要实现的变化，必须遵守的约束以及复审和审计的标准。把要修改的对象从项目数据库中"提取（check out）"出来，进行修改并应用适当的 SQA 活动。最后，把修改后的对象"提交（check in）"进数据库，并用适当的版本控制机制创建该软件的下一个版本。

"提交"和"提取"过程实现了变化控制的两个主要功能——访问控制和同步控制。访问控制决定哪个软件工程师有权访问和修改一个特定的配置对象，同步控制有助于保证由两名不同的软件工程师完成的并行修改不会相互覆盖。

在一个软件配置项变成基线之前，仅需应用非正式的变化控制。该配置对象的开发者可以对它进行任何合理的修改（只要修改不会影响到开发者工作范围之外的系统需求）。一旦该对象经过了正式技术复审并获得批准，就创建了一个基线。而一旦一个软件配置项变成了基线，就开始实施项目级的变化控制。现在，为了进行修改开发者必须获得项目管理者的批准（如果变化是"局部的"），如果变化影响到其他软件配置项，还必须得到变化控制审批者的批准。在某些情况下，可以省略正式的变化请求、变化报告和工程变化命令，但是，必须评估每个变化并且跟踪和复审所有变化。

4. 配置审计

为了确保适当地实现了所需要的变化，通常从下述两方面采取措施：①正式的技术复审；②软件配置审计。

正式的技术复审(见 13.5.2 节)关注被修改后的配置对象的技术正确性。复审者审查该对象以确定它与其他软件配置项的一致性,并检查是否有遗漏或副作用。

软件配置审计通过评估配置对象的那些通常不在复审过程中考虑的特征(例如修改时是否遵循了软件工程标准,是否在该配置项中显著地标明了所做的修改,是否注明了修改日期和修改者,是否适当地更新了所有相关的软件配置项,是否遵循了标注变化、记录变化和报告变化的规程),而成为对正式技术复审的补充。

5. 状态报告

书写配置状态报告是软件配置管理的一项任务,它回答下述问题:①发生了什么事?②谁做的这件事?③这件事是什么时候发生的?④它将影响哪些其他事物?

配置状态报告对大型软件开发项目的成功有重大贡献。当大量人员在一起工作时,可能一个人并不知道另一个人在做什么。两名开发人员可能试图按照相互冲突的想法去修改同一个软件配置项;软件工程队伍可能耗费几个人月的工作量根据过时的硬件规格说明开发软件;察觉到所建议的修改有严重副作用的人可能还不知道该项修改正在进行。配置状态报告通过改善所有相关人员之间的通信,帮助消除这些问题。

13.7　能力成熟度模型

美国卡内基梅隆大学软件工程研究所在美国国防部资助下于 20 世纪 80 年代末建立的能力成熟度模型(capability maturity model,CMM),是用于评价软件机构的软件过程能力成熟度的模型。最初,建立此模型的目的主要是,为大型软件项目的招投标活动提供一种全面而客观的评审依据,发展到后来,此模型又同时被应用于许多软件机构内部的过程改进活动中。

多年来,软件危机一直困扰着许多软件开发机构。不少人试图通过采用新的软件开发技术来解决在软件生产率和软件质量等方面存在的问题,但效果并不令人十分满意。上述事实促使人们进一步考察软件过程,从而发现关键问题在于对软件过程的管理不尽如人意。事实证明,在无规则和混乱的管理之下,先进的技术和工具并不能发挥出应有的作用。人们逐渐认识到,改进对软件过程的管理是消除软件危机的突破口,再也不能忽视在软件过程中管理的关键作用了。

能力成熟度模型的基本思想是,由于问题是由人们管理软件过程的方法不当引起的,所以新软件技术的运用并不会自动提高软件的生产率和质量。能力成熟度模型有助于软件开发机构建立一个有规律的、成熟的软件过程。改进后的软件过程将开发出质量更好的软件,使更多的软件项目免受时间延误和费用超支之苦。

软件过程包括各种活动、技术和工具,因此,它实际上既包括了软件开发的技术方面又包括了管理方面。CMM 的策略是,力图改进对软件过程的管理,而在技术方面的改进是其必然的结果。

CMM 在改进软件过程中所起的作用主要是,指导软件机构通过确定当前的过程成熟度并识别出对过程改进起关键作用的问题,从而明确过程改进的方向和策略。通过集中开展与过程改进的方向和策略相一致的一组过程改进活动,软件机构便能稳步而有效地改进其软件过程,使其软件过程能力得到循序渐进的提高。

对软件过程的改进,是在完成一个又一个小的改进步骤基础上不断进行的渐进过程,而不是一蹴而就的彻底革命。CMM 把软件过程从无序到有序的进化过程分成 5 个阶段,并把这些阶段排序,形成 5 个逐层提高的等级。这 5 个成熟度等级定义了一个有序的尺度,用以测量软件机构的软件过程成熟度和评价其软件过程能力,这些等级还能帮助软件机构把应做的改进工作排出优先次序。成熟度等级是妥善定义的向成熟软件机构前进途中的平台,每个成熟度等级都为软件过程的继续改进提供了一个台阶。

CMM 对 5 个成熟度级别特性的描述,说明了不同级别之间软件过程的主要变化。从“1 级”到“5 级”,反映出一个软件机构为了达到从一个无序的、混乱的软件过程进化到一种有序的、有纪律的且成熟的软件过程的目的,必须经历的过程改进活动的途径。每一个成熟度级别都是该软件机构沿着改进其过程的途径前进途中的一个台阶,后一个成熟度级别是前一个级别的软件过程的进化目标。CMM 的每个成熟度级别中都包含一组过程改进的目标,满足这些目标后一个机构的软件过程就从当前级别进化到下一个成熟度级别;每达到成熟度级别框架的下一个级别,该机构的软件过程都得到一定程度的完善和优化,也使得过程能力得到提高;随着成熟度级别的不断提高,该机构的过程改进活动取得了更加显著的成效,从而使软件过程得到进一步的完善和优化。CMM 就是以上述方式支持软件机构改进其软件过程的活动。

CMM 通过定义能力成熟度的 5 个等级,引导软件开发机构不断识别出其软件过程的缺陷,并指出应该做哪些改进,但是,它并不提供做这些改进的具体措施。

能力成熟度的 5 个等级从低到高依次是:初始级(又称为 1 级),可重复级(又称为 2 级),已定义级(又称为 3 级),已管理级(又称为 4 级)和优化级(又称为 5 级)。下面介绍这 5 个级别的特点。

1. 初始级

软件过程的特征是无序的,有时甚至是混乱的。几乎没有什么过程是经过定义的(即没有一个定型的过程模型),项目能否成功完全取决于开发人员的个人能力。

处于这个最低成熟度等级的软件机构,基本上没有健全的软件工程管理制度,其软件过程完全取决于项目组的人员配备,所以具有不可预测性,人员变了过程也随之改变。如果一个项目碰巧由一个杰出的管理者和一支有经验、有能力的开发队伍承担,则这个项目可能是成功的。但是,更常见的情况是,由于缺乏健全的管理和周密的计划,延期交付和费用超支的情况经常发生,结果,大多数行动只是应付危机,而不是完成事先计划好的任务。

总之,处于 1 级成熟度的软件机构,其过程能力是不可预测的,其软件过程是不稳定的,产品质量只能根据相关人员的个人工作能力而不是软件机构的过程能力来预测。

2. 可重复级

软件机构建立了基本的项目管理过程（过程模型），可跟踪成本、进度、功能和质量。已经建立起必要的过程规范，对新项目的策划和管理过程是基于以前类似项目的实践经验，使得有类似应用经验的软件项目能够再次取得成功。达到 2 级的一个目标是使项目管理过程稳定，从而使得软件机构能重复以前在成功项目中所进行过的软件项目工程实践。

处于 2 级成熟度的软件机构，针对所承担的软件项目已建立了基本的软件管理控制制度。通过对以前项目的观察和分析，可以提出针对现行项目的约束条件。项目负责人跟踪软件产品开发的成本和进度以及产品的功能和质量，并且识别出为满足约束条件所应解决的问题。已经做到软件需求条理化，而且其完整性是受控制的。已经制定了项目标准，并且软件机构能确保严格执行这些标准。项目组与客户及承包商已经建立起一个稳定的、可管理的工作环境。

处于 2 级成熟度的软件机构的过程能力可以概括为，软件项目的策划和跟踪是稳定的，已经为一个有纪律的管理过程提供了可重复以前成功实践的项目环境。软件项目工程活动处于项目管理体系的有效控制之下，执行着基于以前项目的准则且合乎现实的计划。

3. 已定义级

软件机构已经定义了完整的软件过程（过程模型），软件过程已经文档化和标准化。所有项目组都使用文档化的、经过批准的过程来开发和维护软件。这一级包含了第 2 级的全部特征。

在第 3 级成熟度的软件机构中，有一个固定的过程小组从事软件过程工程活动。当需要时，过程小组可以利用过程模型进行过程例化活动，从而获得一个针对某个特定的软件项目的过程实例，并投入过程运作而开展有效的软件项目工程实践。同时，过程小组还可以推进软件机构的过程改进活动。在该软件机构内实施了培训计划，能够保证全体项目负责人和项目开发人员具有完成承担的任务所要求的知识和技能。

处于 3 级成熟度的软件机构的过程能力可以概括为，无论是管理活动还是工程活动都是稳定的。软件开发的成本和进度以及产品的功能和质量都受到控制，而且软件产品的质量具有可追溯性。这种能力是基于在软件机构中对已定义的过程模型的活动、人员和职责都有共同的理解。

4. 已管理级

软件机构对软件过程（过程模型和过程实例）和软件产品都建立了定量的质量目标，所有项目的重要的过程活动都是可度量的。该软件机构收集了过程度量和产品度量的方法并加以运用，可以定量地了解和控制软件过程和软件产品，并为评定项目的过程质量和产品质量奠定了基础。这一级包含了第 3 级的全部特征。

处于 4 级成熟度的软件机构的过程能力可以概括为，软件过程是可度量的，软件过程在可度量的范围内运行。这一级的过程能力允许软件机构在定量的范围内预测过程和产品质量趋势，在发生偏离时可以及时采取措施予以纠正，并且可以预期软件产品是高质量的。

5. 优化级

软件机构集中精力持续不断地改进软件过程。这一级的软件机构是一个以防止出现缺陷为目标的机构，它有能力识别软件过程要素的薄弱环节，并有足够的手段改进它们。在这样的机构中，可以获得关于软件过程有效性的统计数据，利用这些数据可以对新技术进行成本/效益分析，并可以优化出在软件工程实践中能够采用的最佳新技术。这一级包含了第 4 级的全部特征。

这一级的软件机构可以通过对过程实例性能的分析和确定产生某一缺陷的原因，来防止再次出现这种类型的缺陷；通过对任何一个过程实例的分析所获得的经验教训都可以成为该软件机构优化其过程模型的有效依据，从而使其他项目的过程实例得到优化。这样的软件机构可以通过从过程实施中获得的定量的反馈信息，在采用新思想和新技术的同时测试它们，以不断地改进和优化软件过程。

处于 5 级成熟度的软件机构的过程能力可以概括为，软件过程是可优化的。这一级的软件机构能够持续不断地改进其过程能力，既对现行的过程实例不断地改进和优化，又借助于所采用的新技术和新方法来实现未来的过程改进。

一些统计数字表明，提高一个完整的成熟度等级大约需要花 18 个月到 3 年的时间，但是从第 1 级上升到第 2 级有时要花 3 年甚至 5 年时间。这说明要向一个迄今仍处于混乱和被动的行动方式的软件机构灌输系统化的方式，将是多么困难。

13.8 小   结

软件工程包括技术和管理两方面的内容，是技术与管理紧密结合的产物。只有在科学而严格的管理之下，先进的技术方法和优秀的软件工具才能真正发挥出威力。因此，有效的管理是大型软件工程项目成功的关键。

软件项目管理始于项目计划，而第一项计划活动就是估算。为了估算项目工作量和完成期限，首先需要预测软件规模。

度量软件规模的常用技术主要有代码行技术和功能点技术。这两种技术各有优缺点，应该根据项目特点及从事计划工作的人对这两种技术的熟悉程度，选用适用的技术。

根据软件规模可以估算出完成该项目所需的工作量，常用的估算模型为静态单变量模型、动态多变量模型和 COCOMO2 模型。为了使估算结果更接近实际值，通常至少同时使用上述 3 种模型中的两种。通过比较和协调使用不同模型得出的估算值，有可能得到比较准确的估算结果。成本估算模型通常也同时提供了估算软件开发时间的方程式，这样估算出的开发时间是正常开发时间，经验表明，用增加开发人员的方法最多可以把开发时间减少到正常开发时间的 75%。

管理者必须制定出一个足够详细的进度表，以便监督项目进度并控制整个项目。常用的制定进度计划的工具有 Gantt 图和工程网络,这两种工具各有优缺点,通常,联合使用 Gantt 图和工程网络来制定进度计划并监督项目进展状况。

高素质的开发人员和合理的项目组组织结构,是软件项目取得成功的关键。比较典型的组织结构有民主制程序员组、主程序员组和现代程序员组 3 种,这 3 种组织方式的适用场合并不相同。

软件质量保证是在软件过程中的每一步都进行的活动。软件质量保证措施主要有基于非执行的测试(也称为复审)、基于执行的测试(即通常所说的测试)和程序正确性证明。软件复审是最重要的软件质量保证活动之一,它的优点是在改正错误的成本相对比较低时就能及时发现并排除软件错误。

软件配置管理是应用于整个软件过程中的保护性活动,是在软件整个生命期内管理变化的一组活动。软件配置管理的目标是,使变化能够更正确且更容易被适应,在需要修改软件时减少为此而花费的工作量。

能力成熟度模型(CMM)是改进软件过程的有效策略。它的基本思想是,因为问题是管理软件过程的方法不恰当造成的,所以采用新技术并不会自动提高软件生产率和软件质量,应该下大力气改进对软件过程的管理。事实上对软件过程的改进不可能一蹴而就,因此,CMM 以增量方式逐步引入变化,它明确地定义了 5 个成熟度等级,一个软件开发组织可以用一系列小的改良性步骤迈入更高的成熟度等级。

习　题　13

1. 研究本书 2.4.2 小节所述的订货系统,要求:
(1) 用代码行技术估算本系统的规模;
(2) 用功能点技术估算本系统的规模;
(3) 用静态单变量模型估算开发本系统所需的工作量;
(4) 假设由一个人开发本系统,试制定进度计划;
(5) 假设由两个人开发本系统,试制定进度计划。

2. 研究本书习题 2 第 2 题中描述的储蓄系统,要求:
(1) 用代码行技术估算本系统的规模;
(2) 用功能点技术估算本系统的规模;
(3) 用静态单变量模型估算开发本系统所需的工作量;
(4) 假设由一个人开发本系统,试制定进度计划;
(5) 假设由两个人开发本系统,试制定进度计划。

3. 下面叙述对一个计算机辅助设计(CAD)软件的需求:
该 CAD 软件接受由工程师提供的二维或三维几何图形数据。工程师通过用户界面与 CAD 系统交互并控制它,该用户界面应该表现出良好的人机界面特征。几何图形数据及其他支持信息都保存在一个 CAD 数据库中。开发必要的分析、设计模块,以产生所需要的输出,这些输出将显示在各种不同的图形设备上。应该适当地设计软件,以便与外部设备交互并控制它们。所用的外部设备包括鼠标、数字化扫描仪和激光打印机。

要求：

（1）进一步精化上述要求，把 CAD 软件的功能分解成若干个子功能；

（2）用代码行技术估算每个子功能的规模；

（3）用功能点技术估算每个子功能的规模；

（4）从历史数据得知，开发这类系统的平均生产率是 620 LOC/pm，如果软件工程师的平均月薪是 8 000 元，试估算开发本系统的工作量和成本；

（5）如果从历史数据得知，开发这类系统的平均生产率是 6.5 FP/pm，试估算开发本系统的工作量和成本。

4. 假设自己被指定为项目负责人，任务是开发一个应用系统，该系统类似于自己的小组以前做过的那些系统，但是规模更大且更复杂一些。客户已经写出了完整的需求文档。应选用哪种项目组结构？为什么？打算采用哪种（些）软件过程模型？为什么？

5. 假设自己被指派为一个软件公司的项目负责人，任务是开发一个技术上具有创新性的产品，该产品把虚拟现实硬件和最先进的软件结合在一起。由于家庭娱乐市场的竞争非常激烈，这项工作的压力很大。应选择哪种项目组结构？为什么？打算采用哪种（些）软件过程模型？为什么？

6. 假设自己被指派作为一个大型软件产品公司的项目负责人，工作是管理该公司已被广泛应用的字处理软件的新版本开发。由于市场竞争激烈，公司规定了严格的完成期限并且对外公布了。应选择哪种项目组结构？为什么？打算采用哪种（些）软件过程模型？为什么？

7. 什么是软件质量？试叙述它与软件可靠性的关系。

8. 一个程序能既正确又不可靠吗？解释自己的答案。

9. 仅当每个与会者都在事先作了准备时，正式的技术复审才能取得预期的效果。如果自己是复审小组的组长，怎样发现事先没做准备的与会者？打算采取什么措施来促使大家事先做准备？

10. 什么是基线？为什么要建立基线？

11. 配置审计和技术复审有何不同？可否把它们的功能放在一次复审中完成？

12. CMM 的基本思想是什么？为什么要把能力成熟度划分成 5 个等级？

 **附录A** C++ 类库管理系统的分析与设计

重用是保证软件质量提高软件生产率的主要措施之一。正如本书第11章所指出的，"类"是目前比较理想的可重用的软构件。但是，当类的数量积累得很多时，寻找适合当前项目需要的可重用的类也是一件相当令人头疼的事情。因此，需要有一个功能适当、使用方便的类库管理系统，以帮助开发人员从类库中选出符合需要的类在当前项目中重用。

本附录介绍一个简化的 C++ 类库管理系统的面向对象分析和设计过程（着重讲述概要的系统设计过程）。通过这个实例，一方面进一步具体讲述面向对象的软件开发技术，另一方面也为读者提供了一份实习材料。读者可以自己完成这个类库管理系统的详细设计（即对象设计），并用 Visual C++ 语言编程实现它，从而亲身体会用面向对象方法开发软件的过程。如果时间充裕，还可以进一步充实完善这个类库管理系统，使之成为一个比较实用的面向对象的软件开发工具。

A.1 面向对象分析

A.1.1 需求

这个类库管理系统的主要用途，是管理用户在用 C++ 语言开发软件的漫长过程中逐渐积累起来的类，以便在今后的软件开发过程中能够从库中方便地选取出可重用的类。它应该具有编辑（包括添加、修改和删除）、储存和浏览等基本功能，下面是对它的具体需求：

（1）管理用 C++ 语言定义的类。

（2）用户能够方便地向类库中添加新的类，并能建立新类与库中原有类的关系。

（3）用户能够通过类名从类库中查询出指定的类。

（4）用户能够查看或修改与指定类有关的信息（包括数据成员的定义、成员函数的定义及这个类与其他类的关系）。

（5）用户能够从类库中删除指定的类。

（6）用户能够在浏览窗口中方便、快速地浏览当前类的父类和子类。

（7）具有"联想"浏览功能，也就是说，可以把当前类的某个子类或父类指定为新的当前类，从而浏览这个新当前类的父类和子类。

（8）用户能够查看或修改某个类的指定成员函数的源代码。

（9）本系统是一个简化的多用户系统，每个用户都可以建立自己的类库，不同类库之间互不干扰。

（10）对于用户的误操作或错误的输入数据，系统能给出适当的提示信息，并且仍然继续稳定地运行。

（11）系统易学易用，用户界面应该是 GUI 的。

A.1.2 建立对象模型

1. 确定问题域中的类

从对这个类库管理系统的需求不难看出，组成这个系统的基本对象是"类库"和"类"。类是类库中的"条目"，不妨把它称为"类条目"（ClassEntry）。

类条目中应该包含的信息（即它的属性）主要有类名、父类列表、成员函数列表和数据成员列表。一个类可能有多个父类（多重继承），对于它的每个父类来说，应该保存的信息主要是该父类的名字、访问权及虚基类标志（是否是虚基类）。对于每个成员函数来说，主要应该保存函数名、访问权、虚函数标志（是否是虚函数）、返回值类型、参数及函数代码等信息。在每个数据成员中主要应该记录数据名、访问权和数据类型等信息。人们把"父类"、"成员函数"和"数据成员"也都作为对象。

根据对这个类库管理系统的需求可以想到，类条目应该提供的服务主要是：设置或更新类名；添加、删除和更改父类；添加、删除和更改成员函数；添加、删除和更改数据成员。

类库包含的信息主要是库名和类条目列表。类库应该提供的服务主要是：向类库中插入一个类条目，从类库中删除一个类条目，把类库储存到磁盘上，从磁盘中读出类库（放到内存中）。

2. 分析类之间的关系

在这个问题域中，各个类彼此之间的逻辑关系相当简单。分析系统需求，并结合 C ++ 语言的语法知识可以知道，问题域中各个类之间的关系是：一个用户拥有多个类库；每个类库由 0 或多个类条目组成；每个类条目由 0 或多个父类，0 或多个数据成员及 0 或多个成员函数组成。图 A.1 是本问题域的对象模型。

本系统的功能和控制流程都比较简单，无须建立动态模型和功能模型，仅用对象模型就可以很清楚地描述这个系统了。事实上，在用面向对象方法开发软件的过程中，建立系统对象模型是最关键的工作。

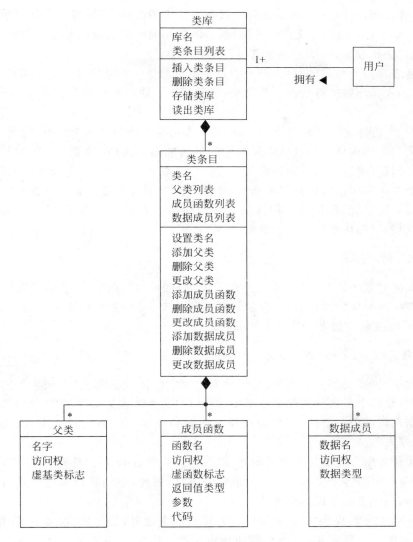

图 A.1　OOA 得出的对象模型

A.2　面向对象设计

A.2.1　设计类库结构

通常,类库中包含一组类,这一组类通过泛化、组合等关系组成一个有机的整体,其中泛化(即继承)关系对于重用来说具有特别重要的意义。

至少有两种数据结构可用来把类条目组织成类库,一种数据结构是二叉树,另一种是链表。

当用二叉树来存储类条目的时候,左孩子是子类,右孩子是兄弟类(即具有相同父类的类）。这种结构的优点是：存储结构直接反映了类的继承关系；容易查找当前类的子类和兄弟类。缺点是：遍历二叉树的开销较大，不论用何种方法遍历都需占用大量内存；插入、删除的算法比较复杂；不易表示有多个父类的类。

当用链表存储类条目的时候，链表中每个结点都是一个类条目。这种结构的优点是：结构简单，插入和删除的算法都相当简单；容易遍历。缺点是这种存储结构并不反映继承关系。

由于 C++ 语言支持多重继承，类库中相当多的类可能具有多个父类，因此，容易表示具有多个父类的类应该作为选择类库结构的一条准则。此外，简单、方便，容易实现编辑操作和容易遍历，对这个系统来说也很重要。经过权衡，决定采用链表结构来组织类库。因为在每个类条目中都有它的父类列表，查找一个类的父类非常容易。查找一个类的子类则需遍历类库，虽然开销较大但算法却相当简单。为了提高性能，可以增加冗余关联（即建立索引），以加快查找子类的速度。

A.2.2　设计问题域子系统

通过面向对象分析，对问题域已经有了较深入的了解，图 A.1 总结了人们对问题域的认识。在面向对象设计过程中，仅需从实现的角度出发，并根据所设计的类库结构，对图 A.1 所示的对象模型做一些补充和细化。

1. 类条目（ClassEntry）

它的数据成员"父类列表"、"成员函数列表"和"数据成员列表"也都采用链表结构来存储。因此，在每个类条目的数据成员中，应该用"父类链表头指针"、"成员函数链表头指针"和"数据成员链表头指针"分别取代原来比较抽象的"父类列表"、"成员函数列表"和"数据成员列表"。

为了保存对每个类条目的说明信息，应该增加一个数据成员"注释"。

此外，类库中的各个类条目需要组成一条类链，因此，在类条目中还应该增加一个数据成员"指向下一个类条目的指针"。

类条目除了应该提供 A.1 节中所述的那些服务之外，为了实现 A.1 节中提出的需求，还应该再增加下列服务：查找并取出指定父类的信息；查找并取出指定成员函数的信息；查找并取出指定数据成员的信息。

2. 类库（ClassEntryLink）

由于采用链表结构实现类库，每个类库实际上就是一条类链，因此把类库称为类条目链（ClassEntryLink）。类库的数据成员"类条目列表"具体化为"类链头指针"。

一般来说，实用的类库管理系统应该采用数据库来存储类库。在这个简化的实例中，为了简化处理，决定使用标准的流式文件存储类库。

类库应该提供的服务主要有：取得库中类条目的个数，读文件并在内存中建立类链表，把内存中的类链表写到文件中，插入一个类条目，删除一个类条目，按类名查找类条目并把内容复制到指定地点。

3. 父类（ClassBase），成员函数（ClassFun）和数据成员（ClassData）

为了构造属于一个类条目的父类列表、成员函数列表和数据成员列表，在 ClassBase，ClassFun 和 ClassData 这 3 个类中除了应该定义 A.1 节中提到的那些数据成员之外，还应该分别增加数据成员"指向下一个父类的指针"、"指向下一个成员函数的指针"和"指向下一个数据成员的指针"。

综上所述，可以画出类库（ClassEntryLink）的示意图（见图 A.2）。

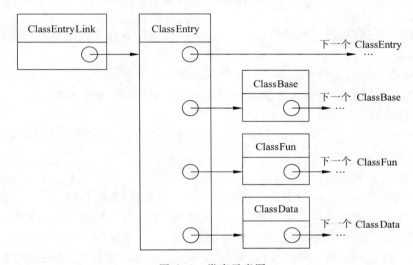

图 A.2　类库示意图

4. 类条目缓冲区（ClassEntryBuffer）

当编辑或查看类信息时，每个时刻用户只能面对一个类条目，把这个类称为当前类。为便于处理当前类，额外设置一个类条目缓冲区。它是从 ClassEntry 类派生出来的类，除了继承 ClassEntry 类中定义的数据成员和成员函数之外，主要增加了一些用于与窗口或类链交换数据的成员函数。

每当用户要查看或编辑有关指定类的信息时，就把这个类条目从类库（即类链）中取到类条目缓冲区中。用户对这个类条目所做的一切编辑操作都只针对缓冲区中的数据，如果用户在编辑操作完成后不"确认"他的操作，则缓冲区中的数据不送回类库，因而也就不会修改类库的内容。

A.2.3　设计人机交互子系统

1. 窗口

为方便用户使用，本系统采用图形用户界面。主要设计了下述一些窗口：

（1）登录窗口

启动系统后即进入登录（即注册）窗口。它有一个编辑框供用户输入账号，一个账号与一个类库相对应。事实上，用户输入的账号就是类库的库名。如果在磁盘上已经存有与用户登录的账号相对应的类库文件，则在用户注册后，系统自动把文件中的数据读出到类链中，以便用户处理。

登录窗口中设置了"确认"和"放弃"按钮。

（2）主窗口

用户注册之后进入主窗口，它有"创建"、"浏览"、"储存"和"退出"4个按钮。

单击"创建"按钮则进入创建窗口，在此窗口可以完成创建新的类条目或编辑原有类条目的功能。

单击"浏览"按钮则进入选择浏览方式窗口，可以选择适合自己需要的浏览方式，以浏览感兴趣的类。

单击"储存"按钮，则把内存中的类链保存到磁盘文件中。

单击"退出"按钮，则结束本系统的运行，退回到 Windows 操作系统。

（3）创建窗口

本窗口有一个类名组合框，用于输入新类名或从已有类的列表中选择类名。类名指定了当前处理的类条目。

本窗口有3个分组框，分别管理对当前类的父类、成员函数和数据成员的处理。此外，本窗口还有一个编辑框，用于输入和编辑对这个类条目的说明信息。

上述3个分组框的每一个框中都有一个列表框，用户可以从中选择父类名（或成员函数名，或数据成员名）。此外，每个分组框中都有"添加"、"编辑"和"删除"3个按钮。在不同分组框中单击"添加"或"编辑"按钮，将分别弹出父类编辑窗口、或成员函数编辑窗口、或数据成员编辑窗口。在所弹出的子窗口中可以完成添加新父类（或成员函数，或数据成员）或修改已有父类（或成员函数，或数据成员）的信息的功能。这3个子窗口相对来说都比较简单，为节省篇幅，就不再单独讲述它们了。读者可以自行设计这3个子窗口。单击"删除"按钮，将删除指定的一个父类（或成员函数，或数据成员）。

在创建窗口中还设有"确认"和"放弃"按钮，单击这两个按钮中的某一个，则保留或放弃所创建（或编辑）的类条目。

（4）选择浏览方式窗口

目前，本系统仅设计了两种浏览方式，分别是按类名浏览和按类关系浏览。因此，本窗口内设有一个分组框，框内有两个单选按钮，分别代表按类名浏览和按类关系浏览。

此外，本窗口内还有"确认"和"放弃"两个按钮。

（5）类名浏览窗口

如果用户选定按类名浏览方式，则进入本窗口。本窗口有一个组合框，用户可以在这个框中输入类名，也可以从已有类的列表中选出一个类作为当前类。当用户通过类名指定了当前类之后，则在本窗口的一个编辑框中显示这个当前类的说明信息（即注释），并在11个列表框中分别列出父类名、访问权、虚基类标志；成员函数名、访问权、参数、返回类型、虚函数标志；数据成员名、访问权、类型等信息。当在上述列表框中选定一个成员函数之后,将在本窗口的另一个编辑框中显示这个函数的代码。

(6) 类关系浏览窗口

所谓按类关系浏览,就是按照类之间的继承关系浏览。本窗口中有一个组合框,用户可以输入类名,也可以从已有类的列表中选定一个类作为当前类。

此外,本窗口还有 3 个列表控制框,它们分别是父类框、当前类框和子类框。在用户选定了当前类之后,就在当前类框中显示这个类的图标和类名,同时在父类框和子类框中用图标和类名列出这个当前类的父类和子类。用鼠标双击某个父类或子类的图标,就把当前类改变成被双击的图标所代表的类,同时更新父类框和子类框的内容,分别列出新当前类的全部父类和子类,从而方便地做到了在相关类中漫游(即联想浏览)。

2. 重用

这里设计的是一个可重用类库管理系统,在设计和实现这个类库管理系统的过程中,自然应该尽可能重用已有的软构件。

采用面向对象方法分析和设计这个类库管理系统。正如本书第 12 章中指出的,面向对象语言是实现面向对象分析、设计结果的最佳语言。目前,C++ 语言是应用得最广泛的面向对象语言。现在在微机上流行的 C++ 开发工具主要有 Borland 公司的 BC 和 Microsoft 公司的 VC。经过权衡决定基于 VC 开发环境设计这个类库管理系统。

Visual C++ 所提供的 MFC 类库是编制 Windows 应用程序的得力工具。这个类库以层次结构来组织,其中封装了大部分 API 函数,它所包含的功能涉及整个 Windows 操作系统。MFC 不仅提供了 Windows 图形环境下的应用程序框架,而且提供了在创建应用程序时常用的组件。它成功地把面向对象和事件驱动这两个概念结合起来了,显示出这两种程序设计风范协同工作的强大生命力。

在设计过程中,尽可能重用 MFC 中提供的类,以构造类库管理系统。系统中使用的许多类都是从 MFC 中的类直接派生出来的。

前述的每一个窗口都是一个适当的窗口类的实例,而这些窗口类都可以从 MFC 类库中的对话框类 CDialog 直接派生出来。对话框是一种特殊的弹出式窗口,应用程序可用它来显示某些提示信息。通常,对话框中还包含若干个控件,利用这些控件,应用程序可以与用户进行数据交换,完成特定的输入输出工作。由于所设计的窗口中全都使用控件与用户交互,因此,对话框类 CDialog 比一般的窗口类(例如 CFrameWnd)更适合本系统的需要。下面列出本系统中从 CDialog 类派生出的窗口类。

- 注册窗口:Login
- 主窗口:ClassTools
- 创建窗口:CreateClass
- 添加、编辑父类窗口:CreateBase
- 添加、编辑成员函数窗口:CreateFun
- 添加、编辑数据成员窗口:CreateData

- 选择浏览方式窗口：BrowseSelect
- 类名浏览窗口：BrowseName
- 类关系浏览窗口：BrowseInherit

A.2.4 设计其他类

这里设计的这个类库管理系统虽然可以有多个用户，但是为了简单起见，限定各个用户只能以串行方式工作，也就是说，在同一时刻只能有一名用户使用这个系统。因此，本系统无须设置任务管理子系统。

如前所述，为了简化这个实例的分析和设计工作，并没有使用数据库管理系统来存储这个类库，而是使用普通文件系统存储它。读写文件的功能由 ClassEntryLink 类中定义的两个成员函数完成，因此，本系统也不包含数据管理子系统。

尽管本系统仅由问题域子系统和人机交互子系统组成，但是，仅有前面讲述的那些类还是不够的。所有利用 MFC 类库开发的 Windows 应用程序，都必须包含一个特定的应用类及其实例。它相当于主函数，主要作用是为应用程序建立消息循环机制。通常，从

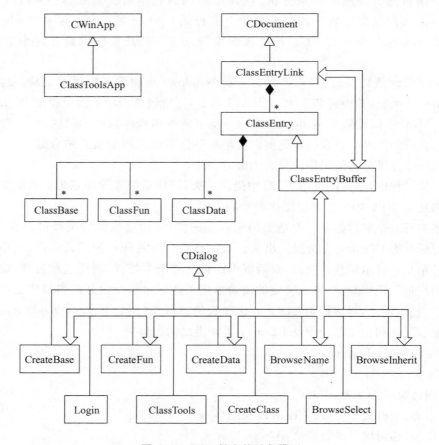

图 A.3　OOD 得出的对象模型

MFC 类库中的应用程序类 CWinApp,派生出应用系统需要的特定的应用类。在本系统中,从 CWinApp 派生出的应用类称为 ClassToolsApp,它主要是重载了 CWinApp 类中用于初始化应用窗口实例的成员函数 InitInstance()。

此外,在 A.2.2 节中讲述的类库类 ClassEntryLink 具有读、写文件的功能,因此,利用 MFC 类库中的文档类 CDocument 派生出这个类库类。

最后,用图 A.3 总结对 C++ 类库管理系统进行面向对象设计所得出的结果。图中的粗箭头线表示对象之间的消息连接(在本例中主要用于交换数据)。

参考文献

1　张海藩. 软件工程(第二版). 北京：人民邮电出版社,2006

2　张海藩,牟永敏. 面向对象程序设计实用教程(第二版). 北京：清华大学出版社,2007

3　张海藩等. 计算机第四代语言. 北京：电子工业出版社,1996

4　金敏,周翔. 高级软件开发过程. 北京：清华大学出版社,2005

5　张湘辉等. 软件开发的过程与管理. 北京：清华大学出版社,2005

6　王少锋. 面向对象技术 UML 教程. 北京：清华大学出版社,2004

7　Pressman R S. Software Engineering—A Practitioner's Approach. Fourth Edition. 北京：机械工业出版社,1999

8　Schach S R. Software Engineering with Java. 北京：机械工业出版社,1999

9　Vliet H V. Software Engineering—Principles and Practice. Second Edition. New York：John Wiley & Sons,2000

10　Braude E J. Software Engineering—An Object_Oriented Perspective. New York：John Wiley & Sons,2001

11　Jackson M A. Principles of Program Design. Oxford：Academic Press,1975